高等学校网络空间安全专业系列教材

工业控制系统信息安全技术与实践

主　编　廖旭金　王秀英　李　颖

副主编　冯俊梅　张新江

西安电子科技大学出版社

内 容 简 介

本书是一本关于工业控制系统信息安全技术及操作实践的专业教材。书中介绍了工业控制系统安全概述、工业控制系统安全防护体系、可编程逻辑控制器(PLC)、工业总线与以太网基础、工业防火墙技术、NAT 技术、数据加密技术及应用、VPN 技术等内容，以菲尼克斯电气公司的 PLC、AIO/DIO 模块、PROFINET 交换机、安全路由器和防火墙 mGuard 等设备为例，详细讲解了相关技术及设备的配置和使用方法。

本书可作为高等院校工业自动化、计算机网络技术、信息安全等相关专业的教学用书，也可作为工业控制网络安全领域的研究人员和工程技术人员的培训用书及参考书。

图书在版编目(CIP)数据

工业控制系统信息安全技术与实践 / 廖旭金，王秀英，李颖主编. —西安：西安电子科技大学出版社，2022.8(2023.8 重印)
ISBN 978-7-5606-6515-3

Ⅰ. ①工… Ⅱ. ①廖… ②王… ③李… Ⅲ. ①工业控制系统—信息安全—研究
Ⅳ. ①TP273

中国版本图书馆 CIP 数据核字(2022)第 098762 号

策　　划　明政珠
责任编辑　秦志峰
出版发行　西安电子科技大学出版社(西安市太白南路 2 号)
电　　话　(029) 88202421　88201467　　邮　　编　710071
网　　址　www.xduph.com　　电子邮箱　xdupfxb001@163.com
经　　销　新华书店
印刷单位　咸阳华盛印务有限责任公司
版　　次　2022 年 8 月第 1 版　2023 年 8 月第 2 次印刷
开　　本　787 毫米×1092 毫米　1/16　印张 14.5
字　　数　341 千字
印　　数　1001～2000 册
定　　价　37.00 元
ISBN　978-7-5606-6515-3 / TP
XDUP 6817001-2

前　言

随着工业化与信息化的深度融合以及“互联网+”“中国制造 2025”等战略的提出，工业控制系统中的信息化程度越来越高，通用软硬件和网络设施的广泛使用打破了工业控制系统与信息网络的“隔离”，带来了一系列网络安全风险。其中涉及的不仅仅是信息泄露、信息系统无法使用等问题，还包括对现实世界造成直接的、实质性影响的严重问题，如设备故障、环境污染、人员伤亡等，其后果是无法预计的。

我国政府对工业控制系统的安全性高度重视，在国家战略、规范管理、信息共享技术支撑等方面不断突破，致力于构建完善的工业控制网络安全保障体系。但是，目前我国网络安全研究团队的研究对象多集中在互联网和传统信息系统上，掌握工业控制网络安全知识和了解工业控制网络漏洞分析与安全防御技术的人较少，远不能满足各行业对工业控制网络人才的需求，不能适应国家的发展战略。

为此，我们经过大量的调研，认真分析了工业控制系统安全的技术需求，编写了本书。本书围绕工业控制系统的安全，对工业控制系统安全、工业控制系统安全防护体系、可编程逻辑控制器(PLC)、工业总线与以太网基础、工业防火墙技术、NAT 技术、数据加密技术及应用、VPN 技术等进行了详细的阐述，并介绍了利用菲尼克斯电气公司的 PLC、AIO/DIO 模块、PROFINET 交换机、安全路由器和防火墙 mGuard 等设备构建小型工业控制系统实验环境的方法，有助于读者了解利用 PLC 进行程序开发以实现简单的工业控制的方法，掌握工业交换机、工业防火墙的配置方法，理解 NAT、VPN 的技术原理等。

工业控制系统信息安全技术是自动化、信息安全等专业学生所必须掌握的一门技术。它具有工业控制与网络安全的综合性、应用性特征，要求学生能够将系统知识与专业知识有机结合，在注重提升理论高度的前提下，将理论知识与工程实践紧密联系起来。本书结合工业控制系统安全领域的知识特点，充分考虑其知识体系、教育层次和课程设置，增设各行业典型实际案例，努力做到紧跟前沿技术的发展，使读者能够学以致用。无论是初学者还是有一定经验的从业者，都可以从本书中找到所需要的内容。

全书共8章，第1、3章由冯俊栴和张新江编写，第2、5、6、8章由廖旭金编写，第4章由李颖编写，第7章由王秀英编写。全书由廖旭金统稿。本书在编写过程中得到了菲尼克斯电气公司的大力支持，在此表示感谢。

由于编者水平有限，虽然付出了大量的时间和精力，但书中不妥之处在所难免，欢迎广大同行和读者批评指正。

编　者

2022年2月

目　　录

第 1 章　工业控制系统安全概述

工业控制系统(Industrial Control System，ICS，简称工控系统)是指由计算机与工业过程控制部件组成的自动控制系统，它由控制器、传感器、传送器、执行器和输入/输出接口等部分组成。这些组成部分通过工业通信线路，按照一定的通信协议进行连接，形成一个具有自动控制能力的工业制造或加工系统。这类系统通常应用过程控制部件对实时数据进行采集、监测，在计算机的调配下实现设备自动化运行以及对业务流程的管理与监控，其特点主要表现在数据传输的实时性、数据的事件驱动及数据源主动推送等。

随着全球信息化和工业化的飞速发展，工业控制系统变得更加智能，越来越多的工业控制场景开始采用以网络通信技术为基础的通用协议、通用硬件和通用软件，在控制逻辑上也越来越偏向商业化编程，并且这类系统已广泛应用于电力、冶金、安防、水利、环境保护、石油化工、交通运输、制药以及大型制造等行业中。对诸如图像、语音信号等大数据量、高速率传输的要求，催生了以太网与控制网络的结合。这股工业控制系统网络化浪潮又将嵌入式技术、多标准工业控制网络(工控网络)互联技术、无线技术等多种当今流行技术融合进来，拓展了工业控制领域的发展空间，为工业控制带来了新的发展机遇。

同时，正是由于这些特点，病毒、木马等威胁也正在向工业控制系统扩散。鉴于工业控制系统对稳定和安全要求的特殊性，工业控制系统信息安全也受到越来越多的关注，保护 ICS 免受安全威胁的策略也变得越来越重要。

1.1　工业控制系统概述

随着计算机技术、通信技术和控制技术的发展，传统的控制领域正经历着一场前所未有的变革，并向着网络化方向不断发展。控制系统的结构已从最初的 CCS(计算机集中控制系统)、第二代的 DCS(分布式控制系统)发展到现在流行的 FCS(现场总线控制系统)。

1.1.1　工业控制系统发展概况

计算机及网络技术与控制系统的发展有着紧密的联系。早在 20 世纪 50 年代中后期，计算机就已经被应用到控制系统中。20 世纪 60 年代初，出现了由计算机完全替代模拟控制的控制系统，该系统称为直接数字控制(Direct Digital Control，DDC)系统。20 世纪 70 年代中期，随着微处理器的出现，计算机控制系统进入一个新的快速发展的时期。1975 年，世界上第一套以微处理器为基础的分散式计算机控制系统问世，它以多台微处理器共同分散控制并通过数据通信网络实现集中管理，该系统称为分布式控制系统(Distributed Control System，DCS)。

20 世纪 80 年代初，人们利用微处理器和一些外围电路构成了数字式仪表以取代模拟仪表，这种方式提高了系统的控制精度和控制的灵活性，而且在多回路的巡回采样及控制中具有传统模拟仪表无法比拟的性能价格比。20 世纪 80 年代中后期，随着工业系统的日益复杂，控制回路进一步增多，单一的 DDC 系统已经不能满足现场的生产控制要求和生产工作的管理要求，同时中小型计算机和微机的性能价格比有了很大提高，于是，由中小型计算机和微机共同作用的分层控制系统得到广泛应用。

20 世纪 90 年代后，随着计算机网络技术的迅猛发展，DCS 得到了进一步发展，系统的可靠性和可维护性有了很大提高。在今天的工业控制领域，DCS 仍然占据着主导地位。但是 DCS 不具备开放性，且布线复杂，费用较高，对不同厂家产品的集成存在很大困难。从 20 世纪 80 年代后期开始，由于大规模集成电路的发展，许多传感器、执行机构、驱动装置等现场设备实现了智能化，人们便开始寻求用一根通信电缆将具有统一的通信协议和通信接口的现场设备连接起来，这样，在设备层传递的不再是 I/O(4～20 mA/24 V DC)信号，而是数字信号，这就是现场总线控制系统(FieldBus Control System，FCS)。FCS 解决了网络控制系统的自身可靠性和开放性问题，逐渐成为了计算机控制系统的发展趋势。从那时起，一些发达的工业国家和跨国工业公司都纷纷推出自己的现场总线标准和相关产品，形成了群雄逐鹿之势。

我国工业控制技术虽然起步较晚，但发展迅速，目前 ICS 已在能源工业、电力工业、交通运输业、水利事业、公用事业和装备制造企业得到广泛应用。国家关键基础设施对 ICS 已经形成不可分割的依赖关系，ICS 已成为我国现代工业自动化、智能化的关键。

1.1.2 主流工业控制系统组成与架构

工业控制系统是由各种自动化控制组件以及对实时数据进行采集、监测的过程控制组件共同构成的确保工业基础设施自动化运行、实现过程控制与监控的业务流程管控系统。其核心组件包括数据采集与监控(Supervisory Control and Data Acquisition，SCADA)系统、分布式控制系统(DCS)、现场总线控制系统(FCS)、可编程逻辑控制器(Programmable Logic Controller，PLC)、远程终端单元(Remote Terminal Unit，RTU)、人机交互界面(Human Machine Interface，HMI)设备以及确保各组件通信的接口技术。

1. 工业控制系统典型结构

根据中华人民共和国公共安全行业标准中的信息安全等级保护工业控制系统标准，可将通用的工业控制系统层次模型按照不同的功能从上到下划分为 5 个逻辑层，即企业资源层、生产管理层、过程监控层、现场控制层和现场设备层。

(1) 企业资源层。

企业资源层主要通过 ERP(Enterprise Resource Planning，企业资源计划)系统为企业决策层及员工提供决策运行手段。该层应重点保护与企业资源相关的财务管理、资产管理、人力管理等系统的软件和数据资产不被恶意窃取，硬件设施不遭到恶意破坏。

(2) 生产管理层。

生产管理层主要通过 MES(Manufacturing Execution System，生产过程执行系统)为企业提供包括制造数据管理、计划排程管理、生产调度管理等管理模块。该层应重点保护与生产制造相关的仓储管理、先进控制、工艺管理等系统的软件和数据资产不被恶意窃取，硬件设施不遭到恶意破坏。

(3) 过程监控层。

过程监控层主要通过分布式 SCADA 系统采集和监控生产过程参数，并利用 HMI 设备实现人机交互。该层应重点保护各个操作员站、工程师站、OPC(OLE for Process Control)服务器等物理资产不被恶意破坏，同时应保护运行在这些设备上的软件和数据资产(如组态信息、监控软件、控制程序、工艺配方等)不被恶意篡改或窃取。

(4) 现场控制层。

现场控制层主要通过 PLC/DCS 控制单元和 RTU 等进行生产过程的控制。该层应重点保护各类控制器、控制单元、记录装置等不被恶意破坏或操控，同时应保护控制单元内的控制程序或组态信息不被恶意篡改。

(5) 现场设备层。

现场设备层主要通过传感器对实际生产过程的数据进行采集，同时，利用执行器对生产过程进行操作。该层应重点保护各类传送器、执行器、保护装置等不被恶意破坏。

2. 数据采集与监控(SCADA)系统

SCADA 系统是对分布距离远、生产单位分散的生产系统进行数据采集、监视和控制的系统。它综合利用计算机技术、控制技术、通信与网络技术，完成对测控点分散的各种过程或设备的实时数据采集，本地或远程的自动控制，以及生产过程的全面实时监控，并为安全生产、调度、管理、优化和故障诊断提供必要和完整的数据及技术手段。

SCADA 系统是以计算机为基础的生产过程控制与调度自动化的系统，用于控制分散的资产以便进行与控制同样重要的集中数据采集。SCADA 系统主要用于分布式系统，如水处理设备、石油天然气管道、电力传输和分配系统、铁路和其他公共运输系统。

SCADA 系统集成了数据采集系统、数据传输系统和 HMI 软件，以提供集中的监视和控制，便于进行过程的输入和输出。SCADA 系统用来收集现场信息，将这些信息传输到中央计算机系统，并且用图像或文本的形式显示这些信息。因此，操作员可以从集中的位置实时地监视和控制整个系统，根据每个系统的复杂性和相关设置，控制任何一个单独的系统，自动执行相关操作或任务，这也可以由操作员命令来自动执行。

由于各个应用领域对 SCADA 的要求不同，因此不同应用领域的 SCADA 系统发展也不完全相同。SCADA 系统的典型结构如图 1-1 所示。

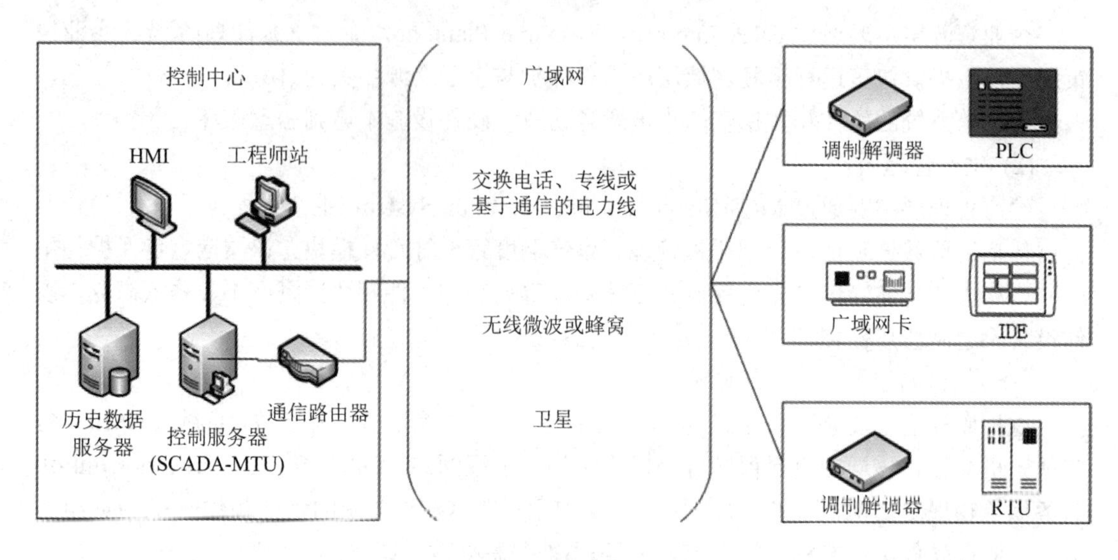

图 1-1　SCADA 系统的典型结构

SCADA 系统由硬件和软件组成。典型的硬件包括控制中心的主终端装置(MTU)、通信设备(如无线电、电话线、电缆或卫星)，还包括一个或多个分布在现场的控制器(如远程终端单元(RTU)或可编程逻辑控制器(PLC))，以控制执行器和监视传感器。

1) 主终端装置(MTU)

MTU 存储和处理来自 RTU 的输入和输出，与此同时 RTU 或 PLC 控制现场过程。负责通信的硬件允许数据和信息在 MTU 和 RTU 或 PLC 间传输。软件负责通知系统监视内容、监视时间及哪些参数范围是可以接受的，并且当参数超出可接受值的范围时如何启动响应。智能电子设备(IED)，例如保护继电器，可以直接和 SCADA 服务器通信，或者本地 RTU 可以询问 IED 收集数据，并且把数据传输到 SCADA 服务器。IED 提供直接接口到控制/监视设备和传感器。IED 也可以由 SCADA 服务器直接询问和控制，并且在大部分情况下可以本地编程以允许 IED 执行操作而不用 SCADA 控制中心直接发指令。SCADA 系统通常在系统体系结构中有故障容忍系统模块，以实现冗余。

2) 控制中心

控制中心包括控制服务器(SCADA-MTU)、通信路由器、HMI、工程师站和历史数据服务器，这些设备通过 LAN 连接进行通信。控制中心收集和记录来自现场的信息，并且通过 HMI 显示这些信息，基于检测到的事件发起相关动作。控制中心也负责集中报警、趋势分析和报告，现场控制本地执行器和监视传感器。现场位置中一般会配置远程访问功能以允许现场操作人员通过调制解调器或 WAN 连接来执行远程诊断和维修。标准的或专用的通信协议使用串口通信方式在控制中心和现场间传输信息，一般使用的媒介为电话线、电缆、光纤以及广播、微波或卫星无线发射装置。

3) MTU-RTU 通信形式

MTU-RTU 通信常用的形式有点对点、串联(星型串联)以及多点等。点对点是最简单的形式，但这种形式的成本是非常高的，因为每个连接都需要单独的信道。在串联网络配置中，所用信道的数量会减少，但信道的共享会影响 SCADA 系统操作的有效性并增加其复杂性。类似地，星型串联和多点配置在降低成本的同时，也会降低系统操作的有效性并增加系统的复杂性。

3. 分布式控制系统(DCS)

DCS 是一个由过程控制级和过程监控级组成的以通信网络为纽带的多级计算机系统，其综合了计算机、通信、显示和控制等 4C 技术，具有分散控制、集中操作、分级管理、配置灵活以及组态方便等特点。

DCS 是在计算机监视控制系统、直接数字控制系统和计算机多级控制系统的基础上发展起来的，是生产过程的一种比较完善的控制与管理系统。在 DCS 中，按区域把微处理机安装在测量装置与控制执行机构附近，将控制功能尽可能分散，管理功能相对集中。这种分散化的控制方式能改善控制的可靠性，不会由于计算机的故障而使整个系统失去控制。当管理级发生故障时，过程控制级(控制回路)仍具有独立控制能力，个别控制回路发生故障也不致影响全局。与计算机多级控制系统相比，分布式控制系统在结构上更加灵活，布局更为合理，成本更低。

DCS 采用集中监控的方式协调本地控制器以执行整个生产过程。通过模块化生产系统，DCS 减少了单个故障对整个系统的影响。在许多现代化系统中，DCS 与企业系统之间设置接口以便能够将生产过程体现在业务整体运作中。DCS 广泛应用于炼油厂、污水处理厂、发电厂、化工厂和制药厂等的工控领域。

DCS 具有以下特点：

(1) 高可靠性。由于 DCS 将系统控制功能分散在各台计算机上实现，系统结构采用容错设计，因此某一台计算机出现的故障不会导致系统其他功能的丧失。此外，由于系统中各台计算机所承担的任务比较单一，因此可以针对需要实现的功能采用具有特定结构和软件的专用计算机，从而提高了系统中每台计算机的可靠性。

(2) 开放性。DCS 采用开放式、标准化、模块化和系列化设计，系统中各台计算机采用局域网方式通信，实现信息传输，当需要改变或扩充系统功能时，可将新增计算机方便地连入系统通信网络或从网络中卸下，几乎不影响系统其他计算机的工作。

(3) 灵活性。DCS 通过组态软件根据不同的流程应用对象进行软硬件组态，即确定测量与控制信号及相互间连接关系，从控制算法库选择适用的控制规律以及从图形库调用基本图形组成所需的各种监控和报警画面，从而方便地构成所需的控制系统。

(4) 易于维护。功能单一的小型或微型专用计算机，具有维护简单、方便的特点，当某一局部或某个计算机出现故障时，可以在不影响整个系统运行的情况下在线更换，迅速排除故障。

(5) 协调性。各工作站之间通过通信网络传输各种数据，整个系统信息共享，协调工作，以完成控制系统的总体功能和优化处理。

(6) 控制功能齐全。DCS 控制算法丰富，集连续控制、顺序控制和批处理控制于一体，可实现串级、前馈、解耦、自适应和预测控制等先进控制，并可方便地加入所需的特殊控制算法。DCS 的构成方式十分灵活，可由专用的管理计算机站、操作员站、工程师站、记录站、现场控制站和数据采集站等组成，也可由通用的服务器、工业控制计算机和可编程控制器构成。处于低层的过程控制级一般由分散的现场控制站、数据采集站等就地实现数据采集和控制，并通过数据通信网络传输到生产监控级计算机。生产监控级计算机对来自过程控制级的数据进行集中操作管理，如进行优化计算、统计报表、诊断故障、显示报警等。随着计算机技术的发展，DCS 可以按照需要与更高性能的计算机设备通过网络连接来实现更高级的集中管理功能，如计划调度、仓储管理、能源管理等。

4. 现场总线控制系统(FCS)

现场总线控制系统(FCS)是集计算机技术、网络技术和控制技术为一体的基于现场总线技术的计算机控制系统，具有全分散、全数字、全开放等特点。它适用于工业过程控制、制造及楼宇自动化等领域，已成为计算机控制系统的主流形式。

根据 IEC 标准和现场总线基金会的定义，现场总线是连接智能现场设备和自动化系统的数字式、双向传输、多分支结构的通信网络。现场总线控制系统是在现场总线的基础上发展起来的，它所带来的改进首先体现在现场通信网络方面，其次在结构、装置、功能等方面也有优势。

1) FCS 的特点

概括地说，FCS 具有以下特点：

(1) FCS 采用的现场总线是一个全数字化的现场通信网络。现场总线是用于过程控制系统和制造自动化系统中现场设备或现场仪表间互连的数字化通信网络，其抗干扰性强，易于传输，测量精度高，大大提高了控制系统的性能。

(2) FCS 的现场总线网络是开放式互连网络。用户可以自由集成不同制造商的通信网络，通过网络将不同制造商生产的现场设备和功能块设备有机地融为一体，构成统一的现场总线控制系统。

(3) FCS 的所有现场设备直接通过一对传输线(现场总线)互连。一对传输线互连多台现场设备，双向传输数据信息，大大减少了连线数量，降低了安装费用，更易于维护，并提高了可靠性。

(4) FCS 普遍采用智能仪表，增强了系统的自治性，使系统控制功能更加分散。智能化的现场设备具有更加完善的功能，包括部分控制功能，从而将较简单的控制任务改由现场设备完成，使现场设备既有检测、变换功能，又有运算和控制功能，一机多用。这样既节约了成本，又使控制更加安全和可靠。FCS 废除了 DCS 的 I/O 单元和控制站，把 DCS 控制站的功能块分散到现场设备，实现了彻底的分散控制。

2) FCS 的结构

FCS 是一个两级系统，即工作站级和现场级。与 DCS 相比，FCS 中单独的控制级已经不存在，控制功能被分散到智能化的现场仪表中，更彻底地实现了分散控制，从而提高了控制的可靠性和性能。

智能化现场设备和现场总线是组成 FCS 的两个重要部分。现场级由现场总线智能化设备组成。现场总线智能化设备以现场总线技术为基础，以微处理器为核心，以数字化通信为传输方式，并根据实际情况内置各种控制算法模块，从而完成数据采集、回路控制功能，实现控制功能的彻底分散。FCS 可对智能化现场设备进行校验、组态、测试，实施设备管理，从而改善系统的可靠性。

工作站级位于控制室，其中工程师站用于组态操作、系统仿真和调试，操作员站用于工艺操作和系统监视报警、报表打印等，维护员站用于掌握现场设备的详细信息，查找和确认故障，进行预测性维护。

3) FCS 与 DCS 的比较

在技术上，与 DCS 相比，FCS 具有以下几点优势：

(1) FCS 的信号传输实现了全数字化，其最底层的传感器和执行器就采用现场总线网络，逐层向上直至最高层均为通信网络互连。

(2) FCS 的系统结构是全分散式的。FCS 废弃了 DCS 的输入/输出单元和控制站，由现场设备或现场仪表取而代之，即把 DCS 控制站的功能化整为零，分散到现场仪表，实现彻底的分散控制。

(3) FCS 的现场设备具有互操作性，不同厂商生产的现场设备既可互连也可互换，并可以统一组态，彻底改变了传统 DCS 控制层的封闭性和专用性。

(4) FCS 的通信网络为开放式互连网络，既可与同层网络互连，也可与不同层网络互连，用户可极其方便地共享网络数据库。

(5) FCS 的技术和标准实现了全开放、专利许可要求，可供任何人使用，从总线标准、产品检验到信息发布全是公开的，面向全世界的任何一个制造商和用户。

1.2　工业控制系统与传统 IT 系统

工业控制系统与传统 IT 系统在性能、可用性、管理需求等方面有许多的不同，这意味着在安全风险和对系统安全的关注重点方面也有很大差别。对工业控制系统而言，有些严重的信息安全事件一旦发生，会直接威胁到人民的身体健康和安全，破坏生态环境，更会造成企业在生产等方面的经济损失，甚至会对国家经济、形象造成负面影响。

1.2.1　工业控制系统与传统 IT 系统的区别

最初的 ICS 与传统 IT 系统没有任何相似之处，因为 ICS 是一个独立的系统，安装的是专用的控制协议，使用的是特定的软件和硬件。由于应用更广的、成本更低的因特网协议(IP)设备正在逐渐取代这种专用的解决方案，这也就增加了产生信息安全漏洞和信息事故的可能性。由于 ICS 采用 IT 解决方案以提高企业的互联和远程访问能力，同时系统的设计和实施采用工业的标准计算机、操作系统和网络协议，因此 ICS 和 IT 系统越来越相似。虽然这一集成使得 ICS 能够支持新的 IT 能力，但现在的 ICS 与以前的 ICS 相比，也从以前孤岛的状态变得与外部世界的联系越来越多。与此同时，由于应用中的信息安全解决方案都用于解决典型的 IT 系统，因此再把这些信息安全解决方案引入 ICS 环境中时，考虑到 ICS 的特点，一定要非常谨慎。在有些情况下，ICS 要使用新的量身定做的信息安全解决方案。

ICS 信息安全的特殊性主要体现在以下几个方面：

1) 性能要求

ICS 通常采用实时通信。在系统实现时，延迟和抖动都限定在可接受的水平，其中有些系统还要求确定性响应，因此对 ICS 来说，为了保证其实时性，系统不能使用高流量的通信方式。与此相反，传统 IT 系统通常要求高流量的通信方式，并且这些系统可以忍受很大程度上的延迟和抖动。

2) 可用性要求

很多 ICS 的生产过程是连续工作方式，要求一年 365 天不间断工作，因此系统自动化生产过程中非预期的断电是不可接受的。一般情况下，系统如果要断电，则一定要提前进行计划并且制定严格的时间表，同时实施前要进行详尽的测试来确保 ICS 的可用性。除了非常规断电，许多的控制系统如果进行停机开机操作，则会影响生产(有些时候，正在生产的产品或正在使用的设备比信息更加重要)。因此，使用传统的 IT 技术，比如重新启动所用系统，通常是不能接受的解决方案，因为这会对 ICS 的高可用性、高可靠性和可维护性产生不利的影响。通常 ICS 都会有冗余，通过多重备份来增加系统的可靠性，并且备份的系统也在并行运行，目的是在主系统出现故障时还能进行持续生产。

3) 风险管理要求

传统 IT 系统最关注的是数据的保密性和完整性。而对于 ICS，最关注的是人员安全和故障容忍，以防止生命受到威胁，或者危害公众的健康和信心，违反法律法规，知识产权受损，生产遭到破坏，设备被损坏等。这就要求 ICS 操作人员、信息安全保证人员及系统维护人员一定要明白功能安全和信息安全之间的重要关系。

4) 体系结构的信息安全焦点

传统 IT 系统，无论是集中式还是分布式操作系统，其主要的关注点在于信息安全的目的是保护 IT 资产的操作以及在这些资产中存储或传输的信息。在一些结构中，存储或处理的信息因为比较关键而需要更多的关注和保护。对于 ICS，直接负责终端生产过程的一些客户端(如 PLC 系统、操作员站、DCS 控制器等)需要加以特别保护。另外，ICS 中的中央服务器的保护也非常重要，因为中央服务器会对客户端产生不利的影响。

5) 物理上的相互作用

传统 IT 系统对环境没有特别的影响。而 ICS 在物理上会产生非常复杂的相互作用，比如由于系统的漏洞造成的信息安全事件，其后果可能会对环境产生恶劣影响。因此，集成到 ICS 的所有信息安全功能都必须通过严格测试，以保证这些技术不会影响正常的 ICS 功能。

6) 时间关键响应

传统 IT 系统实现访问控制时不必过于关注数据流。而对一些 ICS，自动响应时间或人机交互的系统响应是非常关键的，如 HMI 设备需要密码授权和认证，但一定不能阻碍或干扰 ICS 的紧急行动，信息流不能被中断或影响。对这些系统的访问应当通过严格采用物理信息安全控制来实现。

7) 系统操作

传统的 IT 信息安全规程不完全适用于 ICS 操作系统和应用。仍在使用中的旧系统在资源不可用和定时中断方面尤为脆弱，其控制网络通常更复杂，操作人员需要掌握相关专业知识。另外，软、硬件在操作控制系统网络中升级也较困难。

8) 资源限制

ICS 和实时操作系统通常是资源受限系统，因而不包括典型的 IT 信息安全能力。ICS 组件上可能没有可用的资源以便加装当前具有信息安全能力的系统。此外，在某些情况下，根据供应商许可和服务协议，不允许使用第三方信息安全解决方案，并且在没有供应商许可或同意的情况下，如果安装了第三方信息安全解决方案，可能会出现服务支持方面的事件。

9) 通信

ICS 环境下，现场层使用的通信协议和媒介可以说是专用的协议，与传统的常规 IT 环境下使用的协议和媒介非常不同。目前工控系统使用的现场总线协议包括 Modbus、PROFIBUS、CC-Link、ControlNet、FF 等。

10) 变更管理

对于集成 IT 和 ICS 的维护最重要的是变更管理。未进行补丁管理的软件对系统来说是最大的漏洞。IT 系统的软件更新(包括信息安全的补丁)都是基于正确的信息安全策略和规程及时进行的。此外，更新和补丁管理这类的程序可以使用基于服务器的工具自动进行。ICS 的软件更新通常不能及时实现，因为这些更新需要进行完全彻底的测试，一般由提供工业控制应用的供应商进行测试，或者由这些应用未实施前的最终用户进行测试，与此同时，ICS 断电通常必须提前数天/数周进行计划和确定时间表。ICS 也要求把再确认作为更新过程的一部分内容。此外，有许多 ICS 使用老版本的操作系统，但是目前的供应商已经不再支持，结果就是可用的补丁不适用老版本。变更管理同样适用于 ICS 的硬件和固件。变更管理过程应用于 ICS 时，需要 ICS 专家联合信息安全专家以及 IT 技术专家仔细进行评估。

11) 技术支持

传统 IT 系统支持风格多元化，可以支持不同但是互连的技术体系结构。对于 ICS，技术服务多由单独的供应商提供，因此不支持其他供应商提供的与此不同的技术解决方案。

12) 部件生命周期

由于技术发展以及更新速度过快，传统 IT 部件的生命周期大概为 3 至 5 年。对于 ICS，由于技术开发在很多情况下主要用于特定的应用和实现，因此这类系统的生命周期大概为 15 至 20 年，甚至更长时间。

13) 访问部件

传统 IT 部件通常能够本地进行访问且访问较简单；而 ICS 部件通常是分离、远程的，因而需要使用一些特定的物理媒介(比如卫星等)进行访问。

1.2.2　工控系统安全与传统信息安全的区别

1. 传统信息安全

传统信息安全可理解为计算机网络安全。计算机网络安全是一门涉及计算机科学、网络技术、通信技术、密码技术、信息安全技术、应用数学、数论、信息论等多种学科的综合性学科。

计算机网络安全不仅包括组网的硬件、管理控制网络的软件，也包括共享的资源、快捷的网络服务，所以定义网络安全应考虑涵盖计算机网络所涉及的全部内容。参照 ISO 给出的计算机安全定义，计算机网络安全是指保护计算机网络系统中的硬件、软件和数据资源，使其不因偶然或恶意的原因而遭到破坏、更改、泄露，使网络系统连续、可靠地正常运行，网络服务正常有序。

计算机网络安全利用网络管理控制和技术措施，保证在一个网络环境里数据的保密性、完整性及可使用性受到保护。计算机网络安全包括两个方面，即物理安全和逻辑安全。物理安全指系统设备及相关设施受到物理保护，免于破坏、丢失等。逻辑安全包括信息的完整性、保密性和可用性。

2. 工控系统安全

1) 定义

在 IEC 62443 标准中，工控系统安全的定义如下：

(1) 保护系统所采取的措施。

(2) 由建立和维护系统的措施所得到的系统状态。

(3) 能够避免对系统资源的非授权访问和意外的变更、破坏或损失。

(4) 基于计算机系统的能力，能够保证授权人员和系统的合法操作权限，避免非授权人员和系统修改软件及其数据或访问系统功能。

(5) 防止对工控系统非法、有害入侵，或者对其正常操作的干扰。

2) 分类

工控系统安全通常可分为功能安全、物理安全和信息安全 3 类。

(1) 功能安全：为了实现设备和工厂安全功能，受保护的安全相关部分必须正确执行其功能，而且当发生失效或故障时，设备或系统必须仍能保持安全条件或进入安全状态。

(2) 物理安全：减少由于电击、着火、辐射、机械危险、化学危险等因素造成的危害。

(3) 信息安全：通过计算机技术和网络技术手段，使计算机系统的硬件、软件、数据库等受到保护，尽可能使其不因偶然的或恶意的因素而遭破坏、更改或泄密，系统能够正常运行，用户可获得使用信息的安全感。信息安全的目的是保护信息处理系统中存储、处理的信息的安全，其基本属性有完整性、可用性、保密性、可控性、可靠性。

以上 3 类安全在定义和内涵上有很大的差别。但是在现今大力提倡“中国制造 2025”“工业 4.0”的大背景下，这 3 类安全在一套工业控制系统中集中实施的情况越来越多，尤其是信息安全和功能安全，会在一套系统甚至一个产品中同时使用。

3. 工控系统安全与传统信息安全的差别

工业控制系统与传统 IT 系统的安全防护存在本质区别。传统 IT 系统更多关注的是信息安全，而工业控制系统更多关注的是物理安全与功能安全，尤其是功能安全，工控系统的安全运行由相关的生产部门负责，信息部门仅处于从属的地位。在信息安全的 3 个属性(保密性、完整性、可用性)中，传统 IT 系统的优先顺序是保密性、完整性、可用性，而工业控制系统的优先顺序是可用性、完整性、保密性。随着信息化与工业化技术的紧密结合以及潜在网络威胁的影响，工业控制系统将从传统模式转向更为关注信息安全。本书探讨的是工业控制系统信息安全，以下涉及工控系统安全内容是指工业系统信息安全。

工控系统安全与传统信息安全的主要区别如表 1-1 所示。

表 1-1　工控系统安全与传统信息安全的主要区别

序号	分类	工控系统安全	传统信息安全
1	网络架构	(1) 网络类型复杂，多种网络混合，包含有线、无线、卫星通信、无线电通信、移动通信等； (2) 通信协议复杂，包含很多专用通信协议及私有协议； (3) 设备复杂，网络设备、主机设备、防护设备、控制设备、现场设备种类繁多	(1) 网络相对简单，多为有线、无线； (2) 标准 TCP/IP 通信协议； (3) 设备类型相对简单，以网络设备、主机设备、防护设备为主
2	防护目标	(1) 在不利条件下维护生产系统功能正常可用； (2) 确保信息实时下发传递； (3) 防范内外部的网络攻击； (4) 保护工控系统免受病毒等恶意代码的侵袭； (5) 避免工控系统遭受有意无意的违规操作	(1) 在不利条件下保证不出现信息泄露； (2) 保护信息资产的完整性； (3) 基本不考虑信息传递的实时性； (4) 防范内外部的网络攻击； (5) 保护信息系统免受病毒等恶意代码的侵袭
3	防护手段	主动防护： (1) 白名单机制； (2) 旁路机制，保证网络畅通； (3) 抵御已知、未知病毒； (4) 学习建立防护策略	被动防御： (1) 黑名单机制； (2) 冗余设备，保证网络畅通； (3) 识别、清除已知病毒； (4) 预先设置防护策略
4	运行环境	(1) 网络相对隔离，不连互联网； (2) 操作系统老旧，很少更新补丁； (3) 基本不安装杀毒软件； (4) 以专用软件为主，类型、数量不多； (5) 信息交互多通过 U 盘实现； (6) 安全漏洞较多，易受攻击	(1) 网络与互联网相通； (2) 操作系统新，频繁更新补丁； (3) 杀毒软件是标配； (4) 以办公软件为主，类型繁多； (5) 信息交互多通过网络实现； (6) 安全漏洞较少，防护措施完善
5	物理环境	(1) 一般无机房，直接部署在生产环境中； (2) 无专用散热装备； (3) 环境条件恶劣，如高温、高湿、粉尘大、振动、酸碱腐蚀等； (4) 基本无监控、登记管理措施	(1) 配有专用机房，统一放置设备； (2) 配有空调； (3) 环境条件优良，温湿度基本恒定，灰尘小，无振动，无腐蚀性； (4) 配有防盗门、视频监控、出入登记等
6	数据传输	(1) 实时性要求高，不允许延迟； (2) 基本无加密认证机制； (3) 以指令、组态、采集数据为主； (4) 流向明确，基本无交叉	(1) 实时性要求不高，允许延迟； (2) 加密认证防护； (3) 以文件、邮件、即时消息为主； (4) 数据交叉传输
7	管理维护	(1) 管理制度不完善甚至缺失； (2) 缺乏专业技术人员； (3) 依赖提供商维护设备； (4) 政策标准文件不完善	(1) 管理制度比较完善； (2) 配备专业维护技术人员； (3) 能够实现自我维护； (4) 政策标准文件完整

总的来说，工控系统安全是针对工业领域中的物理安全、功能安全、信息安全的一系列防护策略和手段的总称。其要解决的问题是通过防攻击、防篡改、防病毒、防瘫痪、防窃密等手段来保证工控系统网络的合理运行，达到保障工业生产安全的目的。

1.3 我国工业控制行业现状及存在的主要问题

工业控制技术是一种运用控制理论、仪器仪表、计算机和其他信息技术，对工业生产过程实现检测、控制、优化、调度、管理和决策，达到增加产量、提高质量、降低消耗、确保安全等目的的综合性技术。工业控制行业涉及电力、电子、计算机、人工智能、通信、机电等诸多领域，具有技术密集、投入高和效益高等显著特征，是典型的高附加值产业。工业控制行业产品种类繁多，市场需求量大，市场充分竞争，自由化程度高。然而由于技术革新缓慢，管理模式落后，国内企业相比于国外企业成熟的自动化控制系统生产及管理模式，整体实力还相对欠缺。

1.3.1 我国工业控制行业现状

从目前我国的工控及自动化控制市场发展规模来看，我国拥有全球最大的市场。无论是传统工业技术改造、工厂自动化生产，还是企业信息化管理运作，都需要大量的工业自动化系统设备，我国潜在市场巨大。在世界范围内，工业自动化产品的生产厂商众多，我国虽然市场巨大，但工控业整体技术发展相对滞后，我国产品生产厂商直接面临美、日、德等各国知名品牌公司的强力竞争。在 IPC、DCS、PLC 等领域，外国公司相比我国生产厂商具有绝对优势。

整体而言，我国自动化控制企业缺乏规模效益。跨国综合型企业如西门子、ABB、约克、施耐德等仍然在我国市场处于领军地位。我国在行业前沿和高端产品的关键技术研发及产品制造技术上仍无法与欧美大国相抗衡。不过近年来我国企业通过引进国际生产技术和自主研发，正在不断缩小与跨国企业的差距。我国企业在国内市场上还具有能够快速应变市场需求，迅速了解客户对产品品种和型号规格的需要并快速满足其需要的能力。

由于自动化控制系统产品种类繁多，我国实力较强的专项型企业能根据国内市场需求在一些细分领域深入研发相关产品，从而占据市场一席之地。同时，我国综合型企业在本土化生产、产品价格以及销售渠道方面也具有一定的优势。因而在该行业的竞争格局中虽然跨国综合型企业仍然占据主导地位，但我国企业也具有一定的竞争力。

2022 年 1 月，国家工业信息安全发展研究中心发布《2021 年工业信息安全态势报告》。报告指出，2021 年全球工业信息安全危中有机，面对工业领域勒索攻击与数据泄露事件数量的快速增长，主要国家持续加强政策部署推进工业信息安全保障工作，以资产测绘、数据安全、人工智能为重点的工业信息安全技术研究与应用日益深化，投融资活跃促进了工业信息安全产业焕发新生活力。2021 年，我国工业信息安全整体态势基本平稳，管理水平稳步提升，但安全风险威胁持续加剧，境外对我攻击有增无减，低防护联网设备总量继续攀升，工控安全漏洞数量居高不下，工业信息安全防护与管理面临更大挑战。展望 2022 年，建议以“安全指数”为抓手，以“数据安全”为重点，以“态势感知”为手段，以“漏洞管理”为依托，形成集技术、管理、平台、生态于一体的工业信息安全工作布局，切实发挥工业信息安全指数“风向标”和“助推器”作用，强化推进工业数据安全保护工作，持续建设完善态势感知网络，着力打造工控漏洞管理生态，稳步提升工业信息安全能力和水平，为保障制造强国和网络强国战略深入实施、护航高质量发展奠定更坚实基础。

1.3.2　我国工业控制系统存在的主要问题

我国作为一个世界大国，工业控制系统目前也存在许多问题，主要有以下 4 个问题：

1. 核心技术产品受制于人

工控系统重大共性关键安全技术尚需突破，适应我国工控系统安全需要的安全标准和技术体系等相对滞后，我国关键基础设施受制于人、技不如人的现状尚未改善。

随着我国互联网的普及和工业互联网、大数据、数字化工程等新技术、新业务的快速发展与应用，我国在工业控制系统面临的安全问题日益复杂。与此同时，敲诈勒索病毒、设备后门漏洞、分布式拒绝服务攻击、网络攻击“武器库”泄露、APT 攻击等安全事件层出不穷，使得工业控制系统面临的网络安全威胁与风险不断加大，给网络空间安全造成严重的潜在威胁，对我国工控系统安全不断提出新的挑战。

2. 安全防护水平相对落后

我国目前所使用的 ICS 绝大部分是多年前开发的，由于早期的工业控制系统都是相对独立的网络环境，在设计产品和部署网络时只考虑了功能性和稳定性，而忽略了系统对网络安全措施的需要。

当前互联网的技术已进入 ICS 的设计中，这一变化使 ICS 开始面临各种威胁，ICS 中的各种通用协议、应用软件和硬件也暴露出了一些比较严重的漏洞和安全隐患，只要利用这些漏洞和隐患即可入侵 ICS 获得控制器和执行器的控制权，进而破坏整个系统。我国控制器设备主要采用西门子、研华和施耐德等公司的产品，这些控制器所具有的漏洞极易成为恶意攻击的突破口。

3. 网络攻击风险持续加剧

与传统信息系统安全需求不同，ICS 系统设计需要兼顾应用场景与控制管理等多方面因素，以优先确保系统的高可用性和业务连续性。在这种设计理念的影响下，缺乏有效的工业控制系统安全防御和数据通信保密措施是很多工业控制系统所面临的通病。

4. 安全管理机制尚待健全

工业控制系统的安全漏洞暴露了整个控制系统安全的脆弱性。网络通信协议、操作系统、应用软件、安全策略甚至硬件上存在的安全缺陷，使得攻击者能够在未授权的情况下访问和操控工控网络系统，从而形成了巨大的安全隐患。工控网络系统的安全性符合“木桶原则”，系统整体的安全性不在于其最强处，而取决于系统最薄弱之处，即由安全漏洞所决定。只要这个漏洞被发现，系统就有可能成为网络攻击的牺牲品。安全漏洞对工控网络的隐患体现在恶意攻击行为对系统的威胁。随着越来越多的工控网络系统通过信息网络连接到互联网，这种威胁就越来越大。目前互联网上黑客站点众多，黑客技术不断创新，攻击手法层出不穷。这些攻击技术一旦被不法之徒掌握，就会产生不良的后果。

我国工控领域的安全可靠性问题突出，工控系统的复杂化、IT 化和通用化加剧了系统的安全隐患，潜在的更大威胁是我国工控产业综合竞争力不强，有些核心技术还受制于国外，缺乏自主的通信安全、信息安全、安全可靠性测试等标准。

1.4　工业控制系统安全的重大意义

我国工业的快速发展与工业控制自动化技术的不断应用是不可分割的。随着信息技术的发展和物联网、云计算等新兴技术的涌现，以及两化融合的持续推进，工控系统的自动化和信息化势必融为一体。工业自动化和信息化系统是工业的核心组成部分，是支撑国民经济的重要基础设施，是工业各行业、企业的“神经中枢”。工控系统信息安全的核心任务是确保这些“神经中枢”的安全。如果黑客利用设备硬件或软件的通用协议、漏洞、病毒攻击关键基础设备，将可能导致系统停滞、设备损坏，影响工业生产运营；还可能造成城市断电、断水、断气、网络瘫痪、交通堵塞，影响我国人民日常生活、办公、出行，甚至会引发火灾、爆炸等威胁人民生命财产安全的恶性事件。因此，工业控制系统信息安全与人民的生活息息相关，对国家的发展有非常重要的战略意义。

1.4.1　工业控制系统信息安全的重要性

近年来，因信息安全泄露导致的工业控制系统信息安全事件越来越多，并呈快速增长态势。近年来发生的典型工控系统信息安全事件如下：

2019 年 1 月，爱尔兰都柏林电车系统遭遇黑客攻击，黑客要求爱尔兰都柏林电车运营公司支付赎金。

2019 年 3 月，委内瑞拉电力设施古里水电大坝遭到“破坏”，导致委内瑞拉首都加拉加斯全市数千房屋停电停水，地铁停止运行，电话服务和网络接入服务无法使用。

2019 年 6 月，阿根廷电力运营公司疑似遭遇黑客攻击导致大规模停电，首都布宜诺斯艾利斯的交通信号灯停止运行，地铁、城际铁路、公交车等公共交通全部停运，邻国乌拉圭、巴西、智利和巴拉圭部分地区的电力也中断。

2019 年 9 月，印度核电公司遭受朝鲜黑客攻击，Kudankulam 核电站的两个反应堆之一中止运行，恶意软件 Dtrack 的变体感染了核电站的管理网络，包括窃取设施的键盘记录、检索浏览器历史记录以及列出正在运行的进程等。

2019 年 10 月，伊朗阿巴丹炼油厂起火，官方证实火灾是由网络攻击所致。

2019 年 12 月，英国核电站遭受攻击，Telegraph 公司称：GCHQ 的子公司国家网络安全中心(NCSC)一直在秘密地向英国一家核电公司提供援助，因为该公司在遭受网络攻击后一直难以恢复。

2020 年 4 月，以色列国家网络局发布公告称近期收到了多起针对废水处理厂、水泵站和污水管的入侵报告，因此各能源和水行业企业需要紧急更改所有联网系统的密码，以应对网络攻击的威胁。

2020 年 5 月，台湾中油股份有限公司(CPC)及台塑石化股份有限公司(FPCC)在两天内都遭遇了网络攻击。

工控系统面临的病毒、木马、黑客入侵、拒绝服务等传统的信息安全威胁，国内外频繁出现的工控系统信息安全事故以及工控系统信息安全的发展趋势，充分说明了进行工控系统信息安全防护的重要性。

1.4.2 我国构建工控系统安全的重要举措

加强网络安全建设在我国已经持续数年。近年来，我国在网络安全体系建设方面取得了诸多新进展。具体而言，2019 年，我国网络安全防护水平得到全面提升，APT 攻击发现能力加强，漏洞修复进程加快，网站攻击应对能力提升，重要数据和个人信息保护全面得到重视。

没有规矩，不成方圆。从法律层面上看，2019 年《中华人民共和国密码法》、《信息安全技术网络安全等级保护基本要求》(网络安全等级保护 2.0)、《工业互联网企业网络安全分类分级指南(试行)》等多项网络安全相关法律法规、配套制度及有关标准陆续向社会发布。此外，有关部门也对 APP 违法违规收集使用个人信息等行为进行了治理，为营造风清气正的网络安全空间创造了有利条件。

接下来，我国将以提升工业信息安全技术支撑整体能力为目标，聚焦培育工控系统产品、企业和生态，加快发展工业信息安全产业。其中，建设有色、化工、智能制造、装备控制等行业的大型工控系统仿真环境，支持工业控制系统产业化及应用推广，以及开展重大活动工控系统安全技术保障工作，更是当前的一大要务。

2020 年，我国网络安全建设进入了新阶段。4 月 20 日，国家互联网应急中心(CNCERT)编写的《2019 年我国互联网网络安全态势综述》报告正式发布。该报告由 2019 年我国互联网网络安全状况、预测 2020 年网络安全热点、结合网络安全态势分析提出对策建议、梳理网络安全监测数据这四大部分组成。在该报告中，加强工业控制系统安全建设赫然在列。

配置不当、信息泄露、跨站请求伪造等高危漏洞的存在，使工业控制系统的安全运营面临着巨大的风险隐患。其中，工业控制系统中的网关、门禁、摄像头、打印机、智能传感器等物联网设备给工业控制系统所带来的安全风险尤其值得关注。

工控系统网络安全，就像是一场没有硝烟的战争。来自网络的远程攻击，通过移动介质的带入攻击和预埋代码的潜伏式攻击，让加强工控系统安全变得更加紧迫。在加强工控系统的安全性过程中，业内人士需要注意对工控系统的网络安全防护和保护，需要结合生产工艺与操作流程而开展，并且覆盖工控系统软件、硬件和网络等所有部件。

在工控设备激增的同时，加快打造防护系列产品迫在眉睫。据工信部发布的《关于加强工业控制系统信息安全管理的通知》中对工控市场普查预测我们可以知道，2015 年中国工业控制市场规模达 3500 亿元，2020 年市场规模达 4800 亿元。

目前，国内外许多科技研发企业正积极进行技术创新，开发安全防护系列产品，打造工控系统安全防御体系。对于制造业企业来说，强化软件安全防护能力，寻找并修复系统漏洞，选择可靠、安全的物联网终端，将有助于规避一系列未知的风险和攻击，提升工控系统的安全性水平。

随着工业控制系统网络攻击手段的不断更新和变化，信息安全的防御技术也在不断提高和改进。换句话说，面对类型多样的工控系统网络攻击形势，升级和更新技术将是必然趋势。为了我国工业的可持续健康发展，构建起一整套工控系统网络防护体系意义重大。而国家、企业、个人的共同推动，将使工控系统防护网织得又细又密。

本 章 习 题

1. 什么是工业控制系统？其核心组件有哪些？
2. 典型的工业控制系统分为哪几层？每一层的主要功能是什么？
3. SCADA 系统的主要功能是什么？
4. 现场总线控制系统(FCS)的主要优势有哪些？
5. 工控系统安全分为哪几类？每一类能实现的主要功能是什么？
6. 我国工控系统存在的主要问题有哪些？

第 2 章　工业控制系统安全防护体系

工业控制系统广泛应用于国民经济的各个重要领域，是控制工业生产和重要基础设施运行的核心大脑。近年来，随着工业化和信息化的深度融合及“中国制造 2025”“互联网+”等战略的提出，移动互联网、物联网、大数据、云计算等新一代信息技术对工业生产活动的不断渗透，工业控制系统不再是一个独立运行的系统，而是与企业办公网络甚至 Internet 直接进行通信，因此使得工业控制系统面临着越来越严峻的信息安全风险。

传统的工业控制系统使用专用的网络，处于相对封闭的网络环境中，在其设计之初，没有考虑安全性。工业控制协议基本上没有加密、认证等安全措施，很多工业企业存在“重生产、轻安全”的状况，工业控制系统安全管理不严格，没有专业的网络安全技术人员，员工缺乏网络安全意识，网络边界没有部署安全防护设备，传输、存储数据的设备未采取加密措施，终端设备没有安装防病毒软件，移动存储介质和 USB 口的使用和管理不完善，工业控制系统中的设备不是弱密码，就是缺省密码，甚至没有密码，数据传输基本是没有加密的明文，也没有进行任何身份验证，在系统正式运行前几乎不会进行安全漏洞检测，在投入生产后为了保障稳定运行，也很少对系统和软件进行升级或打补丁。

在这种情况下，来自于企业办公网络或 Internet 的黑客、病毒、木马、蠕虫、恶意代码等很容易对工业控制系统造成损害，轻则可能导致产品良品率下降，重则可能导致控制程序被篡改、机密信息泄露、生产设备故障、现场安全事故等重大安全问题。

因此，工业控制系统急需建立信息安全保障体系，提出安全策略和解决方案。本章首先介绍工业控制系统安全防护策略和理念，其次介绍工业控制系统安全防护技术及安全设备，最后对一些常见的工业控制系统安全防护方案进行分析。

2.1　工业控制系统信息安全保障体系

构建工业控制系统信息安全保障体系是一项复杂且长期的系统工程，需要根据工业企业自身的实际情况，从法律法规、制度、人员、资金、技术、软硬件设备等多个维度进行统筹规划，依据工业控制系统安全防护策略和理念，将网络安全的观念贯穿到工业控制系统的整个生命周期，实现工业控制系统的功能安全与信息安全的全方位深度融合。

2.1.1　工业控制系统安全防护策略

工业控制系统可依据“网络专用、分层分域、安全隔离、纵深防御”的策略进行安全防护，搭建工业控制系统安全架构。

根据中华人民共和国公共安全行业标准中的信息安全等级保护工业控制系统标准，一个典型的工业控制系统层次模型从下到上可分为现场设备层、现场控制层、过程监控层、生产管理层(也叫生产执行系统层，简称 MES 层)、企业资源层(即企业办公网络)共 5 个逻辑层，企业资源层连接到 Internet。

1. 网络专用

鉴于工业控制网络的结构与功能和企业办公网络完全不同，再加上其结构的复杂性和异构性，在进行网络规划设计时，必须严格落实工业控制网络与企业办公网络及互联网等其他网络安全互联的要求，用网络安全防护设备将工业控制网络与企业办公网络进行逻辑分隔，专网专用，避免企业办公网络与工业控制网络在同一网络平面中，层次不清。同时，在两个网络之间建立网络壁垒，实现身份鉴别、安全隔离、加密认证、访问控制、恶意行为防范、入侵检测、安全审计等安全功能。

2. 分层分域安全隔离

工业控制系统安全防护的重点是结构安全性，IEC 62443-3 标准建议通过横向分区、纵向分域，对工业控制系统的各个子系统进行分段管理，即通过安全层次和安全区域的划分以及边界防护设备的部署来实现结构安全性。

在进行工业控制系统结构安全设计时，工业企业可以依据上述 5 个逻辑层和自身生产或运行流程，优化网络结构，实现合理的安全层次的划分，在复杂的工业控制系统内部进行安全区域的划分，在安全区域的边界及内部进行安全防护，实现物理隔离或逻辑隔离。

所谓安全区域，是指同一网络系统内，根据信息属性、使用主体、安全目标等进行划分的具有相同或相似的安全保护需求和安全防护策略且相互信任、相互关联、相互作用的网络区域。常用的安全区域按资产重要性、资产地理位置、系统功能、控制对象、生产厂商等进行划分。

在图 2-1 所示分层分域设计案例中，根据系统功能及资产地理位置进行了安全区域的划分。企业资源层由区域 1 和区域 2 组成，区域 1 包含了企业办公网络中的管理系统及办公设备等，区域 2 为 DMZ(Demilitarized Zone)，包含了所有需要对外提供服务的服务器，生产管理层只有一个区域 3，过程监控层的监控部分划分为区域 4，包含各类监控系统和设备，过程监控层的控制部分和现场控制层、现场设备层则根据生产厂商和控制对象的不同，划分为不同的区域。

通过分层分域设计，整个网络系统的安全问题就转化为各个安全区域的安全防护问题。由于各个安全区域的网络结构相对简单，具有相同或相近的安全防护需求和策略，因此可以在安全区域内部以及安全区域之间，采用有效的安全防护手段，更好地避免工业控制网络安全风险，提高安全设备的利用率。

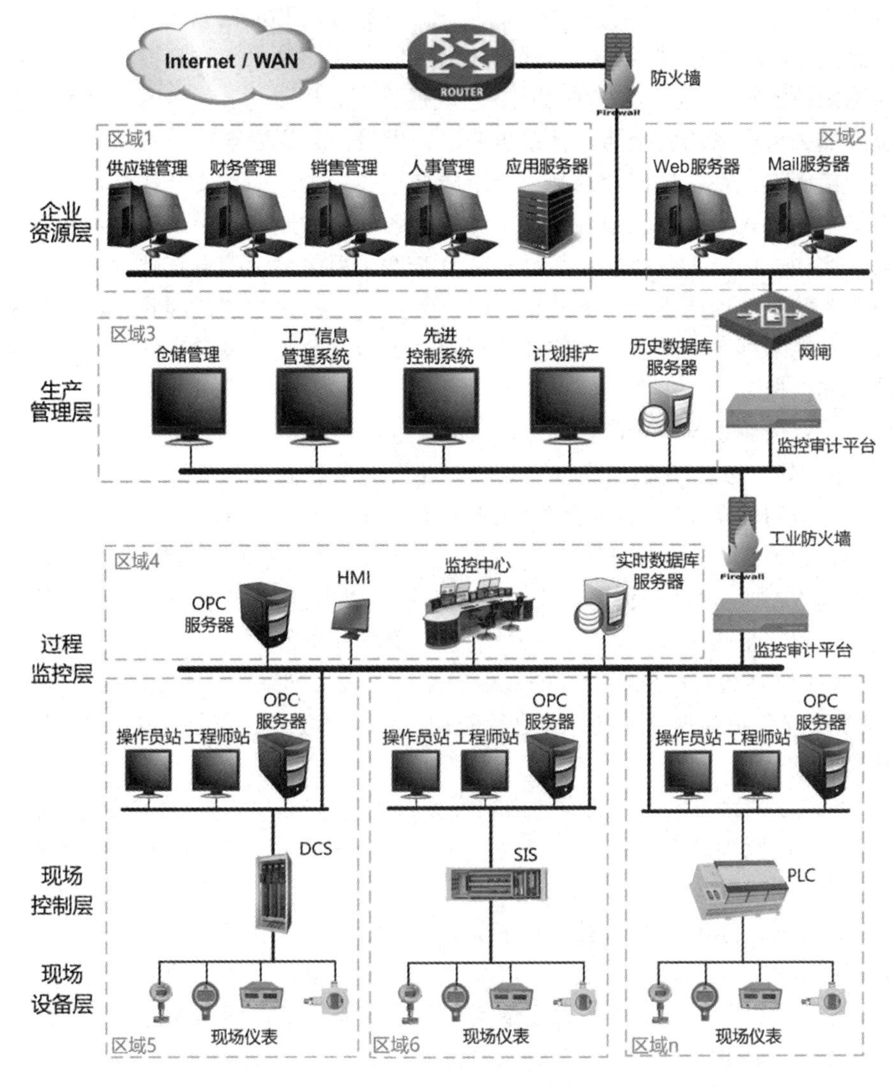

图 2-1　分层分域设计案例

3. 纵深防御架构

纵深防御架构指的是采用两种或两种以上重叠的安全机制对工业控制系统进行保护，这样任何一种安全机制出现故障，都不会导致工业控制系统完全失去保障。这是普遍需要的，因为单个安全产品、技术和解决方案都不能完全保护工业控制系统。

纵深防御架构通常包括防火墙系统、DMZ 和入侵检测能力，同时配置有效的安全策略、培训程序和事件响应机制。

2.1.2　工业控制系统安全防护理念

要保证工业控制系统的安全，必须将组织管理体系、技术标准体系和技术防护体系三方面有机结合起来。组织管理体系包括组织机构、人员编制、职责分工和教育培训；技术标准体系包括行政法规、技术标准和规范、安全制度等；技术防护体系包括物理安全防护、电磁安全防护、信息安全防护(包括网络、环境、基础设施和应用系统的安全防护技术，比如入侵检测技术、防火墙技术、安全评估技术、信息认证技术、访问控制技术、加解密技术和态势感知技术等)。这三者相辅相成、互相促进、互相制约。如果安全制度的制定和执行不到位，那么再严密的安全防护体系也是形同虚设；如果安全建设不到位，那么就会使得安全防护措施不完整，任何疏忽都可能造成严重的后果；如果安全教育和培训不到位，那么网络安全相关人员就不能很好地理解和执行各项规章制度，正确使用各种安全防护技术和工具。比如，由于工业控制系统维护的复杂性，很多关键信息基础设施运营单位在安装工业控制系统时使用产品自带的默认密码，甚至关闭密码功能，因此会导致非法入侵人员可以很轻易地拿到工业控制设备的操作权限，实施修改系统设置、执行 root 命令、替换系统固件、非法控制等攻击。

在构建工业控制系统安全防护体系时，要注意以下原则：

(1) 水桶原则。安全机制和服务设计的首要目的是防御最常见的攻击，通过提高系统中安全薄弱环节的安全性，来提高整个工业控制系统的安全性能。

(2) 整体性原则。充分考虑各种安全配套措施的整体一致性，避免顾此失彼。

(3) 均衡性原则。没有任何一个安全防护体系可以保证 100%的安全性，必须根据需求建立合理实用的安全防护体系，正确处理需求风险和代价的关系。

(4) 等级性原则。对信息保密程序、用户操作权限、网络安全程度(包括安全子网和安全区域)和系统安全结构等分不同等级进行防护，对不同级别的安全对象提供合适的、可选的安全解决方案。

(5) 一致性原则。安全体系的设计必须遵循一系列标准，以确保各个分系统的一致性。

(6) 易操作性原则。安全措施如果太麻烦，不易设置和操作，使用时就很容易出错，反而更不安全。

(7) 统筹规划、分步实施原则。设计安全防护体系时，首先要有完整的解决方案，然后考虑时间和成本，分阶段逐步实施。在实施过程中还需对最原始的方案进行修正。

(8) 动态发展原则。安全技术和安全状态并非一成不变，而是动态变化的，因此构建安全防护体系时，应根据形势和变化进行动态调整。

总之，工业控制系统安全不仅仅是一个技术问题或管理问题，而是一个系统工程，一定要坚持以组织管理为保障，以技术标准为指南，以防护技术为手段，三位一体，才能提高安全防护水平。

2.2　工业控制系统安全防护技术

安全防护技术是工业控制系统安全防护体系中最关键的部分，工业控制系统安全防护的核心是以安全管理为中心，配合符合工业控制系统特性的安全技术，进行有目的、有针对性的防护。

2.2.1　网络隔离和访问控制技术

前面提到不同工业企业的工业控制系统要进行分层分域的安全结构设计，不同网络、不同层次、不同的安全区域之间要进行隔离防护，实现访问控制，对数据流量进行过滤和阻止。常见的网络隔离和访问控制技术有物理隔离技术、VLAN 技术、防火墙技术、NAT 技术、安全网关技术等。

1. 物理隔离技术

物理隔离是指采用物理方法将不同网络进行隔离，使网络之间不能直接或间接发生联系，从而避免入侵或信息泄露风险的技术手段。需要高安全性的保密网、专网、特种网络与互联网或其他网络连接时，都要求实施物理隔离技术。物理隔离技术包括单向隔离技术、协议隔离技术、信息摆渡技术等，通过隔离网闸、物理隔离卡、数据采集隔离设备等实现。

(1) 单向隔离技术是通过硬件访问控制信息，使信息在不同的安全区域之间只能单向流动，其具体实现方式有数据泵技术、数据二极管技术、单向隔离网闸等。

(2) 协议隔离技术是指通过协议转换的手段保证受保护信息在逻辑上是隔离的，只有被允许的信息可以通过。其传输的方向是可控制的单向传输或双向传输。

(3) 信息摆渡技术是通过两套或多套接入不同网络区域的设备之间的缓冲或存储设备进行信息数据的交换，类似于摆渡船。

工业网闸就是基于协议隔离或单向隔离技术，再采用信息摆渡的方式进行数据交换的。

2. VLAN 技术

VLAN(Virtual Local Area Network，虚拟局域网)是最常用的网络隔离技术之一，它依托于交换机的端口实现，经常被用在工业控制系统中。VLAN 是一组逻辑上的设备和用户，根据地理位置、功能、部门、项目等因素将它们组织起来，将物理网络分成更小的逻辑网络，不受物理位置的限制，它们之间的通信就好像在同一个网段一样。VLAN 的划分可以基于端口、MAC 地址、IP 组播、网络层、规则等方式进行，也可以基于 VLANTAG 进行划分。

VLAN 可以控制网络中的广播，防止广播风暴波及整个网络，从而提高网络性能，减少网络设备移动、添加和修改的管理开销，增加网络连接的灵活性，降低组网的成本。将含有敏感数据的用户组与网络的其余部分隔离，可提高网络的安全性；将有相似网络需求的用户组织在一起，可以提高网络管理人员的工作效率，简化管理成本。

3. 防火墙技术

防火墙技术是应用最广泛的逻辑隔离技术，它能够基于协议、地址、端口、服务类型等因素对数据包进行识别，并通过黑白名单技术和基本的检验措施维护 Session(会话)，起到安全过滤和隔离外网攻击、入侵等危害网络信息安全行为的作用。工业防火墙技术在传统 IT 防火墙的基础上进行了改进，可以满足工业控制级别的硬件技术指标要求，同时支持工业控制协议和低延迟要求，是工业控制系统安全防护体系中不可或缺的防护技术。

4. NAT 技术

NAT(Network Address Translation，网络地址转换)技术可以实现数据包地址一对一或多对一的转换，不仅能解决 IP 地址不足的问题，还能够隐藏内部网络所有设备的 IP 地址，让入侵者无法发现目标，有效地避免来自网络外部的攻击，保护网络内部的计算机。

5. 安全网关技术

安全网关技术是入侵检测和防御、防病毒、Web 防护、垃圾邮件防护、网页过滤、VPN、防火墙、攻击防护等多种技术的有机融合，其核心是多功能，具有重要且独特的保护作用，其范围从协议级过滤到十分复杂的应用级过滤。这样的多功能安全网关也叫 UTM(Unified Threat Management，统一威胁管理)，它的设置目的是防止 Internet 或外网的不安全因素蔓延到内部网络。

UTM 的主要优点是简单、流线型安装和使用，并且能同时更新所有的安全功能或程序。虽然 Internet 威胁的性质和多样性变得越来越复杂，但我们能够通过调整 UTM 产品来及时防范这些威胁，这样就不需要系统管理员一直维护多种安全程序了。

2.2.2　身份验证技术

身份验证是指通过一定的手段，完成对用户或设备身份的确认，根据用户或设备的角色或职责，分配不同的访问权限。身份验证是用户进行资源访问的先决条件，也是工业控制系统访问控制的基本要求。

身份验证的方法有很多，基本上可分为基于共享密钥的身份验证、基于生物学特征的身份验证、基于智能卡/令牌的身份验证、基于公开密钥加密算法的身份验证、基于位置的身份验证、双因子身份验证等。不同的身份验证方法，安全性也各有高低。

1. 基于共享密钥的身份验证

基于共享密钥的身份验证是指服务器端和用户共同拥有一个或一组密码(口令)，它是工业控制系统中最简单、最常用的身份验证技术。

当需要身份验证时，用户向服务器直接输入或通过保管有密码的设备提交由用户和服务器共同拥有的密码。服务器在收到用户提交的密码后，检查用户所提交的密码是否与服务器端保存的密码一致。如果一致，则判断用户为合法用户，获得相应资源的访问权限；如果用户提交的密码与服务器端所保存的密码不一致，则判定身份验证失败。

2. 基于生物学特征的身份验证

基于生物学特征的身份验证是指基于每个人身体上独一无二的特征来确认用户的身份，如指纹、虹膜、掌形、面部、声音等，同时配合加密技术保护这些生物学特征信息。

3. 基于智能卡/令牌的身份验证

基于智能卡/令牌的身份验证是指利用智能卡或安全令牌来确认用户的身份。智能卡和令牌中预先保存了用户的身份信息。

4. 基于公开密钥加密算法的身份验证

基于公开密钥加密算法的身份验证是指通信中的双方分别持有公开密钥和私有密钥，由其中的一方采用私有密钥对特定数据进行加密，而对方采用相应的公开密钥对数据进行解密，如果解密成功，就认为用户是合法用户，否则就是身份验证失败。使用基于公开密钥加密算法的身份验证的服务有 SSL、数字签名等。

5. 基于位置的身份验证

基于位置的身份验证是通过用户或设备的空间位置来确定真实性，通常要求 GPS 技术的配合，目前比较少用。

6. 双因子身份验证

双因子身份认证(2FA)是指结合密码以及实物(信用卡、SMS手机、令牌或指纹等生物标志)两种条件对用户进行认证的方法。

2.2.3 数据加密与确认技术

数据加密技术是指将一个信息经过加密密钥及加密函数转换，变成无意义的密文，接收方将此密文经过解密函数、解密密钥还原成明文，加密技术是网络安全技术的基石。数据确认技术可以保护数据的准确性和完整性。数据加密与确认技术包括对称密钥加密技术、非对称密钥加密技术、VPN技术等。

1. 对称密钥加密技术

对称密钥加密也叫专用密钥加密或共享密钥加密，即发送和接收数据的双方使用相同的密钥对数据进行加密和解密运算。这种加密技术的关键是加解密使用的密钥，必须以绝对安全的形式传输密钥才能保证安全。如果密钥泄露，那么加密数据将受到威胁。对称密钥加密算法主要包括DES、3DES、IDEA、RC5、RC6等。

2. 非对称密钥加密技术

非对称密钥加密也叫公钥加密，是一种密码学算法类型。在这种密码学方法中，需要一对密钥，一个是私有密钥(简称私钥)，另一个则是公开密钥(简称公钥)。这两个密钥是数学相关的，无法通过其中一个密钥计算出另一个。用公钥加密的信息，只能用对应的私钥才能解密，反之亦然。

与对称密钥加密相比，非对称密钥加密的优点在于密钥管理简单，只需共享公钥，无需共享私钥，这可以轻松解决对称密钥加密的密钥传输问题，很好地适应开放性的使用环境。

非对称密钥加密还能方便地实现数字签名和验证，这对解决电子商务活动中的“瓶颈”(如对传输数据进行加密、数字签名、公证的方法等)很有实用价值。

常见的公钥加密算法有RSA、ElGamal、背包算法、Rabin(RSA的特例)、椭圆曲线加密算法等。

3. VPN技术

VPN(Virtual Private Network，虚拟专用网)是利用隧道技术、加解密技术、密钥管理技术和使用者与设备身份认证技术等在不可信的第三方网络(例如Internet)中通过隧道创建的安全、稳定的专用网络，是对企业内部网的扩展。VPN有以下特点：

(1) 安全保障。VPN通过建立一个隧道，利用加密技术对传输数据进行加密，以保证数据的私有性和安全性。

(2) 服务质量保证(QoS)。VPN可以为不同要求提供不同等级的服务质量保证。

(3) 可扩充性和灵活性。VPN支持通过Internet和Extranet(外联网、外部网、企业间网络)的任何类型的数据流。

(4) 可管理性。可以从用户和运营商的角度方便地对VPN进行管理。

2.2.4 日常管理相关技术

在工业控制系统的日常管理和维护过程中，必须及时对系统里各个设备及网络的安全状况进行监控，分析信息安全漏洞，检测可能的危害，辩证分析危害事件等。日常管理中用到的技术有日志审核技术、恶意代码防护技术、入侵检测与入侵防护技术、漏洞扫描技术、蜜罐技术、态势感知技术等。

1. 日志审核技术

日志审核技术是系统管理员对系统或设备的日志进行管理的工具，能够记录系统和设备运行过程中产生的各项信息，有助于发现信息安全事件发生的迹象、文件、来源、攻击入口等信息，对维护系统安全很有好处。

2. 恶意代码防护技术

恶意代码是指故意编制或设置的、对网络或系统会产生威胁或潜在威胁的计算机代码。最常见的恶意代码有计算机病毒(简称病毒)、特洛伊木马(简称木马)、计算机蠕虫(简称蠕虫)、后门、逻辑炸弹等。

恶意代码防护要从管理和技术两个方面进行。在管理方面，要提高对安全和恶意代码的认识，可通过安全教育、规章制度、行为规范等进行整体强化。在技术方面，应以预防为主，可通过各种免费或付费防病毒工具实现，可以是基于主机的，如杀毒软件、安全卫士，也可以是基于网络设备的，如病毒网关。

恶意代码的检测和查杀可以采用手工检测和自动检测。手工检测对检测者的技术要求比较高，操作也比较复杂，但可以发现未知的恶意代码威胁；自动检测则是利用一些成熟的自动化工具来完成，如主流的杀毒软件或某种专杀工具。

3. 入侵检测与入侵防护技术

入侵检测(Intrusion Detection)是指分析从计算机网络系统中的若干关键点收集的信息，查看网络中是否有违反安全策略的行为和遭到袭击的迹象。

入侵检测是防火墙的合理补充，可帮助系统对付网络攻击，扩展系统管理员的安全管理能力(包括安全审计、监视、进攻识别和响应)，提高信息安全基础结构的完整性。入侵检测被认为是防火墙之后的第二道安全闸门，在不影响网络性能的情况下能对网络进行监测，从而实现对内部攻击、外部攻击和误操作的实时保护。

入侵防护(Intrusion Prevention)是一种可识别潜在的威胁并迅速作出应对的网络安全防范办法。与入侵检测系统(IDS)一样，入侵防护系统(IPS)也可监视网络数据流通。不法分子一旦侵入系统，立即就会开始捣乱，此时，部署在网络的出入端口的 IPS 将会大显身手，它将依照网络管理员所制定的规则，采取相应的措施。比如，一旦检测到攻击企图，它会自动将夹带着恶意病毒或嗅探程序的攻击包丢掉，或采取措施将攻击源阻断，切断网络与该 IP 地址或端口之间进一步的数据交流。与此同时，合法的信息包仍按正常情况被传输到接收方。

工业控制系统的入侵检测技术从实现方式上看，主要分为基于流量的入侵检测技术、基于协议的入侵检测技术、基于设备状态的入侵检测技术。入侵防护技术主要有基于主机的入侵防护技术、基于网络的入侵防护技术和基于应用的入侵防护技术。

4. 漏洞扫描技术

工业控制网络安全漏洞是指在其生命周期的各个阶段(包括需求、设计、实现、运维等过程)中引入的某类安全问题。比如在程序或者硬件设计之初，采用了一个强度比较低的加密算法设计；在实现阶段，由于程序员开发时对内存调用和管理的不严谨，引入了缓冲区溢出的问题；在运维管理阶段，系统管理员为了使用方便直接使用默认账号和口令维护关键的业务系统等。这些都会最终成为工业控制系统环境下的安全漏洞，这些漏洞也必然会对工业控制网络的安全性(可用性、完整性、机密性)产生严重的影响。

分析工业控制网络所遭受的攻击方式，无论是攻击操作系统或底层控制器设备，还是利用网络协议和病毒进行攻击，归根结底都是利用各类工业控制网络安全漏洞来完成的。而入侵的途径则可以通过办公环境的局域网、外部接入的互联网和城域网或者是 VPN、现场环境的无线网络、短距离通信网(如蓝牙、射频)、公共通信设施等。即使现场设备没有接入任何网络，是一个“孤岛”的状态，仍有可能受到通过可移动存储和工程师维护接入设备所传播的恶意软件利用漏洞进行的攻击。

工业控制网络安全漏洞可按以下方式进行分类：

(1) 按设备在工业控制系统的位置不同，工业控制网络安全漏洞可分为上位机漏洞(操作系统漏洞、应用软件漏洞)、下位机漏洞(协议漏洞、后门、HMI 漏洞)。

(2) 按设备或系统类型不同，工业控制网络安全漏洞可分为软件漏洞、远程测控终端(RTU)漏洞、PLC 漏洞、网络设备(交换机、路由器等)漏洞、安全设备(防火墙、审计、网闸等)漏洞等。

(3) 按漏洞产生的原因不同，工业控制网络安全漏洞可分为缓冲区溢出、DLL 劫持、固件后门、提权、暴力破解、安全绕过、包回放攻击、明文密码传输、Web 类安全漏洞(远程命令执行、SQL 注入、代码注入、文件包含、任意文件上传、跨站脚本、XSS 跨站)等。

漏洞扫描技术是检测系统和网络漏洞的方式，可用于日常管理维护中以发现潜在风险，也可用于系统或网络遭到破坏、恶意入侵进行控制系统时。

优秀的工业控制网络安全漏洞扫描技术需要基于专业、完整的工业控制网络安全漏洞库，依靠高效的漏洞扫描引擎和检测规则的自动匹配技术，从而实现扫描工业控制网络中的关键设备和软件，检测是否存在已知漏洞。扫描引擎的一系列核心功能包括工业控制通信协议支持、存活判断、端口扫描、服务识别和操作系统判断等，同时还具备 PLC、DCS、SCADA 等系统和软件资产的识别功能。

5. 蜜罐技术

蜜罐技术是一种主动防御技术，其本质上是一种对攻击方进行欺骗的技术，通过布置一些作为诱饵的主机、网络服务或者信息，诱使攻击方对它们实施攻击，从而可以对攻击行为进行捕获和分析，了解攻击方所使用的工具与方法，推测攻击意图和动机，从而使防御方清晰地了解所面对的安全威胁，并通过技术和管理手段来增强实际工控系统的安全防护能力。另外，还可以通过窃听黑客之间的联系，收集黑客所用的种种工具，掌握他们的社交网络。

工业控制系统蜜罐技术模拟真实运行的工业控制系统，有助于深入开展工业控制系统信息安全研究，及时了解当前工业控制系统安全态势和新型的攻击特征，更好地为国家、企业提供有效的防御方案、技术及应对方法。

工业控制系统蜜罐技术的数据采集有主机采集和网络采集两种方式。主机采集部署于蜜罐主机中，用于记录主机中的各类信息。网络采集部署于系统网络中，用于记录网络中的全部通信数据，一般为旁路监听的状态。数据采集内容包含蜜罐主机键盘输入、网络通信端口、系统日志、主机文件变化、网络通信数据包、PLC 运行状态和远程操作日志等。

6. 态势感知技术

态势感知是一种基于环境的、动态的、整体洞悉安全风险的能力，是以安全大数据为基础，从全局视角提升对安全威胁的发现识别、理解分析、响应处置能力的一种方式，最终是为了决策与行动，是安全能力的落地。

工业控制系统的态势感知技术通过主动探测 IP 网络空间，在检索在线的工业控制系统、关键信息基础设施以及物联网设备的同时，获得设备详细的系统信息、地理分布以及安全隐患，是一种对区域内工业控制系统及物联网设备进行在线监控、威胁量化评级、网络安全态势分析以及预警的有效技术手段。

工业控制系统态势感知技术中的关键技术有工业控制数据挖掘技术、网络空间无状态扫描技术、态势信息融合技术、威胁可视化技术等。

将态势感知技术融入安全防护体系，以构建和更新漏洞库、协议库、指纹库、病毒库等数据库为基础，对内外网络的风险信息进行细化检测，对工业控制系统的异常数据流量进行动态采集，以实现病毒、木马、漏洞等安全隐患的及时感知、精准应对。此外，还需做好工业级/企业级安全管理系统、病毒消杀软件、代码加密软件等的合理利用，从而进一步增强工业控制系统及其终端设备对信息安全风险的规避和抵御能力。

2.2.5 物理安全防护技术

物理安全防护是指采取一些物理措施来限制对工业控制系统资产的物理访问，包括物理安全防护技术和人员安全防护技术。

1. 物理安全防护技术

物理安全防护是指利用安全防范系统进行的防护，安全防范系统主要有访问监视系统和访问限制系统两类。其中，访问监视系统包括摄像头、传感器等识别系统，访问限制系统包括围栏、门禁、保安等。

2. 人员安全防护技术

人员安全防护指的是减少人为造成的失误、盗窃、欺骗和有意无意滥用信息资产的可能性和风险，包括人员聘用制度、企业方针和实践、任用条款、岗位职责等。

2.3 工业控制系统安全设备

现代工业控制系统安全防护工作需要在加强企业安全策略和规程建设、增强员工法制和网络安全意识、全面提升企业安全管理水平的同时，规划好网络基础设施的安全配置，引入先进的网络安全防护设备和统一管理平台，考虑各个安全设备的统一部署、统一管理或分布式部署等，最大限度地增强设备间的协作能力，实现统一部署、统一策略、统一调度、统一管理、及时监测报警、及时处理日志等，从不同的网络层面分区域、分功能、分重点地加强工控网络的安全防护。

2.3.1　网络边界安全防护

在工业控制网络与企业办公网络交界的位置，应通过具有隔离功能的网络防护设备进行严格的隔离防护，通常有以下 3 种方式：

(1) 完全隔离：这对于数据保护来说是最理想的状况，即工控网络和企业办公网络完全独立，两套网络之间没有任何的访问。

(2) 单向隔离：随着工业互联网的发展，实时信息共享的需求日渐增加，可使用单向隔离网闸或者防火墙对两个网络进行单向隔离防护，数据流动方向由工控网络流向企业办公网络。

(3) 双向访问：可在两套网络之间设置双向隔离网闸或者防火墙，除了提高业务运行效率所必需的信息外，所有其他的流量都需要被屏蔽。

随着工业化和信息化的深度融合，工业控制系统信息化的程度越来越高，企业办公网络和工业控制网络完全隔离也逐渐变成了历史，双向访问已经成为新的趋势。在两个网络之间部署防火墙，可以实现访问控制、地址转换、应用代理、事件审核和警告等安全功能。

企业办公网络与工控网络有连接要求时，应该做到以下几点：

(1) 企业办公网络与工控网络的连接必须有文件记载，且尽量采用最少的访问点，如有冗余的访问点，则必须有文件记载。

(2) 企业办公网络与工控网络之间宜安装状态包检测防火墙，只允许明确授权的信息访问流量，对其他未授权的信息访问流量一概拒绝。

(3) 在企业办公网络与工控网络之间建立一个中间网络——非军事化区(DMZ)。这个 DMZ 应连接至防火墙，以确保定制的通信仅在企业办公网络与 DMZ 之间、工控网络与 DMZ 之间进行，企业办公网络与工控网络之间不可以直接相互通信。这个方法将在 2.4 节详细介绍。

(4) 工控网络与公司外部网络之间通信时，应采用虚拟专用网络(VPN)技术。

(5) 采用冗余架构，包括业务系统、网络、电源、安全等系统的冗余。

(6) 完成监控、分析与防御之间的反馈环路，尽量使用更先进的安全信息和事件管理或日志管理工具进行自动化处理，并根据安全需求和安全威胁的变化，及时调整过滤规则。

(7) 根据需要进行管理员分级，可设置超级管理员、安全管理员、配置管理员、审计管理员等，并规定相应的职责，维护各自的文档和记录。

2.3.2　区域边界安全防护

根据各个区域的重要级别和安全需求，为每个区域选择并部署适当的安全设备，在已定义的区域周围建立电子安全边界，以便提供直接的保护，并防止对封闭系统未经授权的访问，也可以防止从内部访问外部系统。

1. 防护设备

在安全区域之间部署防火墙、路由器、入侵检测系统(IDS)、入侵防护系统(IPS)、隔离网闸、安全监测平台、安全审计平台等设备，实现网络隔离和边界安全防护。

在工业控制网络的每个安全区域边界使用工业防火墙、安全监测平台和安全审计平台，由于这些设备的功能各有所长，因此可以实现更好的安全区域边界防护。工业防火墙、安全监测平台和安全审计平台的功能如下：

(1) 工业防火墙可以识别多种工业控制协议，可以对工业控制协议和应用的数据包进行解析、检查、报警及过滤，阻断来自办公管理网的疑似攻击、病毒木马等，同时拥有基于工业漏洞库的黑名单入侵防御功能和基于机器智能学习引擎的白名单主动防御功能，以及大规模分布式实时网络部署和更新等功能。

(2) 安全监测平台是一种实时监控和报警系统，通过监控关键设备和安全产品的日志及监控信息，快速进行安全事件的反馈和报警。

(3) 安全审计平台是一种将工业控制系统环境中相关软硬件系统和其他安全设备的信息进行长时间记录存储，以供后续审计、分析、取证时使用的系统，一般会有独立的数据库存储系统配套使用。

2. 防护要领

在进行区域边界防护设备配置时，应注意以下几点：

(1) 根据具体需求，将系统或设备划归到合适的安全区域，并严格定义区域中使用的协议、端口及服务。

(2) 严格保护有修改区域权限的用户。

(3) 所有入站和出站流量必须强制通过一个或多个已知的、可被监视和控制的网络连接，尤其注意控制无线网络的使用。

(4) 每个连接都应该部署一个或多个安全设备。

(5) 在区域边界防护设备上配置合适的规则，以拒绝所有(DENY ALL)的规则结束，确保所有允许规则都有明确定义。

(6) 阻止所有格式不正确的工业网络协议包，阻止所有区域中不允许的入站或出站流量，阻止所有在协议不被允许区域中检测出的工业网络协议包，对所有的登录验证尝试进行记录，对所有的工业网络端口扫描进行报警。

2.3.3 区域内部安全防护

与具有明确分界且可被监控的区域边界不同，区域内部由特定的设备以及这些设备之间各种各样的网络通信组成。

1. 防护设备

区域内部的安全主要是通过基于主机的安全来完成的，如主机防火墙、主机 IDS(HIDS)、终端杀毒系统、应用程序白名单、外部控制工具等，它们可以控制最终用户对设备的身份验证，设备在网络上的通信，访问哪些文件及执行哪些应用程序等。

1) 主机防火墙

通常情况下，主机防火墙是会话感知防火墙，允许控制不同的入站和出站应用程序会话。主机防火墙可以基于防火墙具体配置实现主机和所连接网络的数据流量过滤。

2) 主机IDS

通常情况下，主机IDS设备可以监控系统设置和配置文件、应用程序及敏感文件，可以对进出主机的网络数据包进行检查，通过监控主机系统的网络接口来检测或防止入站威胁。

3) 终端杀毒系统

终端杀毒系统可以使用标志来检测恶意软件，验证系统文件。当标志匹配已知病毒、木马或其他恶意软件时，可疑文件通常被隔离以待进一步清除或删除。

4) 应用程序白名单

应用程序白名单就是在主机上创建一个应用程序列表，列表中的所有项都是合法的，如果应用不在名单上就被阻止。这样，即使病毒或木马穿透了工业控制系统的边界防御，并找到了目标系统的路径，主机本身也会停止执行恶意软件，致使它不能继续生效。

应用程序白名单尤其适合用于工业控制系统中，因为在工业控制系统中的各个设备和协议基本都有明确定义的端口和服务。应用程序白名单只需要在主机系统的应用程序更新时进行更新和测试，无需不断地下载、测试、评价并安装标志更新。

然而，由于应用程序白名单运行在操作系统的底层，因此它为该主机上的所有应用程序和服务的执行路径引入了新的代码。这就在主机的所有功能中添加了一些延迟，可能会对那些对时间敏感的操作造成难以接受的时间延迟，因而需要进行充分的回归测试。

5) 外部控制工具

当没有必要使用基于主机的安全工具时，可能需要使用网络IDS、工业网络防火墙和其他专门用于工业控制系统的网络安全设备进行外部控制，监视和保护区域内部的资产和网络。

其他外部控制工具，如安全信息和事件管理系统，可以更全面地监测控制系统，它通过使用从其他资产(如MTU或HMI)和其他信息存储(如历史数据系统)或网络本身得到的信息来达到目的。这些信息可用于检测存在于多个系统中的风险和威胁活动。

2. 防护要领

在进行区域内部防护设备配置时，应注意以下几点：

(1) 在主机防火墙上配置合适的规则，只允许需要的特定端口和服务，其他流量均拒绝。

(2) 在主机IDS上，设置合适的规则，阻止未定义的流量、恶意软件或代码等，检测并记录异常活动，若需要生成合规性报告，则可以记录正常或合法的活动。另外，注意误报可能导致合法的流量被阻塞或拒绝。

(3) 定期更新终端杀毒系统的病毒库。

(4) 确保只有安全获得审核的应用才能加入应用程序白名单。

2.4　常见的工控网络边界防护方案

防火墙是实现区域隔离和边界防护的主要安全设备，我们可以根据安全需求和安全威胁，研究合适的技术方案，在工控网络与企业办公网络的边界之间或区域边界部署防火墙。防火墙有网络层数据过滤、基于状态的数据过滤、基于端口和协议的数据过滤和应用层数据过滤等几种类型，主要可以实现以下功能。

(1) 通过设置特定的规则允许安全区域之间的网络通信，阻断除此之外所有其他安全区域之间的网络通信。可以基于源 IP 地址和目的 IP 地址对网络服务、端口、连接状态、特定应用、网络协议类型等设定规则，从而阻断高风险的网络连接。

(2) 对所有尝试连接受保护网络的用户，实施安全认证。根据工业控制系统中不同子系统的脆弱性，选择口令、智能卡、生物特征、双因子等安全认证手段。

(3) 通过目标授权功能，限制或者允许特定用户访问工业控制系统的特定节点，从而降低用户有意或者无意访问非授权设备。

(4) 记录安全区域之间通信的流量，用于后续流量监控、分析和入侵检测。

常用的防火墙部署方案包括：企业办公网络与工控网络之间部署单防火墙，企业办公网络和工控网络之间部署防火墙与路由器，企业办公网络和工控网络之间部署带 DMZ 的防火墙，企业办公网络和工控网络之间部署双防火墙等。

1. 企业办公网络与工控网络之间部署单防火墙

在企业办公网络和工控网络之间部署一个双接口的防火墙，并配置合适的防火墙规则，可以有效降低外来的攻击，如图 2-2 所示。

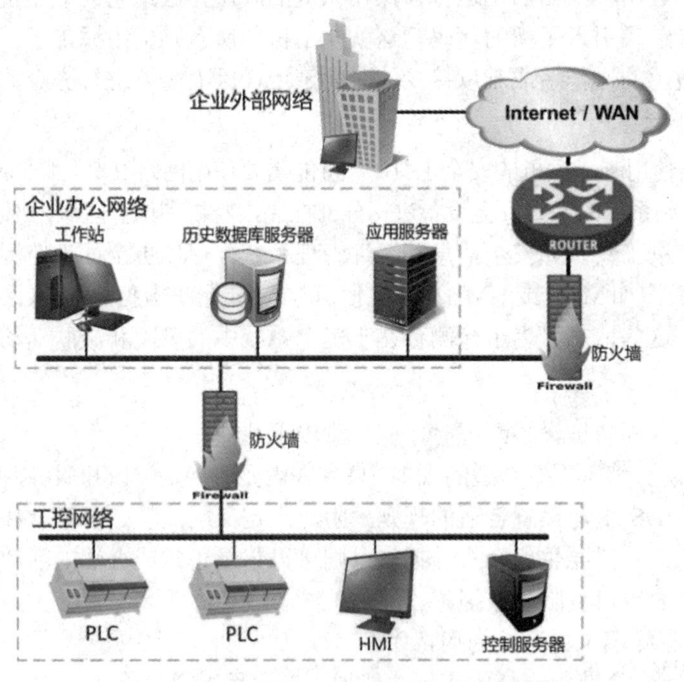

图 2-2　办公网络与工控网络间部署单防火墙

但这种设计也会带来一些问题。因为有一些企业办公网络和工控网络共享的服务器，如历史数据库服务器、资产管理服务器等，会对防火墙的设计和配置产生影响。为了提高效率，通常允许管理员在企业办公网络访问历史数据库并进行分析处理。在这种单防火墙的方案中，需要认真考虑将历史数据库部署在企业办公网络还是工业控制网络，但无论哪种方案都存在一定的安全问题。

(1) 如果将历史数据库部署在企业办公网络，那么防火墙规则必须允许历史数据库与工控网络内的控制设备进行通信，因此，一些不安全的协议，如 Modbus/TCP 或 DCOM，将穿过防火墙出现在企业办公网络中，而来自企业办公网络的恶意或配置不当的节点发起的数据包，也会传输到控制设备(PLC 或 DCS)，从而对控制设备的安全带来极大的影响。

(2) 如果将历史数据库部署在工业控制网络，那么防火墙规则必须允许至少管理员的主机能访问工控网络内的历史数据库。由于管理员通常使用 SQL 和 HTTP 等应用层协议访问历史数据库，因而容易引入 SQL 注入、脚本跨站攻击等安全攻击，威胁工控网络的整体安全。

另外，若在两个网络之间采用简单防火墙，则攻击者很容易生成欺骗的数据包并影响控制网络，潜在地允许转换数据在允许的协议中打开通道。例如，若 HTTP 包被允许穿过防火墙，则木马软件会无意中进入 HMI，或者控制网络的计算机可能会被远程机构控制，将敏感数据发送给这个机构。

总之，这种架构比没有隔离的网络更安全，设置防火墙规则允许两个网络间的设备直接通信，但如果没有精心设计和监控，则有可能出现安全漏洞。

2. 企业办公网络和工控网络之间部署防火墙与路由器

更成熟的架构设计是采用路由器与防火墙的组合，如图 2-3 所示。路由器部署在防火墙前面，进行基本的包过滤，而防火墙将采用状态包检测技术或代理网管技术处理较复杂的问题。这种设计针对面向互联网防火墙并允许较快路由处理大量进入的数据包，尤其是拒绝服务(DoS)攻击，从而降低防火墙的负荷。同时，这种设计提供纵深防护，即对方需穿过两个不同设备。

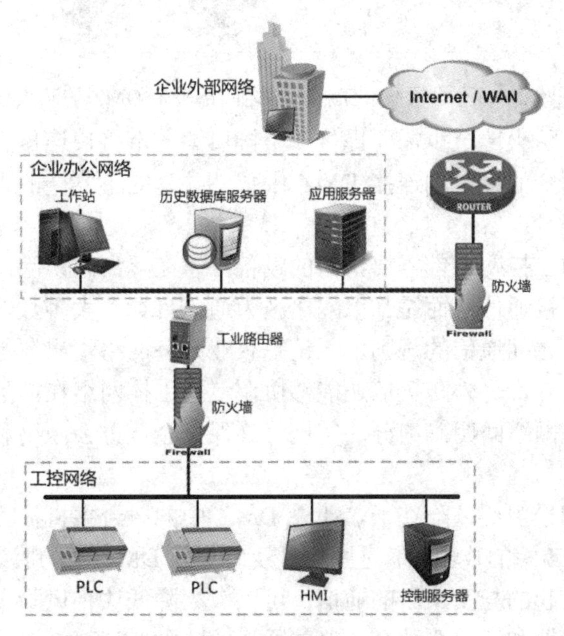

图 2-3 企业办公网络和工控网络之间部署防火墙与路由器

3. 企业办公网络和工控网络之间部署带 DMZ 的防火墙

在企业办公网络和工控网络之间部署带非军事隔离区(Demilitarized Zone，DMZ)的防火墙，将显著提高安全性，并能较好地解决第一种方案中存在的问题。带 DMZ 的防火墙如同构建了一个中间网络，可用来部署一个或多个关键设备，如历史数据库服务器、无线访问点、远程和第三方接入系统等，如图 2-4 所示。

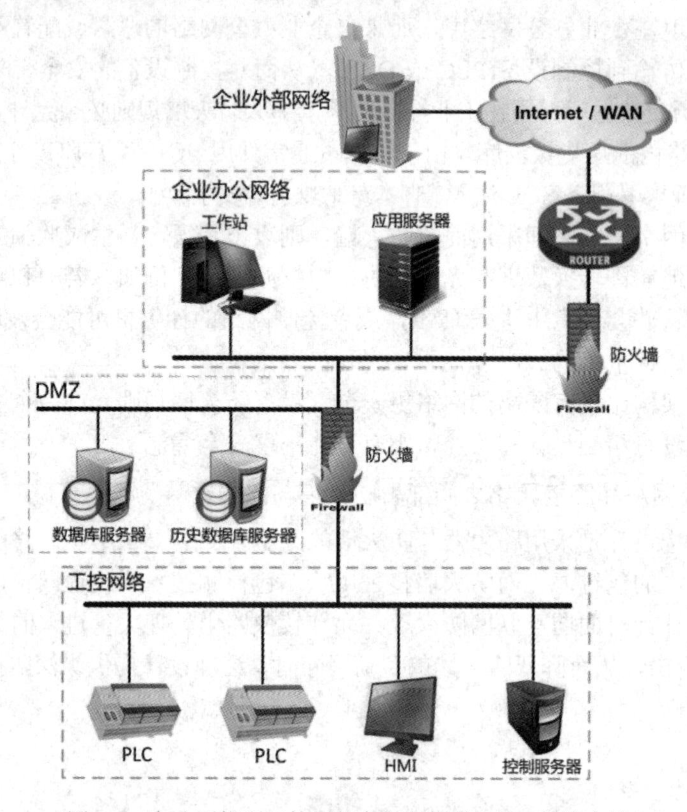

图 2-4　办公网络和工控网络之间部署带 DMZ 的防火墙

要构建隔离区，防火墙至少需要提供 3 个接口。一个接口连接企业办公网络，一个接口连接工控网络，剩余的接口则连接 DMZ 中那些共享的不安全的设备，如历史数据库服务器、无线访问点等。

由于办公网络和工控网络都需要访问的设备部署在隔离区，因此企业办公网络和工控网络之间就不需要直接通信，而是都以隔离区为通信目标。大多数防火墙允许存在多个隔离区，并规定隔离区之间通信的规则。无论是企业办公网络输出还是工控网络输入的数据包都可以被防火墙丢弃，另外防火墙还能够协调包括工控网络在内的链路。良好规则的制定、工控网络与其他网络间明确细分的实施，确保了企业办公网络和工控网络间几乎没有直接的通信。

这一部署方案的最主要风险在于，如果 DMZ 中的一台主机被攻陷，那么它将被用于制造工控网络和 DMZ 中的攻击。通过强化并及时更新 DMZ 中的服务器，规定防火墙只接收由工控网络设备发起的与 DMZ 的通信，可以大大降低这种风险。这一部署方案的另一个问题是额外的复杂性和端口个数带来日益增加的防火墙消耗。

4. 企业办公网络和工控网络之间部署双防火墙

双防火墙解决方案与带 DMZ 的防火墙解决方案相比，其中一个变化是在企业办公网络和工控网络之间使用成对的防火墙，如图 2-5 所示。像历史数据库这样的公共服务器被布置于防火墙之间，称为制造执行系统(Manufacturing Execution System，MES)层。其中，第一道防火墙负责阻断进入工业控制网络和公共服务器的非授权连接；第二道防火墙则可以防止从被攻击的服务器连接到工业控制网络的网络连接，从而能更好地提高工控网络的安全性，同时也可以阻止工业控制网络的流量冲击公共服务器。

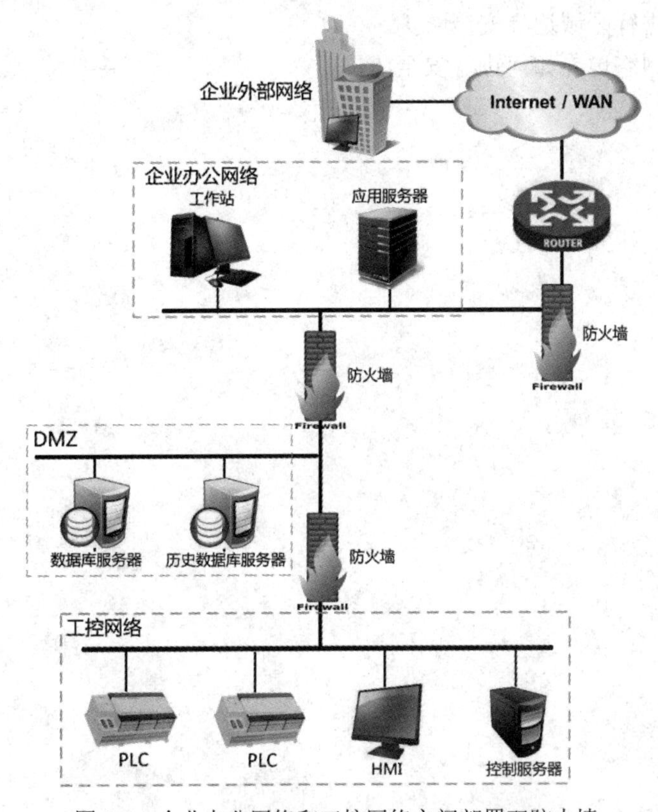

图 2-5　企业办公网络和工控网络之间部署双防火墙

如果这两个防火墙是不同厂商生产的，则可以有效提高整个系统的安全性。在一个公司组织内，这一方案对控制组和 IT 组有明确的职责界定。这一部署方案的主要缺点在于成本高、管理复杂，因而比较适合那些对安全有严格要求或需要明确管理界限的环境。

总之，必须利用防火墙这样的防护设备来实现企业办公网络和工控网络之间的隔离，不带防火墙的架构是不可行的。不带 DMZ 的两区方案较少采用，就算采用，方案部署也要特别小心。目前最安全、方便管理且易于扩展的是三区系统的方案，并且有一个或多个 DMZ，在控制网区设计数据，数据历史服务器放在 DMZ。但如果很多办公用户访问数据历史服务器，将会加重防火墙的负担，因此可以采用安装两台服务器的方法来解决：第一台放在工业控制网收集数据，第二台放在企业办公网，镜像第一台服务器，同时支持用户查询。

本 章 习 题

1. 简述工业控制系统的安全防护策略。

2. 如何保证工业控制系统的结构安全？
3. 常用的安全防护技术有哪些？简述它们的功能。
4. 什么是安全区域？如何划分安全区域？
5. 简述工业控制系统安全防护理念。
6. 为什么工业控制网络可以使用白名单策略，而传统网络不适合？
7. 简述如何进行区域边界安全防护。
8. 简述工控网络边界如何进行安全防护。

第 3 章　可编程逻辑控制器(PLC)

可编程逻辑控制器(Programmable Logic Controller，PLC)，是以微处理器为基础，综合了现代计算机技术、自动控制技术和通信技术发展起来的一种通用的工业自动控制装置。PLC 从早期的继电器逻辑控制系统发展而来，从最初的仅具有逻辑控制、顺序控制功能，发展为具有逻辑判断、定时、计数、记忆和算术运算、数据处理、联网通信及 PID 回路调节等功能的现代 PLC。其特点是可靠性高、模块化组合灵活、功能强、编程方便、适应工业环境、安装维护简单以及运行速度快等。由于 PLC 具有体积小、功能强、程序设计简单、维护方便等优点，特别是它适应恶劣工业环境的能力和它的高可靠性，使它的应用越来越广泛，被称为现代工业的三大支柱之一。

3.1　PLC 相关原理

PLC 是专门为在工业环境下应用而设计的数字运算操作电子系统。它采用一种可编程的存储器，在其内部存储执行逻辑运算、顺序控制、定时、计数和算术运算等操作的指令，通过数字式或模拟式的输入/输出来控制各种类型的机械设备或生产过程。现在工业上使用的可编程逻辑控制器已经相当或接近于一台紧凑型计算机的主机，其在扩展性和可靠性方面的优势使其被广泛应用于目前的各类工业控制领域。

在工业自动化和控制系统的网络体系结构中，PLC 作为重要的控制部件，通常应用在 DCS 和 SCADA 系统中，通过回路控制提供本地的过程管理。在 SCADA 系统中，PLC 的功能与 RTU 一样。在 DCS 中，PLC 被用作具有监视控制计划的本地控制器。同时，PLC 也常被用作重要部件配置规模较小的控制系统。

3.1.1　PLC 概述

1. PLC 的应用领域

目前，PLC 在国内外已广泛应用于钢铁、石油、化工、电力、建材、机械制造、汽车、轻纺、交通运输、环保及文化娱乐等各个行业，使用情况主要分为以下几类：

1) 开关量逻辑控制

PLC 取代传统的继电器电路，实现逻辑控制、顺序控制，既可用于单台设备的控制，也可用于多机群控及自动化流水线，如注塑机、印刷机、订书机械、组合机床、磨床、包装生产线、电镀流水线等。

2) 工业过程控制

在工业生产过程当中，存在一些如温度、压力、流量、液位和速度等连续变化的量(即模拟量)，PLC 采用相应的 A/D 和 D/A 转换模块及各种各样的控制算法程序来处理模拟量，完成闭环控制。PID 调节是一般闭环控制系统中用得较多的一种调节方法。过程控制在冶金、化工、热处理、锅炉控制等方面有非常广泛的应用。

3) 运动控制

PLC 可以用于圆周运动或直线运动的控制。一般使用专用的运动控制模块，如可驱动步进电机或伺服电机的单轴或多轴位置控制模块，广泛用于各种机械、机床、机器人、电梯等。

4) 数据处理

PLC 具有数学运算(含矩阵运算、函数运算、逻辑运算)、数据传输、数据转换、排序、查表、位操作等功能，可以完成数据的采集、分析及处理。数据处理一般用于如造纸、冶金、食品工业中的一些大型控制系统。

5) 通信及联网

PLC 通信含 PLC 间的通信及 PLC 与其他智能设备间的通信。随着工厂自动化网络的发展，现在的 PLC 都具有通信接口，通信非常方便。

2. PLC 功能特点

1) 可靠性高

由于 PLC 大都采用单片微型计算机，因而集成度高，再加上相应的保护电路及自诊断功能，提高了系统的可靠性。

2) 编程容易

PLC 的编程多采用继电器控制梯形图及命令语句，其指令数量比微型计算机指令要少得多，除中、高档 PLC 外，一般的小型 PLC 只有 16 条左右。由于梯形图形象而简单，因此容易掌握、使用方便，甚至不需要掌握计算机专业知识，就可进行编程。

3) 组态灵活

由于 PLC 采用积木式结构，用户只需要简单地组合，便可灵活地改变控制系统的功能和规模，因此，它可适用于任何控制系统。

4) 输入/输出功能模块齐全

PLC 的最大优点之一，是针对不同的现场信号(如直流或交流、开关量、数字量或模拟量、电压或电流等)，均有相应的模板可与工业现场的器件(如按钮、开关、传感电流变送器、电机启动器或控制阀等)直接连接，并通过总线与 CPU 主板连接。

5) 安装方便

与计算机系统相比，PLC 的安装既不需要专用机房，也不需要严格的屏蔽措施。使用时只需把检测器件与执行机构和 PLC 的 I/O 接口端子正确连接，便可正常工作。

6) 运行速度快

由于 PLC 的控制是由程序控制执行的，因而不论其可靠性还是运行速度，都是继电器逻辑控制无法相比的。近年来，随着微处理器的使用，特别是单片机的大量采用，大大增强了 PLC 的功能，并且使 PLC 与微型计算机控制系统之间的差别越来越小，特别是高档

PLC 更是如此。

3.1.2　PLC 的组成及工作原理

1. PLC 的基本结构

可编程逻辑控制器实质上是一种专用于工业控制的计算机，其硬件结构基本上与微型计算机相同，其基本构成如下：

1) 电源

电源用于将交流电转换成 PLC 内部所需的直流电，目前大部分 PLC 采用开关式稳压电源供电。

2) 中央处理器(CPU)

中央处理器是 PLC 的控制中枢，也是 PLC 的核心部件，其性能决定了 PLC 的性能。中央处理器由控制器、运算器和寄存器组成，这些电路都集中在一块芯片上，通过地址总线、控制总线与存储器的输入/输出接口电路相连。中央处理器的作用是处理和运行用户程序，进行逻辑和数学运算，控制整个系统使之协调。

3) 存储器

存储器是具有记忆功能的半导体电路，它的作用是存放系统程序、用户程序、逻辑变量和其他一些信息。其中系统程序是控制 PLC 实现各种功能的程序，由 PLC 生产厂家编写，并固化到只读存储器(ROM)中，用户不能访问。

4) 输入单元

输入单元是 PLC 与被控设备相连的输入接口，是信号进入 PLC 的桥梁，它的作用是接收主令元件和检测元件传来的信号。输入的类型有直流输入、交流输入、交直流输入。

5) 输出单元

输出单元是 PLC 与被控设备间的连接部件，它的作用是把 PLC 的输出信号传输给被控设备，即将中央处理器送出的弱电信号转换成电平信号，驱动被控设备的执行元件。输出的类型有继电器输出、晶体管输出、晶闸门输出。

6) 其他部分

PLC 除上述几部分外，根据机型的不同还有多种外部设备，其作用是帮助编程、实现监控以及网络通信。常用的外部设备有编程器、打印机、盒式磁带录音机、计算机等。

2. PLC 的工作方式

PLC 采用循环扫描工作方式，其工作过程分为以下 3 个步骤：

步骤 1：在系统软件的控制下，按顺序扫描各输入点的状态，把读取的状态放到数据寄存器里。

步骤 2：按顺序逐条扫描用户程序的每条指令，根据输入状态和指令内容进行逻辑运算。

步骤 3：根据逻辑运算的结果，输出寄存器向各输出点发出控制信号，实现所要求的控制功能。

上述 3 个步骤完成一个扫描周期，执行完后，会重新读取输入信号，以代替上次输入信号，称为输入刷新，再根据现场信号逐条执行用户程序，以执行结果代替上一次输出结果，称为输出刷新。执行机构按照新的输出结果运行，这种工作状态循环往复，称作循环扫描工作方式。CPU 扫描一周所用的时间，称为一个扫描周期，扫描周期越短越好，这样现场信号不容易丢失。

3.2 开放的自动化技术

一直以来，在工业自动化领域，出于可靠性、安全性以及技术独有的考虑，工业自动化控制系统往往都是相对封闭的专有系统。这样的控制系统在过去几十年里对工业化生产起到了极大的推动作用。但是，随着技术的进步和全球市场竞争的加剧，生产的灵活性、敏捷性以及可维护性成为工业企业的关注焦点。非开放、兼容性差的专有控制系统的弊端开始逐渐凸显，特别是在当前物联网、大数据、人工智能、面向对象及面向服务的架构等 IT 技术不断发展的趋势之下，控制系统的开放性显得更加重要，"即插即用"的非专有的开放自动化系统逐渐成为用户追求的目标。

进入 21 世纪后，以 TCP/IP 为基础的以太网进入自动化领域，在标准以太网协议上稍做修改的工业以太网给自动化系统带来了更大的开放性。在运动控制领域，实时工业以太网也开始兴起。这些工业以太网协议都是公开的协议，有的是免费的，有的是开源的，有的成为了我国的国家标准。工业以太网的应用使得更多的设备和更多的系统能够接入控制系统，"一网到底"也因此成为了可能。

3.2.1 IEC 61131-3 编程语言简介

1993 年，国际电工委员会(International Electrotechnical Commission，IEC)发布了用于工业控制领域可编程逻辑控制器(PLC)的国际标准，并将其命名为 IEC 61131。IEC 61131 是一个标准集，涵盖了 PLC 的硬件、软件、通信、安全等方方面面，随着时间的推移又添加了一些新的子集，截至 2020 年，最新的 IEC 61131 标准共包括 10 个子集。

IEC 61131-3 是 IEC 61131 标准的第三部分，该部分内容涉及 PLC 的编程语言、语法、程序结构、数据类型、指令、函数等关于编程的方方面面，为 PLC 编程给出了明确的、可操作的指导。它定义了 PLC 的软件结构、编程语言和程序执行方式，综合了世界上广泛流行的编程语言的特点，并使其成为一种面向未来的 PLC 编程语言。

IEC 61131-3 提供了 5 种 PLC 的标准编程语言，其中有 3 种图形语言分别为梯形图(LD)、功能块图(FBD)和顺序功能图(SFC)，两种文本语言分别为结构化文本(ST)和指令表(IL)。

采用 IL、LD、SFC 编程制作的顺控程序都通过指令保存到可编程控制器的程序内存中，使用各种输入方式编制的程序都可以相互转换后进行显示、编辑。在新标准中 SFC 作为一种公共元素出现，其目的是要把它定义成构成 PLC 程序和功能块内部组织的元素，但其实质仍是一种编程语言，且主流出版物都将其作为一种编程语言看待。

1. 程序组织单元 POU

在模块化程序设计环境下，程序组织单元(Program Organization Unit，POU)是用户程序中最小的、独立的软件单元。它相当于传统编程系统中的块(Blocks)，POU 之间可以带参数或不带参数地相互调用。

在 IEC 61131-3 中定义了 3 种类型的 POU，按其功能的递增顺序依次为函数(Function，FUN)、功能块(Function Block，FB)和程序(Program，PROG)。

1) FUN(函数)

FUN 是可以赋予参数但没有静态变量(没有记忆)的 POU，当以相同的输入参数调用时，它总是生成相同的结果作为函数输出，例如算术运算指令。函数没有存储器，不存储暂态结果、状态信息或内部数据，故称其无记忆。

2) FB(功能块)

功能块是一种重要的 POU，它按一定的算法和动作组成一段程序，在某一个给定条件下产生新的输出数据，类似子程序。功能块有输入变量、输出变量、内部变量以及临时变量等。功能块的程序段由各种算法、动作和传递等指令组成。当功能块被执行时，它会组合属于它的变量和程序来产生新的输出数据和内部数据。

功能块是可以赋予参数并具有静态变量(有记忆)的 POU，当以相同的输入参数调用时，它的输出状态取决于其内部和外部变量的状态，它能记忆状态信息，例如定时器和计数器等。

功能块和函数之间最大的区别就是它有储存功能，因而被应用于需要有数据保持功能的地方。函数只有一个返回值，其调用属于表达式的范畴；功能块的调用属于语句的范畴，因为 FB 可能有多个输出值，所以在一个表达式中不允许调用功能块。

3) PROG(程序)

PROG 代表 PLC 用户的最高层，即程序，它能存取 PLC 的 IO 变量，这些 IO 变量必须在 POU 或其上层中予以说明。在 IEC 61131-3 中，一个程序可由多个部分组成，而每个部分所使用的编程语言不一定是相同的。

2. 简单语言元素

PLC 程序是由一定数量的基本语言元素(最小单元)组成的，把它们组合在一起形成“说明”或“语句”。这些基本语言元素包括：

(1) 分界符：用在“说明”或“语句”中，起隔离、标识等作用。

逗号用于隔开多个变量，分号标识 ST 中一条语句的结束，星号 + 括号(**)之间存放对程序和语句的解释部分，冒号加等号标识 ST 编程语句中的赋值等。

(2) 关键字：包括数据类型名称，标准 FUN、FB 名称及其输入(仅 FB)/输出参数名称，某些变量、运算符和语言元素。关键字对大小写没有严格规定(大小写不敏感)，但在实际使用时常用大写来表示关键字。

(3) 直接量：表示某些常数的数值，有 3 种类型分别为数字直接量、字符串、时间直接量。

(4) 标识符：一个由字母、数字和下画线组成的序列，以一个字母或下画线开始，用来寻址变量、功能块、程序等，它们是一些单元且能支持程序的可读性。

以下各项不可以作为标识符：

(1) 空格和德文中的元音变音字母；

(2) 以同一方式说明两次；

(3) 关键字。

3. 数据类型

IEC 61131-3 定义了 PLC 编程中最常用的数据类型，并允许用户自己定义导出的数据类型。

1) 基本数据类型

基本数据类型有布尔值、整数、浮点数、时间和日期值、字符串等。

(1) 布尔(BOOL)值。

布尔值变量取值 TRUE 或 FALSE，占用 8 位内存空间。

(2) 浮点数据类型。

REAL 和 LREAL 被称为浮点数据类型，用于表示有理数。REAL 占用 32 位内存空间，LREAL 占用 64 位内存空间。

(3) 整型数据类型。

常用整型数据类型如表 3-1 所示。

表 3-1 常用整型数据类型

类型	下限	上限	内存空间
字节 BYTE	0	255	8 位
字 WORD	0	65 535	16 位
双字 DWORD	0	4 294 967 295	32 位
有符号整型 SINT	−128	127	8 位
无符号整型 USINT	0	255	8 位
16 位整型 INT	−32 768	32 767	16 位
无符号 16 位整型 UINT	0	65 535	16 位

(4) 时间数据类型。

时间数据类型占用 32 位内存，使用 d 表示天，h 表示小时，m 表示分，s 表示秒，ms 表示毫秒。在文字前加 TIME#、t# 或 T#，可使用下画线作单元分隔，如：T#2d_26h_4m_12s_123ms。

(5) 日期和时间数据类型。

① 用 TIME_OF_DAY#或 TOD#表示一天中的时间，如：TOD#12:00:00.123。

② 用 DATE_AND_TIME#或 DT#表示日期和时间，如：DT#1998-12-07-12:00:00.123。

③ 用 DATE#或 D#表示日期，如：D#1998-12-07。

(6) 字符串数据类型。

声明方式：STRING　字符串

如果大小不声明，则缺省值为 80 个字符，用单引号引括字符，用$插到特殊字符前(如换行 $L、制表 $T 等)。

2) 用户自定义数据类型

在基本数据类型的基础上，用户自定义数据类型的过程称为导出或类型定义，这种用新名词定义的数据类型称为导出数据类型。

(1) 结构化数据类型。

句法：

```
TYPE <结构名>:
    STRUCT
        <声明变量 1>
        ⋮
        <声明变量 n>
      END_STRUCT
  END_TYPE
```

(2) 枚举类型。

句法：

```
TYPE <枚举变量>:
    (<Enum_0>, <Enum_1>, …, <Enum_n>);
END_TYPE
```

枚举变量可以取枚举值中的任何一个值。缺省情况下，第一个枚举值为 0，其后依次递增。

(3) 数组类型。

句法：

```
TYPE <数组名>:
    ARRAY[1…n] OF  数据类型;
END_TYPE
```

支持一维、二维和三维数组的成员数据类型。数组可在 POU 的声明部分和全局变量表中定义。

(4) 指针类型。

当程序运行时，变量或功能块地址保存在指针中。

指针声明为如下句法形式：

```
<指针名> : POINTER TO <数据类型/功能块>;
```

指针可指向任何数据类型、功能块和用户定义的数据类型。对地址操作的 ADR 功能，可将变量或功能块的地址指向指针。指针后加内容操作符“^”可取出指针中的数据。

4. 变量

在编制 POU 之前，必须对变量进行定义和声明，使用变量的地方不同，所使用的变量也会有区别。常用的变量有以下几种：

(1) 输入变量：可以像传统 PLC 中的输入量一样，为 POU 提供外部接口的输入数据，也可以是专为 FUN 或 FB 定义的没有外部物理输入接口的变量。

(2) 输出变量：可以像传统 PLC 中的输出量一样，为 POU 提供输出数据到外部接口，也可以仅仅是 FUN 或 FB 的输出，没有相对应的外部物理输出接口的变量。

(3) 输入/输出变量：具有输入变量和输出变量的功能，没有传统意义上的物理接口，在编写 FUN、FB 时用到。

(4) 全局变量：变量在一个资源中定义说明，每个 POU 都可访问。

(5) 局部变量：变量在一个 POU(程序、功能块或函数)中定义说明，可以存储中间计算结果，只能在这个 POU 中访问。

(6) 存取通径变量 VAR-ACCESS：提供了一种配置之间进行数据交换(通信)的渠道。

5. 标准函数

IEC 61131-3 中定义了典型的 PLC 函数，它们的名字作为关键字保留，常用标准函数如表 3-2 所示。

表 3-2　常用标准函数表

序号	函数类别	函数名称	功能描述
1	数据类型转换函数	BOOL_TO_BYTE	布尔型转换为字节
		INT_TO_REAL	整型转换为浮点型
2	数值和算术函数	ABS	绝对值
		SQRT	平方根
		LN	自然对数
		LOG	以 10 为底的对数
		EXP	自然指数
		SIN	正弦函数
		COS	余弦函数
3	位组函数	ROL	循环左移
		ROR	循环右移
4	选择函数	SEL	两位选择
		MIN	最小值
		MAX	最大值
5	比较函数	GT	大于
		LT	小于
		EQ	等于
6	字符串函数	LEN	字符串长度
		INSERT	插入字符
		DELETE	删除字符

6. IEC 61131-3 编程语言

1) 文本类

文本类语言编程顾名思义就是编写一条接一条的文本指令，而后通过这些指令形成有效的控制逻辑。文本类语言包含指令表与结构化文本两个部分。

(1) 指令表(IL)。

指令表是类似组合语言的低阶语言，它与汇编语言有些相似。虽然指令表是最单调的编程语言，其编程可阅读性差，不利于非计算机专业工程师理解，但是其程序的高效性与执行速度是其他语言所不具备的。在 IEC 61131-3 标准中指令表定义了 4 类操作符：一般操作符、比较操作符、跳转操作符和调用操作符。

① 一般操作符在程序中经常使用，是构成程序的重要组成元素。例如：转入指令 LD；逻辑指令 AND(与)、OR(或)；算数指令 ADD(加)、SUB(减)、MUL(乘)、DIV(除)等。

② 比较操作符是用于比较大小的，它包括：GT(大于)、LE(小于)、EQ(等于)等。

③ 程序控制操作符有：JMP(跳转)、CALL(调用)等。

(2) 结构化文本(ST)。

结构化文本是一种高级程序语言，类似于 Pascal 程序语言，其语法也类似于 Pascal。结构化文本不采用底层的面相机器操作符，它具有大量的语句，不仅可以用来描述功能、功能块和程序的行为，还可以在顺序功能流程图中描述步、动作和转变的行为。

相对于指令表来说，结构化文本(ST)语言更易学易用。此外，结构化文本语言还易读易理解，特别是使用有实际意义的标识符、批注来注释时，使人更加容易理解程序的含义。结构化文本语言的典型语句类型包括赋值语句、程序控制语句、判断选择语句、循环语句等。

① 结构化文本定义了一些操作符，主要用于算数运算与逻辑运算，例如：逻辑运算符 AND、OR；算数运算符 +、−、*、/、= 等。

② 赋值语句不但可以完成简单的赋值，也可以完成较为复杂的数组或结构的赋值。执行赋值操作时，等号左边是操作数，右边是被赋予的表达式的值，例如：%MW52:=9527。

③ 程序控制语句用于在程序中调用功能块。在功能块被调用时，输入参数会被分配为默认值；语句执行完毕后，输入参数值保留为最后一次调用的值。功能块调用和函数调用不同，函数调用是一个表达式，而功能块调用是一条语句，它没有返回值。

④ 判断选择语句的功能是满足某一条件时执行相应的选择语句。例如 IF…THEN…ELSE 条件语句，该选择语句依据不同的条件分别执行相应的 THEN 及 ELSE 语句；又如 CASE 条件语句，该选择语句的执行方向取决于 CASE 语句的条件，并有一返回值。

2) 图形类

图形类语言编程是指使用者不需要用任何代码编写程序，而是以拖拽拼图的方式开发应用程序，这样大大降低了 PLC 编程的门槛。图形类编程语言主要包括梯形图、功能块图、顺序功能图。

(1) 梯形图(LD)。

梯形图起源于美国，它最初是用来表示继电器逻辑关系的，直观易理解，电气工作人员很容易掌握。梯形图适合在以开关量为主的简单的顺序逻辑控制系统中使用，在复杂的具有数值计算的过程控制系统或逻辑判断系统中，则显得不够方便和灵活。

梯形图编程语言是在继电器控制系统原理图的基础上演变而来的，其基本思想是一致的，只是在使用符号和表达方式上有一定区别。梯形图的一个关键概念是能流，在梯形图中，把左边的母线假想为电源相线，右边的母线假想为电源零线。如果有能流从左至右流向线圈，则线圈通电；如没有能流，则线圈不通电。能流在任何时候都不会通过触点自右向左流。

IEC 61131-3 为用户提供了线条连接、触点、线圈、执行控制等常用的基本元素，线条连接元素包括水平连接和垂直连接等。梯形图包含一系列的网络(类似电路中的正负极)，网络连接各种类型的触点、线圈和用方框表示的功能块。梯形图编程就像设计电路。

(2) 功能块图(FBD)。

功能块图起源于信号处理领域。功能块图是一种类似于数字逻辑门电路的编程语言，有数字电路基础的人比较容易掌握。该编程语言用类似与门、或门和非门的方框来表示逻辑运算关系，它将各种功能块连接起来实现所需控制的功能，其图形由功能、功能块和连接元素组成。方框的左边为逻辑运算的输入变量，右边为输出变量，信号由左向右流动。

(3) 顺序功能图(SFC)。

顺序功能图源自法国，它将整个控制流程分割为一系列的控制步，并描述程序的执行顺序和控制条件。顺序功能图是一种位于其他编程语言之上的图形语言，主要用来编制顺序控制程序。顺序功能图提供了一种组织程序的图形方向，可以用来描述系统的功能，根据它可以很容易画出梯形图。

3.2.2 PLCnext 技术简介

PLC 产品的种类繁多，不同型号的 PLC，其结构形式、性能、容量、指令系统、编程方式、价格等均不相同，适用的场合也各有侧重。面对新形势下工业 4.0 以及物联网的场景，用户期待更自由灵活并符合个性化需求的编程交互方式。原有的控制器架构无法满足灵活性、可扩展性和自由度方面日益增长的需求，以前的控制器架构难以扩展，对使用客户专用的工具有诸多限制。菲尼克斯电气全新推出的 PLCnext Technology 开放式控制平台，相较于传统的控制器架构具有颠覆性优势。

1. PLCnext 技术控制平台

PLCnext 是 Phoenix Contact 最新推出的自动化平台，涵盖新型 PLC 控制器产品、PROFICLOUD 服务、PLCnext Store 等产品与服务，是 IT 迅猛发展时代背景下的新型自动化解决方案。

区别于传统控制器，PLCnext 在保障传统 IEC 61131-3 程序实时运行的同时又兼容多种高级语言开发和开源程序的自由应用。PLCnext 技术控制平台的开放性开辟了无限可能，其采用的全新方法可更高效地开发自动化项目。

2. PLCnext 总体架构

PLCnext 总体架构分为硬件与操作系统、中间件、服务组件、系统组件、内部和外部用户组件。

1) 硬件与操作系统

根据控制器类别，PLCnext 底层硬件可采用 Intel 或是 ARM 架构的处理器配置。操作系统采用 RT-Linux 系统，控制器具备确定性实时功能。相对于 Windows，Linux 具备稳定且更有效率、漏洞少且修补快速、多任务多用户、更加安全的用户和文件权限策略等特点，从而一方面实现开发的自由度，另一方面保障程序的实时运行。

Linux 系统的最大特点是底层全部由文件组成，这样使得我们可以更加便捷地访问控制器。PLCnext Engineer 可以作为传统 IDE(Integrated Development Environment)实现程序编辑下载，也可以通过 SSH(Secure Shell)或 SFTP(Secure File Transfer Protocol)等安全方式访问底层文件，直接修改文件参数配置，实现无 IDE 条件下安全、自由、快捷的组态设置。

2) 中间件

中间件部分实现将 PLCnext Technology 固件与操作系统解耦。

(1) GDS(Global Data Space，全局数据空间)是中间件重要的一部分，它实现了不同实时组件之间交互的数据一致性。

(2) RSC(Remote Service Call，远程服务通信)：Function Extension(功能扩展)上运行的程序通过 RSC 接口可以与 PLCnext Technology 核心组件进行通信。我们可以通过接口访问各种函数和数据项。例如，使用 RSC 服务中的“DataAccessService”获取 GDS 数据的读写访问权。

3) IO 与现场总线组件

现场总线及 IO 管理器实现现场总线及本地 IO 与 PLCnext Technology 相连接，用于处理数据的输入和输出。其支持的现场总线如下：

(1) PROFINET 控制器；

(2) PROFINET 设备；

(3) Axioline F 主站(本地总线)；

(4) INTERBUS (AXC F IL Adapt and AXC F XT IB)。

4) 服务组件

服务组件提供对 ESM(执行和同步管理器)、GDS 和一些系统组件的访问，包括 OPC UA 服务器、PROFICLOUD 网关、基于 Web 的 PLC 诊断管理、eHMI Web 服务器(PLCnext Engineer 内基于 HTML5 网页可视化页面)、借助于 Linux 系统实现 SFTP、VPN、SSH、NTP、Trace controller 等服务。

5) 系统组件

系统组件提供了 PLCnext Technology 底层的所有基本功能，其中系统管理器和 PLC 管理器实现加载所有其他系统组件并监视系统的整体稳定性。

(1) 系统管理器。在固件启动时，系统管理器会确保所集成的组件和程序都按正确顺序配置和启动。

(2) PLC 管理器。PLC 管理器是一个固件组件，用于加载 PLC 程序代码进入内存并启动或关闭程序。程序代码可以是由 PLCnext Engineer 创建的 IEC 61131-3 程序，也可以由 C++或者 Matlab 创建。它们以代码库(.so)文件的形式存在于 PLCnext 控制器上，PLC 管理器通过配置文件可以加载并实例化目标库文件。

(3) ESM 执行同步管理器。ESM 可以自动识别不同来源的程序，确保 IEC 61131-3、C++和 Matlab 程序能够实时同步执行，并且根据需求可将任务部署在不同核上以达到均衡负载的目的，用户无需关心底层具体运行细节。

6) 内部和外部用户组件

用户管理器扩展了标准的 Linux 用户管理功能，它可以管理各种各样的用户角色。人们只能以既定的用户角色对 PLCnext 固件执行操作，也可以为每个用户选择一个或多个具有不同权限的用户角色。

IEC 61131 运行时，ProConOS eCLR 是可以执行多个菲尼克斯自动化任务的开放式标准化 PLCruntime 系统，符合 IEC 61131 标准，可执行不同的自动化任务。用户可以将一些轻量级的应用开发部署在内部用户组件上，基于 PLCnext 固件之上进行开发。

在外部用户组件上，用户可以直接将 PLCruntime 部署在 Linux 系统上，进行多种应用的自由开发，这也是 PLCnext 开放性最直接的体现。用户可以将所需的环境直接部署在 PLCnext 上，在最小改动的情况下，在 PLCnext 平台上运行原程序，并且可以通过 OS API 直接访问控制器硬件，并通过 service manager 来启用 RSC 服务，实现与 PLCnext component 部分交互。

可以看出，用户既可以在外部用户组件上相对独立运行熟悉的高级语言算法，集成已有多种开源算法来实现高级智能应用开发，又可以通过服务管理器调用相关 RSC 服务实现与控制器本体硬件及相关 PLC 程序数据进行交互。

3.2.3　菲尼克斯 AXC F 2152 PLC 简介

作为全球电气连接和电子接口领域、工业自动化领域的知名品牌，菲尼克斯电气提供了包括工业器件与电子技术、装置连接技术、行业管理与自动化在内的专业化、精细化和差异化的器件、系统和解决方案。菲尼克斯的 PLC 产品可为各类自动化应用提供创新型解决方案，包括开放式 PLCnext Control 设备，用于楼宇基础设施的 PLC 和软 PLC，可用于简单自动化应用的小型控制器和可用于汽车行业高度复杂的喷涂线的控制器等。

菲尼克斯电气 Axiocontrol 系列 PLC 基于 PLCnext Technology，可提供不同性能等级的产品，功能强大。该系列产品支持高级语言和常规 IEC 61131-3 语言编程。PLC 可通过 Axioline 和 Inline IP20 I/O 系统模块进行扩展。此外，用户还可在 AXC F 2152 和 AXC F 3152 PLCnext Control 设备左侧增加硬件功能，比如增加以太网端口。可信赖平台模块(TPM)负责保存用户认证信息，轻松实现基于 TPM 的安全。直接扫描 PLC 上的二维码即可建立云连接。

在本章的实训中，我们使用的是 AXC F 2152 PLC，下面具体介绍该设备的基本信息。

1. 硬件介绍

AXC F 2152 PLC 是一款模块化小型控制器，集成了以太网和 Axioline F 本地总线连接。该控制器支持两个以太网接口，可用于以太网中的 TCP/IP 通信。PROFINET 协议可通过控制器的以太网接口使用。在这种情况下，控制器依据其配置，可用作 PROFINET 控制器或 PROFINET 设备。

AXC F 2152 控制器外观如图 3-1 所示。

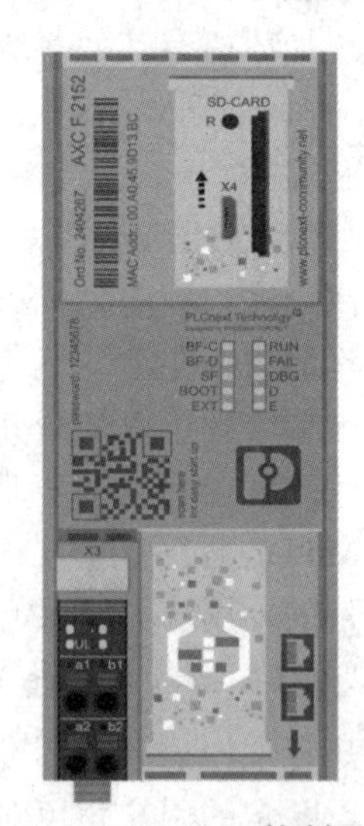

图 3-1　AXC F 2152 控制器外观

1) 主要技术数据

(1) 处理器：ARM Cortex-A9，2 × 800 MHz；

(2) 内存：512 MB DDR3 SDRAM；

(3) 闪存：512 MB(内部闪存)；

(4) 接口：2 个 10/100 Mb/s 全双工以太网接口。

2) 产品优势

(1) 采用 Linux 操作系统；

(2) 支持高级语言；

(3) 可并排安装多达 63 个 AXIO　I/O 模块；

(4) 2 个以太网接口(集成开关)；

(5) 抗电磁干扰性能增强；

(6) 扩展温度范围为 −25℃～60℃；

(7) 支持 PROFINET；

(8) 可连接至 PROFICLOUD；

(9) 支持多种协议，如 HTTP、HTTPS、FTP、OPC UA、SNTP、SNMP、SMTP、SQL、MySQL、DCP 等；

(10) 可连接至 PLCnext Store。

2. 软件介绍

AXC F 2152 PLC 所使用的软件是 PLCnext Engineer，它是由菲尼克斯公司开发的，用于菲尼克斯电气自动化控制器的工程软件平台，PLCnext Engineer 符合 IEC 61131-3，并可利用插件扩展其功能。

1) 启动界面

打开 PLCnext　Engineer 时，首先会看到一个启动界面，如图 3-2 所示，从中可以直接调用最近使用的项目。图 3-2 的中心区域显示了示例项目，其中包括纯硬件集成以及包括编程和可视化的完整项目，在图 3-2 的右侧区域可看到 PLCnext　Engineer 入门指南以及常规软件帮助的链接。

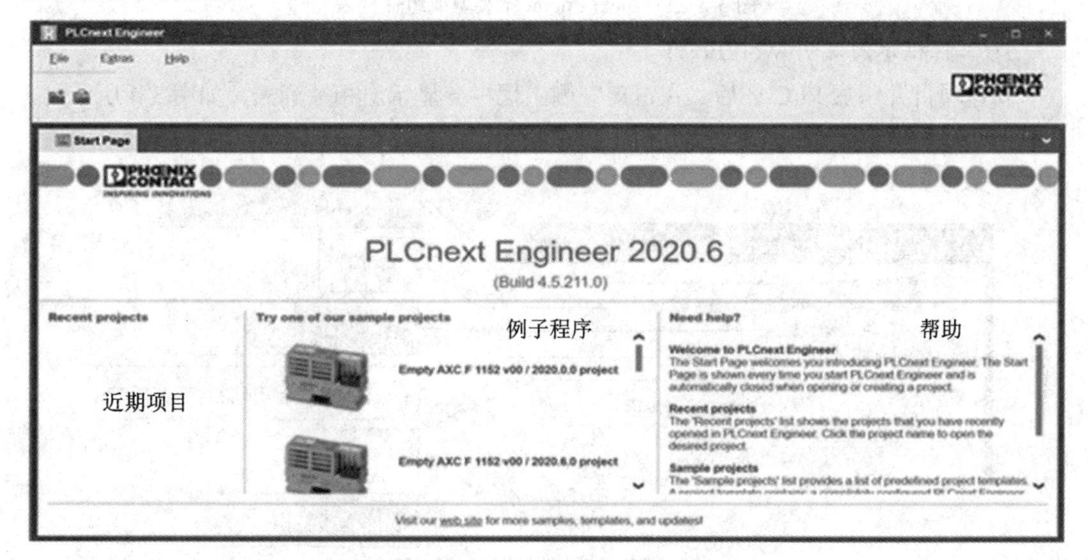

图 3-2　PLCnext Engineer 启动界面

2) PLCnext Engineer 的 4 个区域

PLCnext Engineer 界面主要由以下 4 个区域构成。

(1) 实例区(系统)：包括控制器调试系统所需的所有元素以及要执行的所有元素。

(2) 类型区(组件)：包括理论上可用于系统调试和编程的所有元素。

(3) 编辑区：用于编辑实例和类型。

(4) 消息窗口+附加功能：显示编译期间检测到的警告和错误，并提供其他功能，如逻辑分析、断点控制和监视窗口等。

类型和实例位于不同的区域，可直接比较项目中已经使用的元素以及理论上可用的元素。类型或组件列表和一个包含所有可用对象的目录类似，如图 3-3 所示，类似于日常生活中用于订购商品的目录。在这种情况下，您可以按需订购商品，当然，也可重复订购同一商品。除了编程块、程序和 HMI 对象，类型列表还包含 PLC、总线耦合器和 IO 模块等设备。

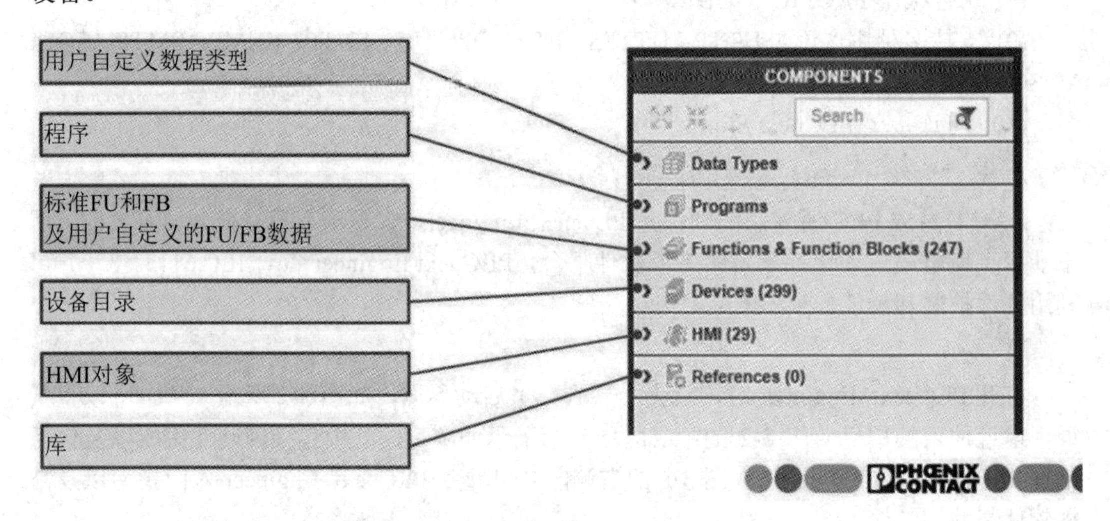

图 3-3　PLCnext Engineer 类型或组件列表

3) 工程栏示例说明(Workflow)

新建项目并添加 PLC 之后，在窗口左侧工程栏会显示出相关列表，如图 3-4 所示。

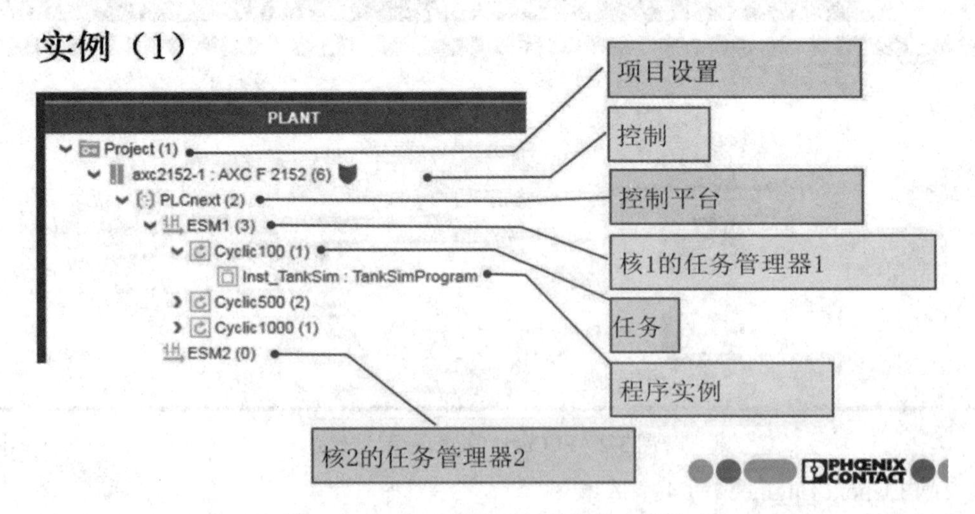

图 3-4　PLCnext Engineer 软件的工程栏

3.3　本　章　实　训

本章实训主要是通过实验室配备的菲尼克斯电气公司的 PLC、AIO/DIO 模块、PROFINET 交换机、安全路由器和防火墙 mGuard 等设备，构建小型工业控制系统，使学生了解利用 PLC 进行程序开发的方法，实现简单的工业控制。其中设计了设置 PLC 的 IP 地址、开发 PLC 跑马灯程序、实现“与”门逻辑、实现电压转换和 PLC 程序的复位共 5 个实训任务。

1. 实训目的

(1) 了解 PLCNext 相关软件与操作方法。

(2) 掌握 PLC 系统的结构及硬件组态。

(3) 掌握 PLC 的 IP 地址配置及复位方法。

(4) 掌握 PLC 程序的开发方法。

2. 实训准备

(1) 掌握硬件连接的方法，按要求将计算机、PLC 及 AIO/DIO 模块进行网络连接。

(2) 规划好计算机及 PLC 所使用的 IP 地址，并确保其在同一网段。

(3) 掌握 PLCnext Engineer 的基本操作，根据实验箱中 PLC 及 AIO/DIO 模块的型号进行正确的软件组态。

(4) 了解 PLC 程序开发的基本方法。

3. 实训设备

本章实训所需要的设备有：两台安装有 PLCnext Engineer 软件的计算机、一台菲尼克斯 FL SWITCH SMCS 8TX 工业交换机、两台 AXC F 2152 PLC、AIO/DIO 模块、网线若干。

3.3.1　设置 PLC 的 IP 地址

网络连接如图 3-5 所示，PC1 直接与 PLC 相连接，或通过 SW 进行连接。

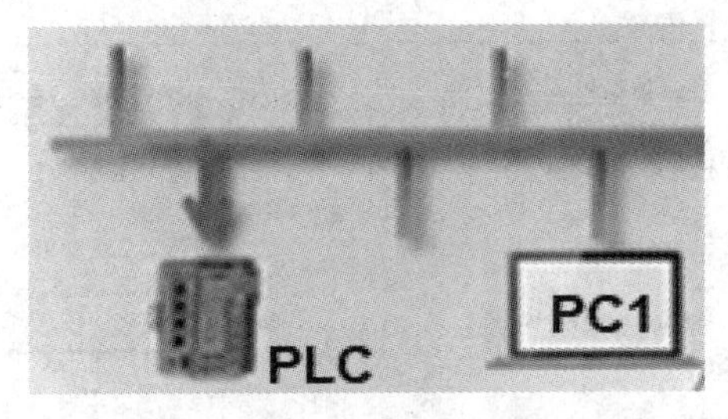

图 3-5　IP 地址配置网络连接图

具体实训步骤如下：

步骤 1：新建项目。打开软件 PLCnext Engineer，选择 file 菜单下的“New Project”新建一个工程。

步骤 2：添加 2152 PLC。在右侧搜索框中输入“2152”，在弹出的下拉框中选择“AXC

F 2152 Rev.>=00/2020.6.0”，如图 3-6 所示。将 2152 PLC 拖动到左侧的“Project”上，如图 3-7 所示。

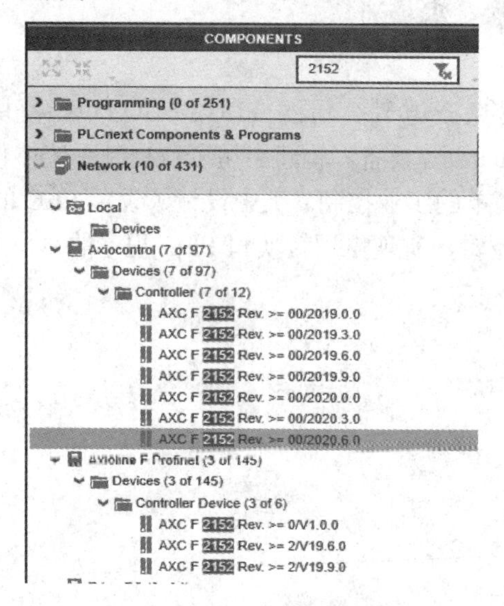

图 3-6　搜索并选择 2152 PLC

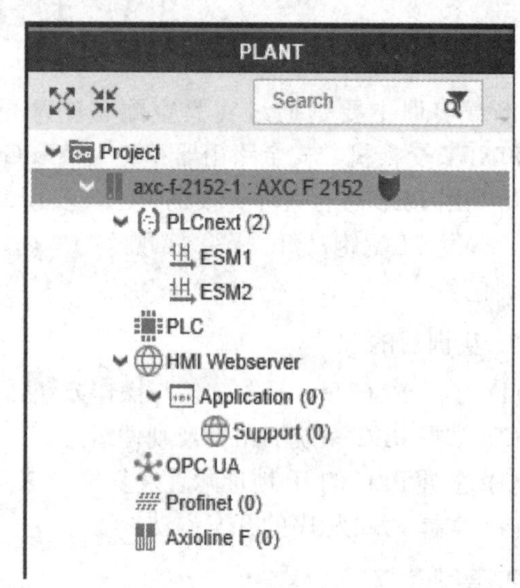

图 3-7　添加 2152 PLC

步骤 3：设置项目 IP 范围。单击“Project”，再单击“Settings”，出现如图 3-8 所示界面，首先显示的是系统默认的 IP 地址范围和子网掩码。根据项目设计可随意修改项目可用的 IP 地址范围、子网掩码、默认网关等参数。

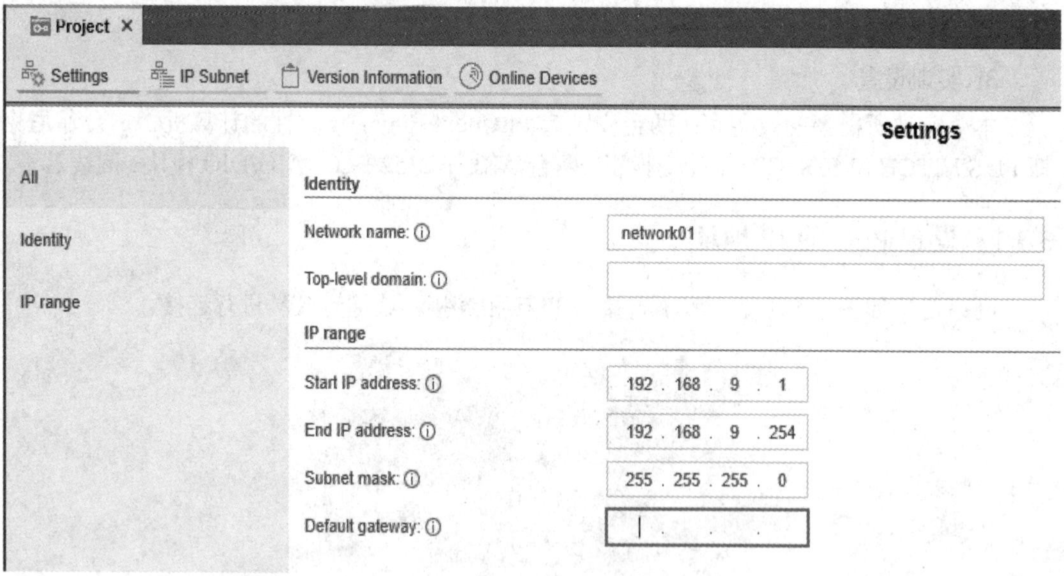

图 3-8　设置项目 IP 范围

步骤 4：设置(手动)PLC 的 IP 参数。单击图 3-7 中“axc-f-2152-1:AXC F 2152”，然后单击“Settings”，出现如图 3-9 所示界面。将 IP 地址分配模式改成“manual”(手动)，可以从项目可用 IP 地址范围内任选一个 IP 地址作为当前 PLC 的 IP 地址来配置。此外，还可以为 PLC 配置默认网关、主机名、DNS 名称等参数。

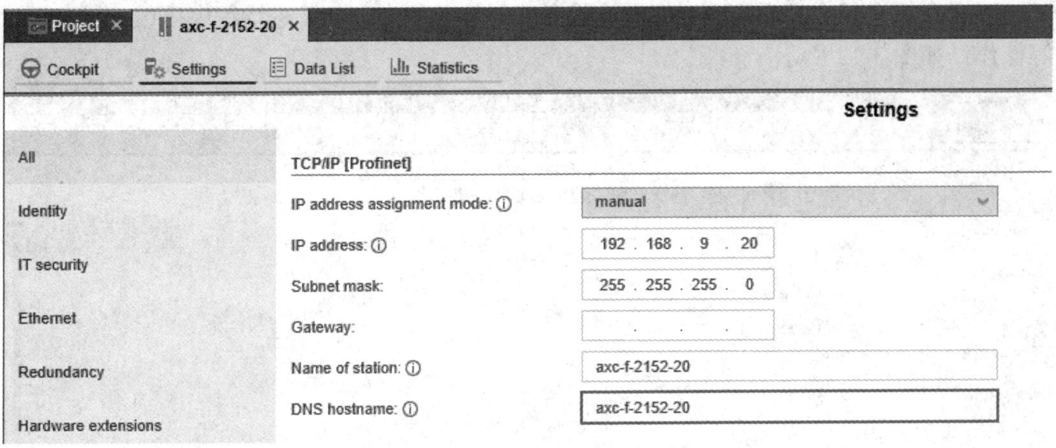

图 3-9　设置(手动)PLC 的 IP 参数

步骤 5：将 IP 参数下载到 PLC 设备。单击“Project”，然后单击“Online Devices”。首先将本地连接选成以太网，然后单击以太网右边的图标进行网络搜索。通过实际搜索网络会自动发现所连接的 PLC，并显示 PLC 的 MAC 地址。

在“Name of station(online)”栏中单击右侧的箭头，选中 PLC 的 MAC 地址，状态栏会出现动态沙漏图标，表示系统正在将配置用到指定 MAC 地址的 PLC 设备，当出现对钩图标时表示成功完成，结果如图 3-10 所示。

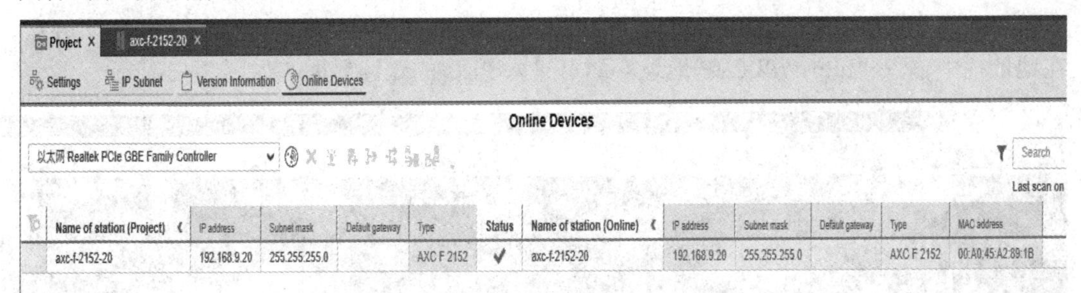

图 3-10　将 IP 参数下载到 PLC 设备

步骤 6：在线连接到 PLC 设备。单击“Project”，然后选择“Cockpit”标签，单击“Cockpit”标签下的连接按钮，会弹出登录窗口，输入账号“admin”和密码(PLC 外壳二维码处)，如图 3-11 所示。

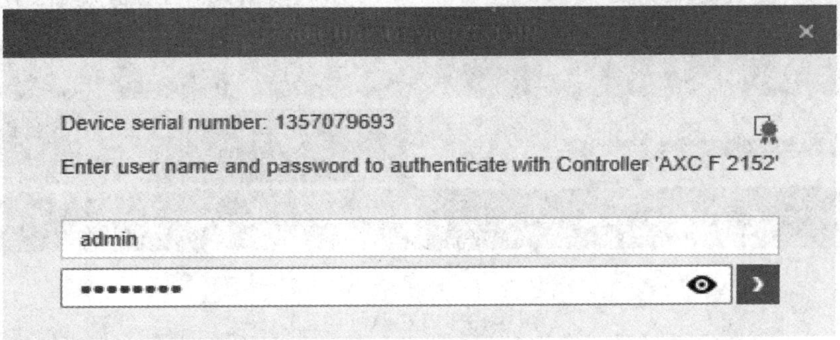

图 3-11　PLC 联机登录窗口

PLC 联机登录成功后，可以查看到设备实时运行状态，并可进行程序下载、设备调试等操作，如图 3-12 所示。

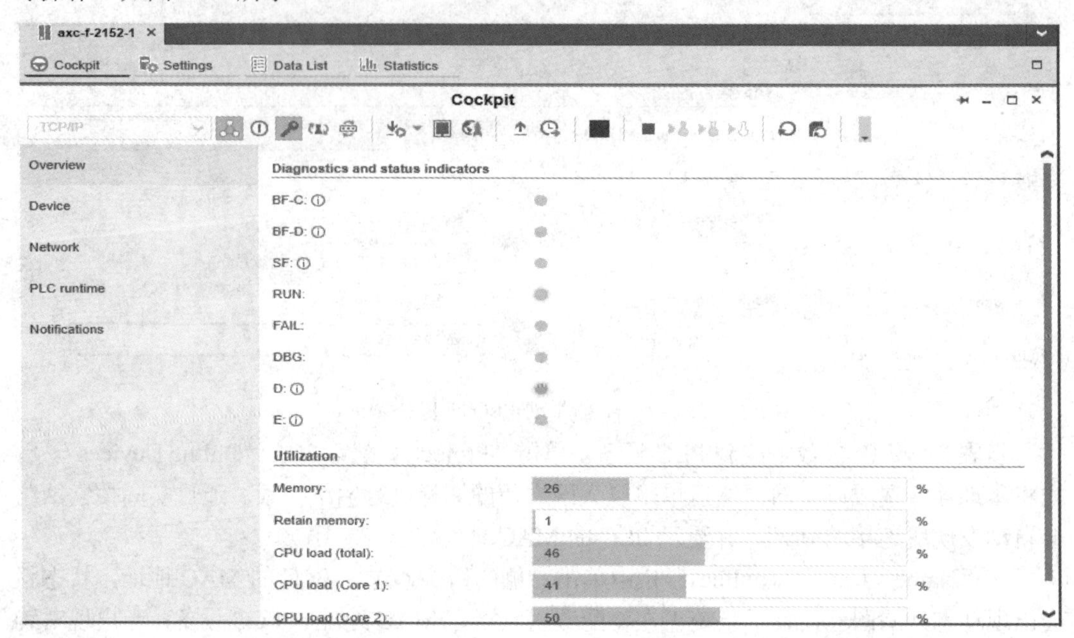

图 3-12　PLC 联机登录成功后的状态

步骤 7：通过浏览器访问 PLC。为 PLC 成功设置 IP 地址后，可以通过浏览器访问 PLC，在地址栏中输入“https://PLC IP 地址”即可进入 PLC 的欢迎界面，如图 3-13 所示。

图 3-13　PLC 欢迎界面

步骤 8：在 PLC 的欢迎界面中，单击左下方的“Easy configration”链接，输入用户名和密码也可以登录到 PLC 并查看到 PLC 的网络配置信息，如图 3-14 所示。

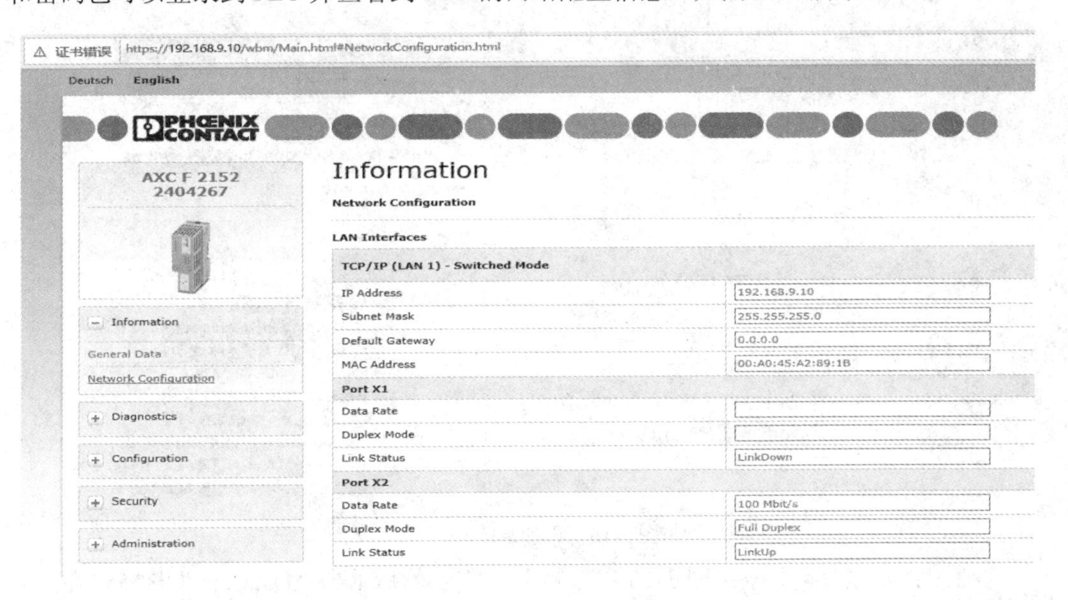

图 3-14　查看 PLC 网络配置信息

3.3.2　开发 PLC 跑马灯程序

本实训任务的主要目的是添加输入/输出模块，实现数字输出的跑马灯程序设计。

具体实训步骤如下：

步骤 1：添加数字输入/输出模块。如图 3-15 所示，在搜索框中输入“di16”，选择“AXL F DI16/1 DO16/1 2H”，按住鼠标左键拖动到左边“Axioline F”下。

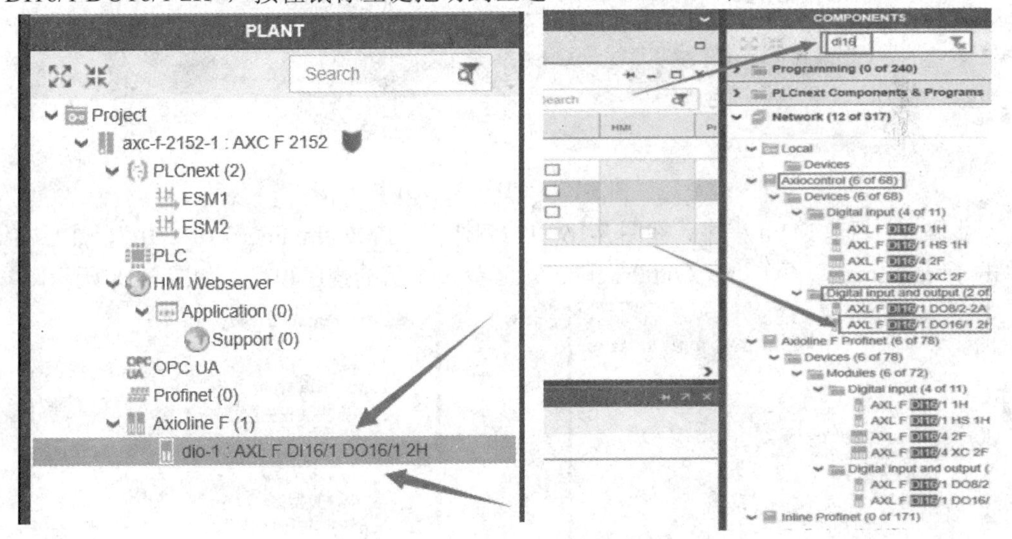

图 3-15　添加 DI/DO 模块

步骤 2：添加模拟输入/输出模块。如图 3-16 所示，在搜索框中输入“ai2”，选择“AXL F AI2 AO2 1H Rev.:”，按住鼠标左键拖动到左边“Axioline F”下。这里需要注意的是，添加的输入/输出模块顺序应与实物摆放顺序一致。

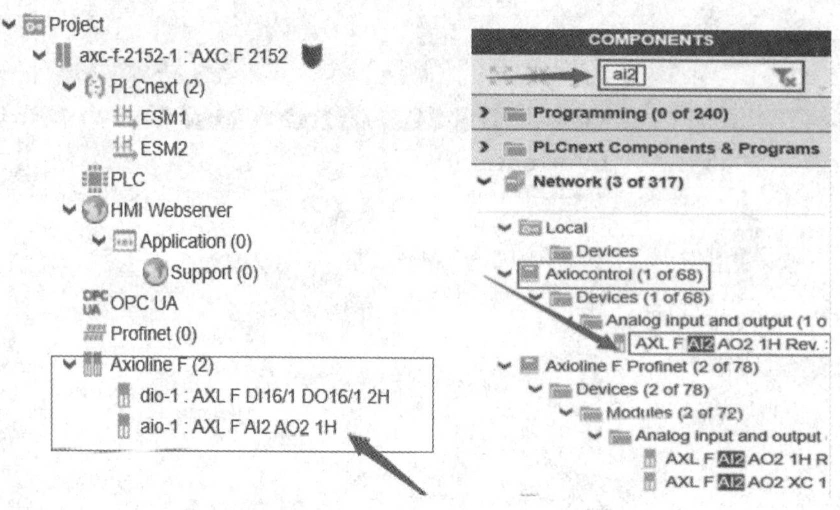

图 3-16　添加 AI/AO 模块

步骤 3：新建变量。双击图 3-16 中左侧“PLC”，然后单击“Data List”标签，在全局变量 Default 中创建新的变量 DO16，必须先将 DO16 变量类型改为“WORD”，如图 3-17 所示，并在过程数据调控(Process Data Item)中选择 DO16。

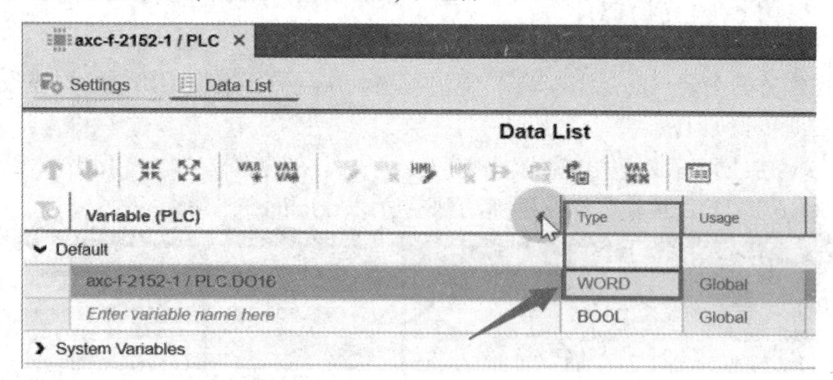

图 3-17　新建变量 DO16

步骤 4：新建 Main 程序。在图 3-16 中右侧选择“Programming(0 of 240)”，然后右键单击“Programs”，再单击“Add Program”，建立一个新的程序项目，如图 3-18 所示。

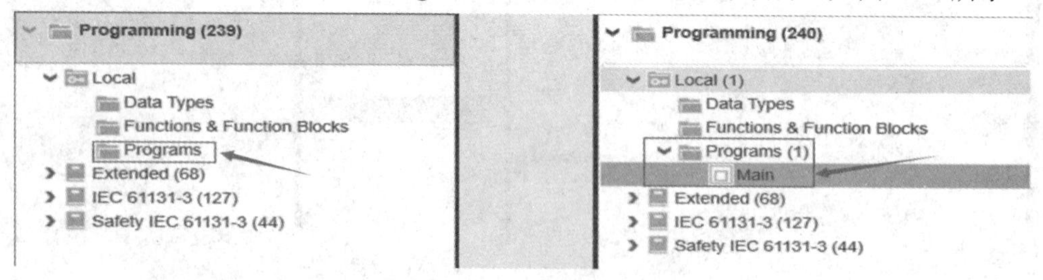

图 3-18　创建程序项目

步骤 5：双击“Main”打开程序，选择第二种编程方式 Add LD Code Worksheet，单击“Code”，分别添加程序段。输入“ROL”建立模块，输入“DO16”(与 ROL 的 IN 口相连接)，并在 ROL 的 N 口输入数字 1，ROL 后接另一个 DO16，程序段如图 3-19 所示。

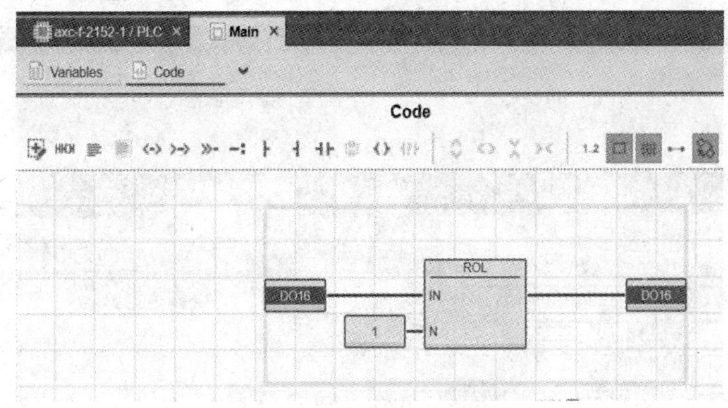

图 3-19　添加 ROL 模块

步骤 6：添加程序段。分别添加 EQ 模块(上接口接 DO16，下接口输出数字 0)、SEL 模块(G 口接 EQ 后端，在 IN1 口输入数字 1)，并在与 SEL 的 IN0 口相连接处输入 DO16，在 SEL 的后端添加 DO16，程序段如图 3-20 所示。

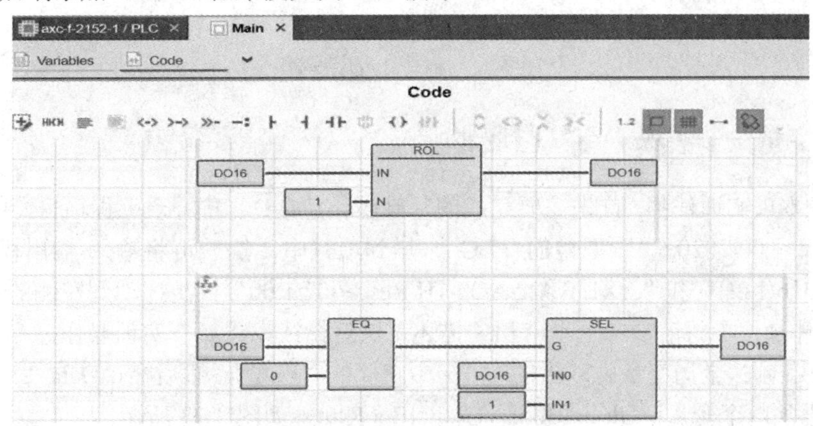

图 3-20　添加 EQ 和 SEL 模块

步骤 7：添加任务。双击 PLCnext 标签，在“ESM1”条目下添加新任务“Task_1S”，将“Interval(ms)”(间隔时间)和“Watchdog(ms)”(看门狗时间)的数值都改为 1000，在“Task_1S”条目下再添加新任务，名字可自定义，并在后面将上面创建的程序 Main 添加到“Program type”，如图 3-21 所示。

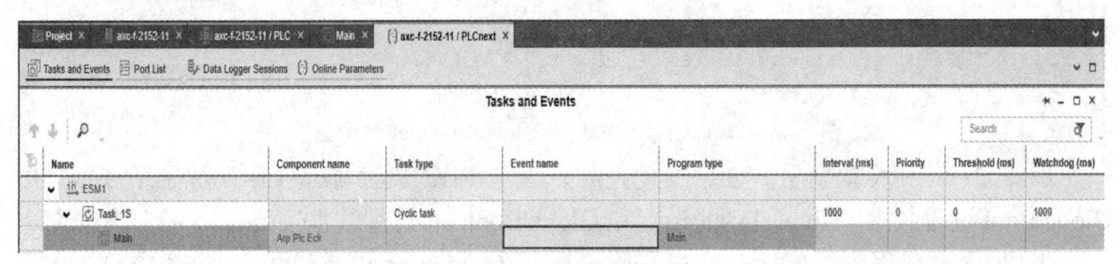

图 3-21　添加任务

步骤 8：下载程序到 PLC 设备。右键单击“axc-f-2152-1:AXC F 2152”，然后单击“Write and Start Project”，进行程序的下载，如图 3-22 所示。若下载成功程序将自动运行，在 PLC

对应的输出模块上会看到指示灯在闪烁，说明跑马灯程序运行成功。

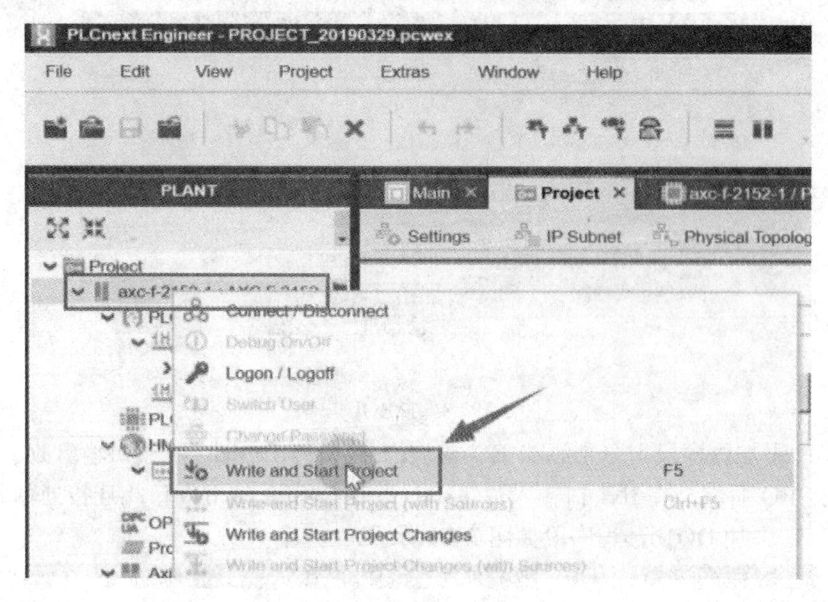

图 3-22　跑马灯程序下载

3.3.3　数字量——实现“与”门逻辑

要完成本项实训任务，首先需要完成的基础操作包括：新建一个工程项目，并将“AXC F 2152 Rev.>=00/2020.6.0”型号的 PLC 添加到项目中，然后再将输入/输出模块“AXL FDI16/1 DO16/1 2H”和“AXL F AI2 AO2 1H Rev.>=02/1.00”依次拖动到左侧的“Axioline F”下。具体操作步骤请参考上一节相关描述，然后继续完成如下实训操作：

步骤 1：创建全局变量。双击图 3-16 中左侧的“PLC”，然后在“Data List”标签的 Default 下添加两个变量：GlobalBool、GlobalBoolOut，如图 3-23 所示。

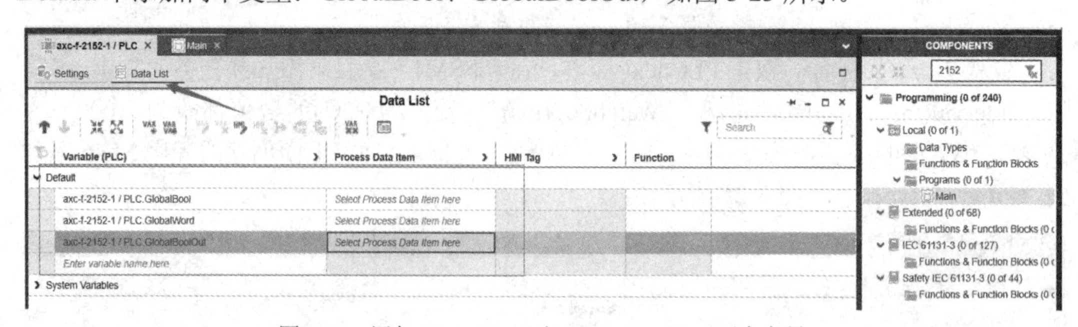

图 3-23　添加 GlobalBool 和 GlobalBoolOut 两个变量

步骤 2：应用全局变量。创建变量完成后，在 PLC 的“Data List”标签下分别完成 GlobalBool 过程数据项(dio-1/IN)的设置和 GlobalBoolOut 过程数据项(dio-1/OUT)的设置。

步骤 3：新建程序。在图 3-23 中右侧选择“Programming(0 of 240)”，在下方列表中右键单击“Programs(0 of 1)”，在弹出的快捷菜单中单击“Add Program”，建立一个新的程序项目，名字自拟，如 Main。双击“Main”，打开程序编辑界面，选择第二种编程方式进行代码开发。

步骤 4：新建局部变量。如图 3-24 所示，在“Main”标签的“Variables”下的“Default”中添加一个变量 LocalBool。

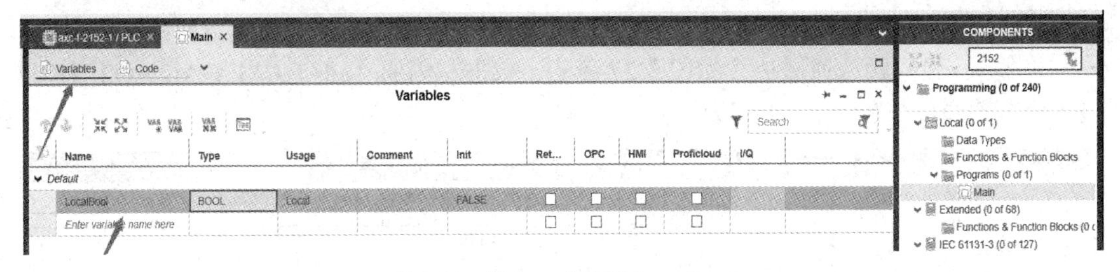

图 3-24　添加一个变量 LocalBool

步骤 5：在图 3-24 中“Main”标签下的“Code”中的空白地方构建如图 3-25 所示的框架，分别单击“GlobalBool”“GlobalBoolOut”，出现 3 个 VAR，单击第二个 VAR(全局模式)，如图 3-25 所示。

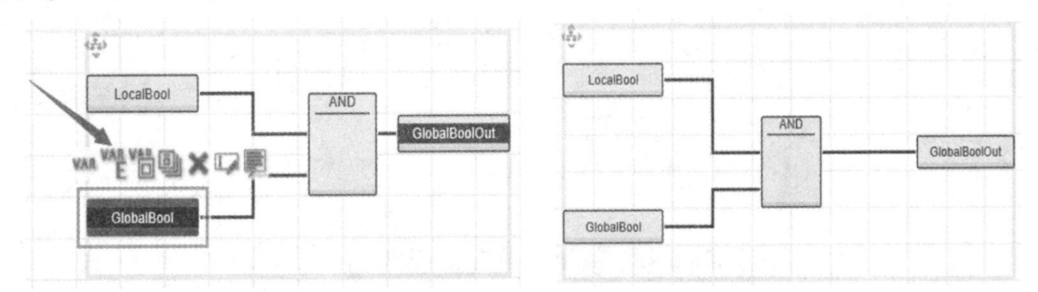

图 3-25　创建程序功能模块

步骤 6：添加任务并应用程序。双击“PLCnext(2)”，在“Tasks and Events”的“ESM1”中添加一个任务，名为 Task_20ms，将滚动条往右滑，将“Interval(ms)”的值改为 20，将“Watchdog(ms)”的值改为 20，在“Task_20ms”下建一个“Main”，在“Program Type”下勾选“Main”。

步骤 7：将程序写入 PLC 设备。双击“Project”下面的“AXC F 2152 PLC”，然后单击“Cockpit”，将程序写入 PLC。

步骤 8：查看运行结果。输入用户名和密码，登录 PLC 成功后下方会有数值条在变化，指示灯在闪烁，说明已成功实现“与”门逻辑。结果如图 3-26 所示。

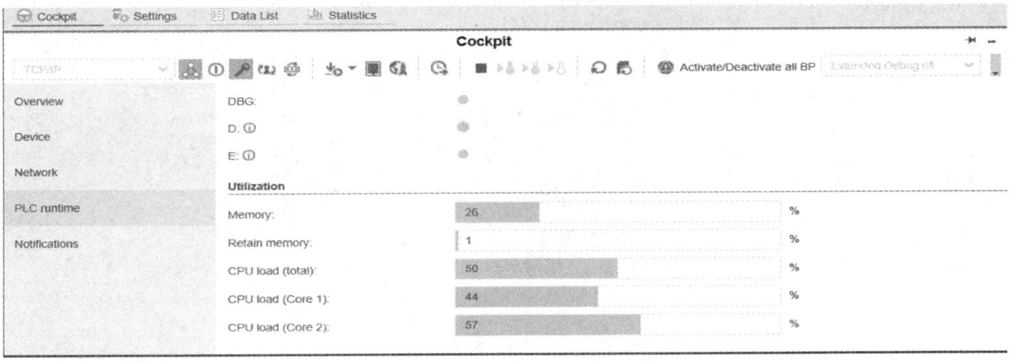

图 3-26　查看“与”门逻辑运行结果

3.3.4　模拟量——实现电压转换

完成该实训任务所需的基础操作与 3.3.3 节的一致，在此基础上继续下面的实训步骤：

步骤 1：设置输入通道值。如图 3-27 所示，双击左侧的“aio-1:AXL F AI2 AO2 1H”，设置输入通道的值为“0V-10V”。

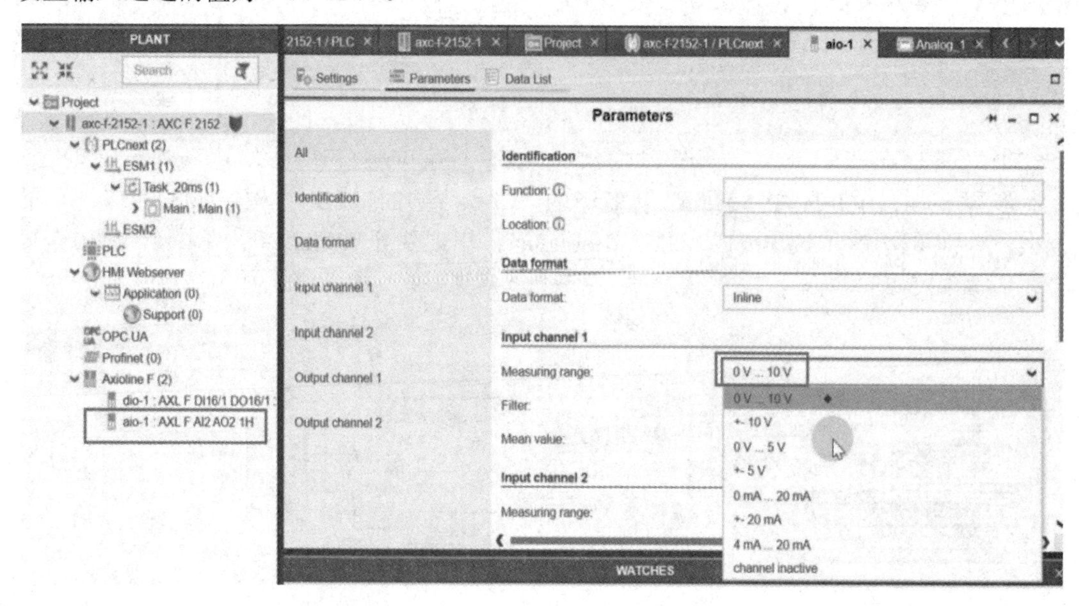

图 3-27　设置输入通道的值

步骤 2：新建并应用全局变量。在 PLC 的“Data List”标签下添加一个全局变量 GlobalWord，并将 GlobalWord 的类型(Type)改为“WORD”。单击“Process Data Item”下的空白栏，完成 GlobalWord 的过程数据项 aio-1/IN 的设置。

步骤 3：新建功能块。在“Programming”→“Functions &Function Blocks(1)”下，新建一个功能块“Analog_1”，如图 3-28 所示。双击打开此功能块，选择第一种编译方法(Add ST Code Worksheet)，输入计算电压的公式：Output :=(to_real(to_int(input))/30000)*(10-0)。

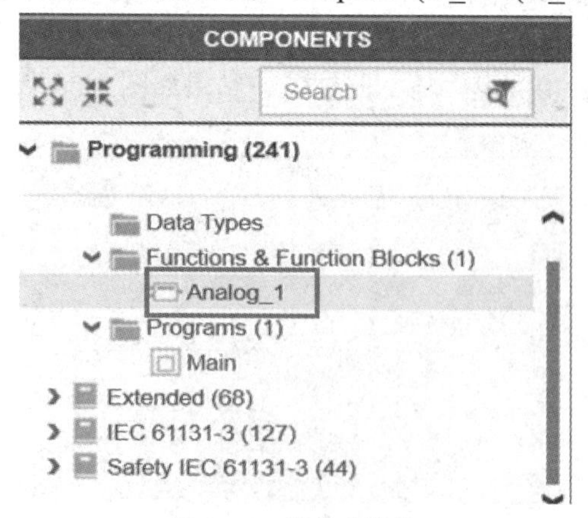

图 3-28　新建功能块

步骤 4：分别将“Input”和“Output”定义为“Input”和“Output”类型的变量，如

图 3-29 所示。

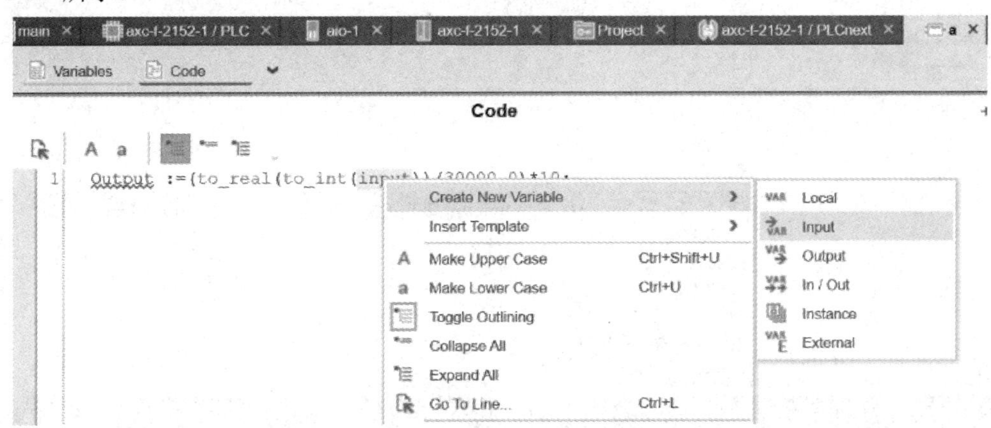

图 3-29　定义输入/输出变量

步骤 5：把“Input”的类型改为“WORD”，“Output”的类型改为“REAL”，如图 3-30 所示。

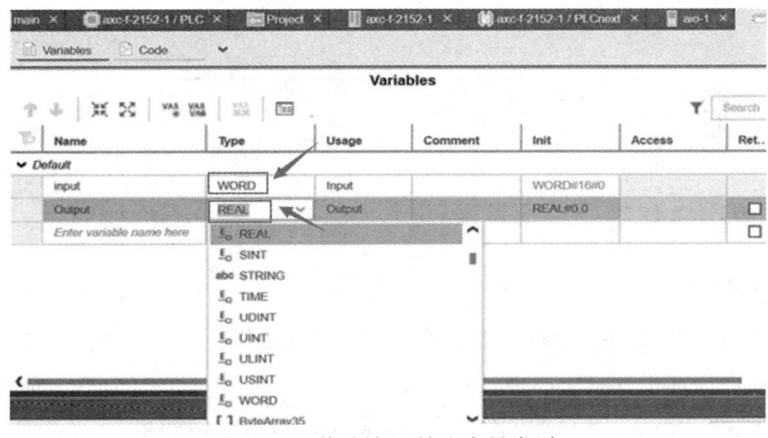

图 3-30　修改输入/输出变量类型

步骤 6：把功能块 Analog_1 拖进 Main 程序中，将之前定义的 GlobalWord 作为输入参数，再定义一个新的本地变量 Voltage 作为输出参数，如图 3-31 所示。

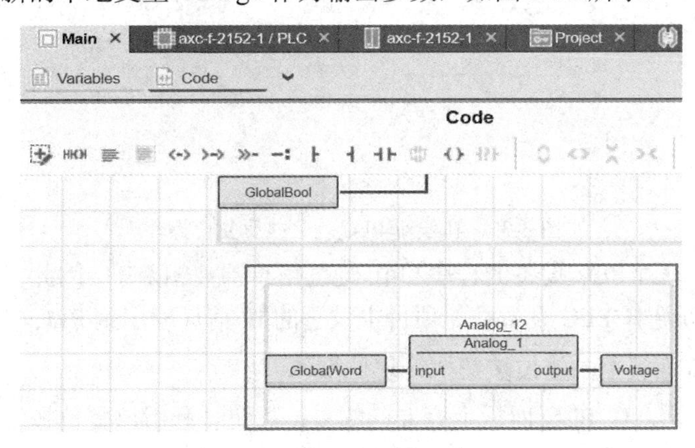

图 3-31　将功能块应用到 Main 程序

步骤 7：重新将程序写入 PLC，并查看运行时参数的变化情况，结果如图 3-32 所示。

axc-f-2152-1 × Project × axc-f-2152-1 / PLCnext × aio-1 × Analog_1 × Main : Main ×

Variables　Code

Variables

Search

Name	Value	Type	Usage	Comment	Init	Ret...
Default						
LocalBool	FALSE	BOOL	Local		FALSE	
GlobalBool	TRUE	BOOL	External			
GlobalBoolOut	FALSE	BOOL	External			
GlobalWord	16#1E24	WORD	External			
Voltage	2.57	REAL	Local		REAL#0.0	

WATCHES

Name	Value	Data Type	Instance
GlobalWord	7,720	WORD	axc-f-2152-1 / PLC

图 3-32　查看电压转换程序运行结果

3.3.5　PLC 程序的复位

PLC 程序的复位可以通过以下两种方法来实现。

1. 在 PLCnext Engineer 内对 PLC 程序执行复位操作

在线对 PLC 程序执行复位操作这种方法是在网络连接正常的情况下，通过在线方式删除程序。如图 3-33 所示，在 Cockpit 界面中直接单击复位按钮即可。

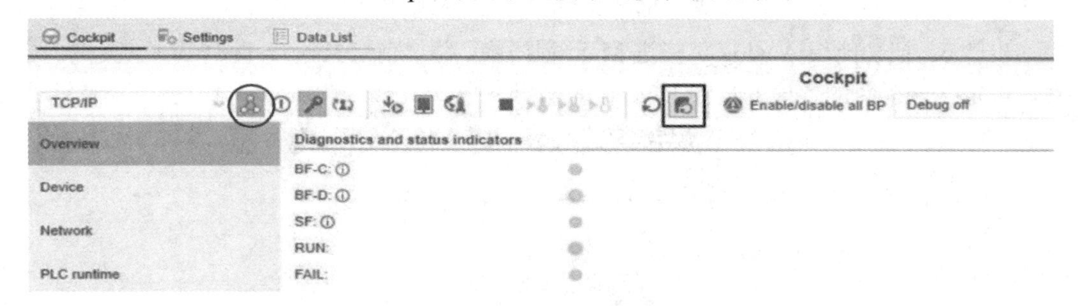

图 3-33　在线对 PLC 程序执行复位操作

执行复位操作后，PLC 设备的程序和 IP 地址信息都被删除了，因此需要重新对在线设备进行搜索，重新选择 PLC 设备并将项目中设置的 IP 信息应用到 PLC。

2. 通过 PLC 面板上的复位按钮执行复位操作

如图 3-34 所示，在 PLC 面板上有专门的复位按钮。利用该复位按钮，可以完成如下两种复位操作。

图 3-34　通过复位按钮复位

1) 删除用户定义数据

删除用户定义数据这种复位会删除以下数据：

(1) 所有程序，包括用 IEC 61131-3 程序和高级语言编写的程序；

(2) 总线配置；

(3) 网络配置(但不复位 IP 地址)。

执行此种复位操作步骤如下：

步骤 1：将 PLC 断电，同时按住复位按钮；

步骤 2：将 PLC 重新上电，这个过程中一直按住复位按钮；

步骤 3：等 RUN 灯和 FAIL 灯一起亮起来，再松开复位按钮，表示复位成功。

2) 恢复出厂设置

恢复出厂设置这种复位会删除所有数据，包括修改过的操作系统和固件，恢复出厂设置。执行此种复位操作步骤如下：

步骤 1：将 PLC 断电，同时按住复位按钮；

步骤 2：将 PLC 重新上电，这个过程中一直按住复位按钮；

步骤 3：等 PLC 上所有灯(除了 E 灯和 D 灯)都亮起来，再松开复位按钮，表示复位成功。

本 章 习 题

1. 什么是 PLC？它的主要功能是什么？
2. PLC 的特点有哪些？
3. PLC 的硬件结构包含哪几部分？每部分的功能是什么？
4. IEC 61131-3 标准主要定义了哪些内容？
5. PLCnext 技术控制平台的主要优势是什么？
6. 在 PLCnext Engineer 项目中配置的 IP 地址如何应用到 PLC 设备？
7. 在 PLCnext Engineer 项目中编写好的程序如何通过 PLC 设备执行？

第 4 章　工业总线与以太网基础

现场总线是近几年迅速发展起来一种工业数据总线，是自动化领域中生产现场所使用的数据通信网络，主要解决智能现场设备和自动化测量系统的数字式、双向传输、分支结构的连接与通信等问题。

工业以太网在技术上与“商用以太网”兼容，同时能够满足工业现场对网络实用性、适用性、可靠性、实时性、环境适应性等方面的要求。工业以太网是以太网技术在工业自动化领域中的应用，是继现场总线之后发展起来的、最具有发展前景的一种工业通信网络。

4.1　现 场 总 线

现场总线(Fieldbus)是 20 世纪 80 年代末随着计算机、通信、控制和模块化集成等技术的发展而出现的一门新兴技术。国际电工委员会(EC)对现场总线的定义是：现场总线是一种应用于生产现场，在现场设备之间、现场设备与控制装置之间实行双向、串行、多节点数字通信的技术。现场总线的概念最早由欧洲人提出，目前流行的现场总线已达 40 多种，在不同的领域各自发挥着重要的作用。现场总线作为工业数据通信网络的基础，打通了生产过程现场级控制设备之间、控制设备与更高控制管理层之间的联系。以智能传感、控制、计算机、数据通信为主的现场总线技术，成为自动化技术发展的热点。

4.1.1　现场总线的产生与发展

现场总线不仅是一个基层网络，而且是一种开放式、新型全分布控制系统。世界上很多有实力和国际影响力的公司都在不同程度上进行了现场总线技术和产品的开发。现场总线的产生离不开自动化控制系统的发展。自动化控制系统历经了五代的发展。

第一代(20 世纪 50 年代之前)：气动信号控制系统(PCS)。PCS 基于 5～13 psi 的气动信号标准，标志着控制理论初步形成，但此时尚未有控制室的概念。

第二代(20 世纪 50 年代)：电动模拟信号控制系统。该系统采用 0～10 mA 或 4～20 mA 的电流模拟信号模拟过程控制体系，标志着电气自动控制时代的到来，三大控制论的确立奠定了现代控制的基础，设立控制室、控制功能分离的模式也一直沿用至今。

第三代(20 世纪 70 年代)：数字计算机集中式控制系统。随着数字计算机的出现，产生了“集中控制”的中央控制计算机系统，而其信号传输系统大部分依然沿用 4～20 mA 的模拟信号。但数字计算机集中式控制系统存在易失控、可靠性低等缺点。

第四代(20世纪70年代中期以来)：集散分布式控制系统(Distributed Control System，DCS)。随着微处理器的普遍应用和计算机可靠性的提高，集散分布式控制系统得到了广泛的应用。该系统主要由多台计算机和一些智能仪表以及智能部件实现分布式控制，而数字传输信号也在逐步取代模拟传输信号。随着微处理器的快速发展和广泛的应用，数字通信网络延伸到工业过程现场成为可能，产生了以微处理器为核心，使用集成电路代替常规电子线路，实施信息采集、显示、处理、传输以及优化控制等功能的智能设备。要实现设备之间彼此通信、控制，对精度、可操作性以及可靠性、可维护性等都有更高的要求。由此，产生了现场总线。

1984年美国Inter公司提出一种计算机分布式控制系统——位总线(BITBUS)，它主要是将低速的面向过程的输入/输出通道与高速的计算机多总线(MULTIBUS)分离，形成了现场总线的最初概念。80年代中期，美国Rosemount公司开发了一种可寻址的远程传感器(HART)通信协议，它采用对4～20 mA的模拟量叠加一种频率信号，用双绞线实现数字信号传输。HART协议已是现场总线的雏形。

第五代：现场总线控制系统(FCS)。作为新一代控制系统，FCS克服了DCS一对一单独信号传输、模拟信号精度低易受干扰、操作室的操作员对模拟仪表失控、仪表厂商自定标准、互换性差、仪表的功能也较单一等缺点，把DCS的集中与分散相结合的集散系统结构，变成了新型全分布式结构，把控制功能彻底下放到现场。可以说，开放性、分散性与数字通信是现场总线控制系统最显著的特征。

4.1.2　主流总线

1. PROFIBUS总线

PROFIBUS是德国国家标准DIN9245和欧洲标准EN50170的现场总线。PROFIBUS系列由PROFIBUS-DP、PROFIBUS-FMS、PROFIBUS-PA组成。该项技术由以SIEMENS公司为主的十几家德国公司、研究所共同推出。它参考国际标准化组织的开放系统互连(OSI)模型，物理层、数据链路层两部分形成了PROFIBUS-PA标准第一部分的子集，PROFIBUS-DP隐去了第3～7层，而增加了直接数据连接作为用户接口；PROFIBUS-FMS只隐去第3～6层，采用了应用层，作为标准的第二部分。PROFIBUS-PA传输技术遵从IEC 1158-2(H1)标准，可实现总线供电与本质安全防爆。

PROFIBUS-DP用于分散外设间的高速传输，适用于加工自动化领域；PROFIBUS-FMS为现场信息规范，适用于纺织、楼宇自动化、可编程控制器、低压开关等一般自动化。PROFIBUS-PA则是用于过程自动化的总线类型。

PROFIBUS与以太网相结合，产生了PROFINET技术，取代了PROFIBUS-FMS的位置。1997年7月，我国的PROFIBUS专业委员会(CPO)在北京成立，挂靠在中国机电一体化技术和应用协会。

2. CAN总线

控制器局域网(Controller Area Network)简称CAN总线，最早由德国BOSCH公司提出，用于汽车内部测量与执行部件之间的数据通信。国际标准化组织(ISO)将其总线规范制定为国际标准，得到了摩托罗拉(Motorola)、英特尔(Intel)、飞利浦(Philips)、Siemens、XEC等公司的支持，已广泛应用在离散控制领域。

CAN 协议建立在国际标准化组织的 OSI 模型基础上，其模型结构只有物理层、数据链路层和应用层。CAN 总线的信号传输介质为双绞线；CAN 总线的通信距离最远可达 10 km，通信速率在 5 kb/s 以下，通信速率最高可达 1 Mb/s，但此时通信距离在 40 m 以下；挂接设备最多可达 110 个。

已有多家公司开发生产了符合 CAN 协议的通信芯片，如 Intel 公司的 82527，Motorola 公司的 MC68HC908AZ60Z，Philips 公司的 SJA1000 等。还有插在 PC 上的 CAN 总线适配器，其具有接口简单、编程方便、开发系统价格便宜等优点。

3. DeviceNet

1994 年美国罗克韦尔自动化公司(Rockwell Automation)推出了 DeviceNet 网络，实现了低成本、高性能的工业设备的网络互连。DeviceNet 将工业设备连接到网络，从而免去了昂贵的硬接线。它是一种简单的网络解决方案，在实现多供货商的同类部件间可互换性的同时，减少了配线和安装工业自动化设备的成本和时间。DeviceNet 的直接互连性不仅改善了设备间的通信，而且提供了相当重要的设备级诊断功能，这是通过硬接线 I/O 接口很难实现的。

DeviceNet 是一个开放式网络标准，规范和协议都是开放的，厂商将设备连接到系统时，无需购买硬件、软件或许可权。

DeviceNet 进入中国较晚。但 DeviceNet 价格低、效率高，特别适用于制造业、工业控制、电力系统等领域的自动化，也适合于制造系统的信息化。2000 年 2 月，上海电器科学研究所与开放式设备网络供应商协会(ODVA)签署合作协议，共同筹建 ODVA China，促进我国自动化和现场总线技术的发展。2002 年 10 月 8 日，DeviceNet 现场总线被批准为国家标准。我国现在采用的 DeviceNet 现场总线标准为 GB/T 18858.3—2012《低压开关设备和控制设备　控制器-设备接口(CDI)　第 3 部分：DeviceNet》。该标准于 2015 年 7 月 1 日开始实施。

4. ControlNet

1997 年美国罗克韦尔自动化公司推出的 ControlNet 是一种新的面向控制层的实时性现场总线网络。在 ControlNet 出现以前，没有一个网络在设备或信息层能有效地实现控制器和工业器件之间确定性和可重复性功能。ControlNet 提供如下功能：

(1) 在同一链路上同时支持 I/O 信息，控制器实时互锁以及对等通信报文传输和编程操作。

(2) 对于离散和连续过程控制应用场合，均具有确定性和可重复性。

ControlNet 协议的制定也参考了 OSI 模型，并参照了其中的第 1、2、3、4、7 层。与一般现场总线相比，ControlNet 增加了网络层和传输层。它既考虑了网络的效率和实现的复杂程度，没有像 LonWorks 一样采用完整的 7 层，又兼顾到协议技术的向前兼容性和功能完整性。这对与异种网络的互连和网络的桥接功能提供了支持，更有利于大范围的组网。

近年来，ControlNet 广泛应用于交通运输、汽车制造、冶金、矿山、电力、食品、造纸、石油、化工、娱乐及很多其他行业的工厂自动化和过程自动化。世界上许多知名的大公司，包括福特汽车公司、通用汽车公司、巴斯夫公司、柯达公司、现代集团公司，以及美国宇航局等政府机关都是 ControlNet 的用户。

5. CC-Link

1996 年 11 月，以三菱电机为主导的多家公司以“多厂家设备环境、高性能、省配线”的理念开发和公布了控制与通信链路系统(Control & Communication Link)现场总线，简称 CC-Link。CC-Link 是唯一起源于亚洲地区的开放式总线系统，是可以将控制和信息数据同时以 10 Mb/s 高速传输的现场网络，具有性能卓越、应用广泛、使用简单、节省成本等突出优点。

一般工业控制领域的网络分为 3 个或 4 个层次，分别是管理层、控制层和部件层，部件层也可以再细分为设备层和传感器层。CC-Link 是一个以设备层为主的网络，同时也可以覆盖较高层次的控制层和较低层次的传感器层。

为了使用户能更方便地选择和配置自己的 CC-Link 系统，2000 年 11 月，CC-Link 协会(C-Link Partner Association，CLPA)在日本成立。CLPA 由 Woodhead、Contec、Digital、NEC、松下电工和三菱电机等 6 个常务理事会员发起。到 2002 年 3 月底，CLPA 在全球拥有 252 家会员公司，其中包括浙大中控、中科软大等几家中国公司。

CC-Link 是一个技术先进、性能卓越、应用广泛、使用简单、成本较低的开放式现场总线，其技术发展和应用有着广阔的前景。

4.2　工业以太网

近年来，以太网在工业环境中的应用越来越广泛。办公环境和工业环境之间存在着巨大的差异。工业以太网是满足工业世界更具体要求的工业产品。

4.2.1　工业以太网基本概念

工业以太网是按照工业控制的要求，发展适当的应用层和用户层协议，使以太网和 TCP/IP 技术真正能应用到控制层，延伸至现场层，而在信息层又尽可能采用 IT 行业一切有效而又最新的成果。因此，工业以太网与以太网在工业中的应用全然不是同一个概念。

当前工业自动化系统按照应用领域分为离散制造控制和连续过程控制，工业网络分层为设备层、I/O 层、控制层和监控层。各种工业以太网与工业总线的关系如图 4-1 所示。用于离散制造领域的工业以太网协议有 Modbus TCP/IP、EtherNet/IP、IDA(Interface for Distributed Automation)和 PROFINET。西门子公司等德国企业主推 PROFINET 和 PROFIBUS 组合；罗克韦尔公司和欧姆龙公司以及其他一些公司致力于推进 EtherNet/IP 和 DeviceNet 和 ControlNet 的现场总线组合；施耐德公司则加强它与 IDA 的联盟，主推 IDA 和 Modbus TCP/IP 组合。在过程控制领域，只有现场总线基金会的 FF HSE 和 FF H1 一种组合。这些工业以太网协议除了在物理层和数据链路层都服从 IEEE802.3 外，在应用层和用户层的协议均无共同之处。

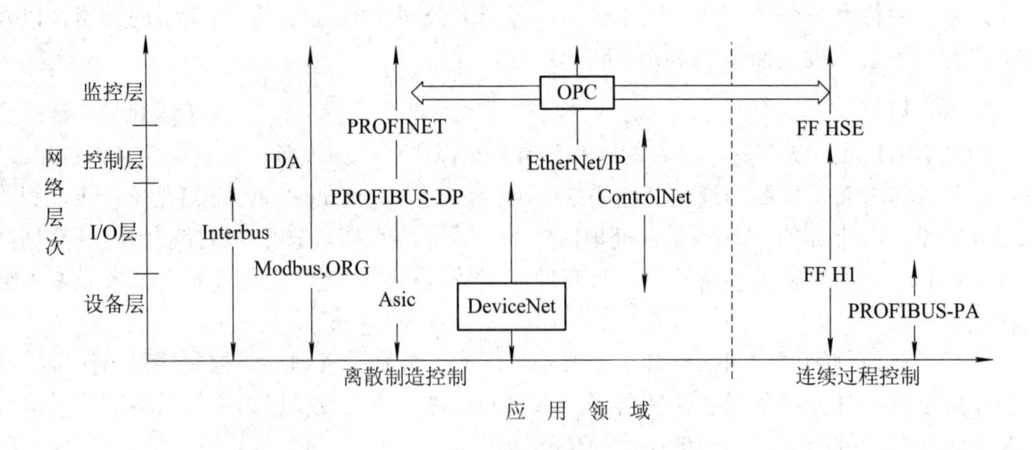

图 4-1 工业以太网与工业总线关系

OPC DX 为 EtherNet/IP、FF HSE 和 PROFINET 等不同工业以太网在监控层提供数据交换的可能。现场总线基金会(FF)、开放式设备网络供应商协会(ODVA)和 PROFIBUS 国际组织(PROFIBUS International，PI)这三大国际性工业通信组织合力支持 OPC(OLE for Process Control)基金会的 DX 工作组制定的规范。

OPC DX 的出现并没有平息工业以太网协议之争，工业以太网大战取代了现场总线大战。不同的是，现场总线之争的焦点集中在物理层和数据链路层，而当前工业以太网竞争的焦点却集中在应用层和用户层。

此外，每种工业以太网都有设备层现场总线与之互补，如表 4-1 所示。其中 Modbus TCP/IP 最为简单、实用。它在物理层和数据链路层用以太网标准，在应用层与 Modbus 基本是一致的，都使用一样的功能代码。由于大多数工业以太网的竞争者都有与之互补的设备层网络，而 IDA 是后来的参与者，没有适合的设备层协议，所以它增加了一个与 Modbus TCP/IP 的接口，在其网络结构中采用 Modbus TCP/IP 作为设备层。

表 4-1 工业以太网和与其互补的设备层现场总线

工业以太网	互补的设备层现场总线
EtherNet/IP	DeviceNet, ControlNet
PROFINET	PROFIBUS DP, PROFIBUS PA
Foundation Fieldbus HSE	Foundation Fieldbus HI
IDA	IDA, Modbus TCP/IP

具有大型自动化设备的公司无一例外地采用工业以太网与现场总线的组合。原因是什么？有人说是在保护自己的投资利益，这也许没错。但是，如果从过程控制对现场仪表的要求来看却不难发现，以太网要用到现场层目前还存在一些技术壁垒，主要是回路供电、低功耗、实时性、本安防爆、电磁兼容性和环境适应性。现场设备(如工业以太网的交换式集线器)以及基于以太网的现场仪表的低功耗设计难以实现。而获得本安防爆的最高传输频率为 1 Mb/s，远低于以太网的传输频率。可见，目前基于以太网的现场仪表尚不能完全满足上述要求。从成本上说，基于以太网的现场仪表若满足上述要求，不比现场总线仪表便宜。

4.2.2 工业以太网主要标准

当前主流的工业以太网标准主要有 5 种：Modbus TCP/IP、IDA、Ethernet/IP、PROFINET 和 FF HSE。其中 Modbus TCP/IP 可以作为 IDA 的现场总线使用。

1. IDA

分布式自动化接口 IDA 是一种完全建立在以太网基础上的工业以太网规范，它将基于 Web 的实时分布式自动化环境与集中的安全体系结构相结合，目标是创立一个基于 TCP/IP 的分散自动化的解决方案，涵盖了自动化结构中的所有层次，包括设备层。工业以太网协议 IDA 希望开发一个应用于机器人、运动控制和包装的功能块库，这些应用要求微秒级的同步。IDA 采用 RTI(Real Time Innovations)公司的中间件 NDDS(网络数据传输服务)来实现微秒级的实时性。

由于 Modbus TCP/IP 是完全透明的，所以完全符合 IDA 的要求。Modbus TCP/IP 占用已注册的 502 端口。IDA 协议建立在组件的基础上，支持以太网 TCP、UDP 和 IP 有关的 Web 服务的完整套件，IDA 协议规范还包括：基于 RTI 公司的中间件 NDDS 的 RTPS(实时发布方/预订方)，Modbus TCP/IP 作为工业以太网消息传输协议，IDA 通信目标库，实时和安全 API。IDA 的协议栈如图 4-2 所示。

<table>
<tr><td colspan="7">应用程序</td></tr>
<tr><td colspan="3">API（应用程序接口）</td><td rowspan="3">BootP
+
DHCP</td><td>Web</td><td>文件
传输</td><td>E-mail</td></tr>
<tr><td colspan="3">IDA 目标模型</td><td rowspan="2">HTTP
Server</td><td rowspan="2">FTP
Server</td><td rowspan="2">SNAP
Client</td></tr>
<tr><td>Modbus
TCP</td><td>P/S
NDDS30</td><td>C/S
信息</td></tr>
<tr><td>选项栈</td><td colspan="3">UDP</td><td colspan="3">TCP</td></tr>
<tr><td colspan="7">IP</td></tr>
<tr><td colspan="7">以太网</td></tr>
</table>

图 4-2 IDA 的协议栈

2. Ethernet/IP

1998 年年初，ControlNet 国际化组织(CI)开发了由 ControlNet 和 DeviceNet 共享的、开放的和广泛接收的基于 Ethernet 的应用层规范。2000 年年底，Ethernet/IP 的概念由 CI、工业以太网协会(IEA)和 ODVA 组织提出，后来 ODVA 的 SIG 小组进行了规范工作。Ethernet/IP 技术采用标准的以太网芯片，并采用有源星型拓扑结构，将一组工业设备点对点地连接到交换机，应用层则采用工业界广泛应用的开放协议——控制和信息协议(CIP)。

Ethernet/IP 能实现大量数据的高速传输，一个数据包最多可达 1500 B，数据传输率达 10/100 Mb/s。Ethernet/IP 是工业自动化数据通信的一个扩展，这里的 IP 是工业协议 Industrial Protocol 的缩写。Ethernet/IP 的规范是公开的，并由 ODVA 组织提供。Ethernet/IP 对非周期性的信息数据采用 TCP 可靠传输技术(如程序下载、组态文件)，而对有时间要求和周期性控制的数据传输由 UDP 的堆栈来处理。Ethernet/IP 在 TCP、UDP 和 IP 上附加了 CIP，提供了一个公共的应用层，其目的是提高设备间的互操作性。由于 CIP 已运用在 ControlNet 和 DeviceNet 上，而 Ethernet/IP 在自身应用层协议上附加 CIP，所以 ControlNet、DeviceNet 和 Ethernet/IP 网络在应用层共享相同的对象库、对象和用户设备行规，不同供应商的设备能在上述 3 种网络中实现即插即用。Ethernet/IP 通信协议模型如图 4-3 所示。

<table>
<tr><td>用户设备行规</td><td>半导体</td><td>气动阀门</td><td>交流驱动器</td><td>位置控制</td><td>其他设备行规</td></tr>
<tr><td rowspan="3">应用层</td><td colspan="5">CIP应用层，应用对象库</td></tr>
<tr><td colspan="5">CIP数据管理服务，显性报文，I/O报文</td></tr>
<tr><td colspan="5">CIP报文路径，链接管理</td></tr>
<tr><td></td><td></td><td></td><td>封装</td><td></td><td></td></tr>
<tr><td>传输层</td><td>ControlNet
传输层</td><td>DeviceNet
传输层</td><td>TCP</td><td>UDP</td><td></td></tr>
<tr><td>网络层</td><td></td><td></td><td>IP</td><td></td><td></td></tr>
<tr><td>数据链路层</td><td>ControlNet
CTDMA</td><td>CAN
CSMA/NBA</td><td>Ethernet
CSMA/CD</td><td rowspan="2" colspan="2">用户可按自己
的要求选择</td></tr>
<tr><td>物理层</td><td>ControlNet
物理层</td><td>DeviceNet
物理层</td><td>Ethernet
物理层</td></tr>
</table>

图 4-3　Ethernet/IP 通信协议模型

3. PROFINET

PROFINET 是由 PROFIBUS 国际组织提出的基于实时以太网技术的自动化总线标准，它将企业信息管理层 IT 技术和工厂自动化相结合，同时又完全保留了 PROFINET 现有的开放性。

PROFINET 支持星型、总线型和环型等拓扑结构。PROFINET 提供了大量的工具帮助用户方便地安装工业电缆和耐用连接器以满足电磁兼容(EMC)和温度的要求。PROFINET 框架内标准化，保证了不同制造商设备之间的兼容性。

PROFINET 为自动化通信领域提供了一个完整的网络解决方案，包括八大主要模块，分别为实时通信、分布式现场设备、运动控制、分布式自动化、网络安装、IT 标准集成与信息安全、故障安全和过程自动化。PROFINET 实现了从现场级到管理层的纵向通信集成，方便管理层获取现场级的数据；同时，原本在管理层存在的数据安全性问题也延伸到了现场级。PROFINET 提供了特有的安全机制，通过使用专用的安全模块，可以保护自动化控制系统，使自动化通信网络的安全风险最小化。

PROFINET 是一个整体的解决方案，PROFINET 的通信协议模型如图 4-4 所示。

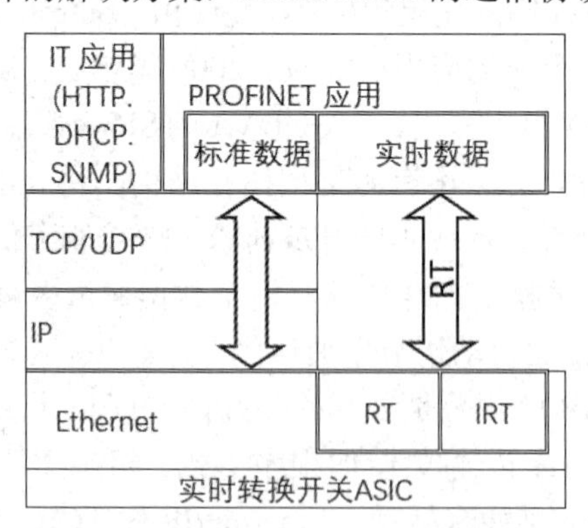

图 4-4　PROFINET 通信协议模型

从图 4-4 中可以看出，PROFINET 提供了一个标准通信通道和两类实时通信通道。标准通信通道是使用 TCP/IP 的非实时通信通道，用于设备参数化、组态和读取诊断数据。

各种已验证的 IT 技术都可以使用(如 HTTP、HTML、SNMP、DHCP 和 XML 等)。在使用 PROFINET 的时候，可以使用这些 IT 标准服务加强对整个网络的管理和维护，从而节省调试和维护中的成本。RT 通道是软实时 SRT(SoftwareRT)方案，主要用于过程数据的高性能循环传输、事件控制信号与报警信号等。它跳过第 3 层和第 4 层，提供精确通信能力。PROFINET 根据 IEEE 802.IP 定义了报文的优先级，从而优化了通信功能。IRT 采用了 IRT 同步实时的 ASIC 芯片解决方案，以进一步缩短通信栈软件的处理时间，特别适用于高性能传输、过程数据的等时同步传输以及快速的时钟同步运动控制应用。在实时通道中，为实时数据预留了固定循环间隔的时间窗，而实时数据总是按固定的次序插入，因此，实时数据就在固定的间隔被传输，循环周期中剩余的时间用来传递标准的 TCP/IP 数据，两种不同类型的数据就可以同时在 PROFINET 上传递，而且不会互相干扰。PROFINET 通过独立的实时数据通道，保证对伺服运动系统的可靠控制。

在 PROFINET 通信协议模型中，IRT(同步实时)通道能够实现等时同步方式下的高性能传输数据，RT(实时)通道能够实现高性能传输循环数据和时间控制信号、报警信号。PROFINET 使用了 TCP/IP 和 IT 标准，集成了基于工业以太网的实时自动化体系，覆盖了自动化技术的所有要求，实现了与现场总线的无缝集成。PROFINET 在一条总线电缆中完成所有的工作，对 IT 服务和 TCP/IP 的开放性没有任何限制，从而实现了从高性能 IT 管理网络到等时同步实时通信工业网络的通信统一。

4. HSE

1998 年现场总线基金会开始起草 HSE，2003 年 3 月完成了 HSE 的第一版标准。HSE 主要利用现有商用的以太网技术和 TCP/IP 协议族，通过错时调度以太网数据，达到工业现场监控任务的要求。HSE 协议的体系结构如图 4-5 所示。

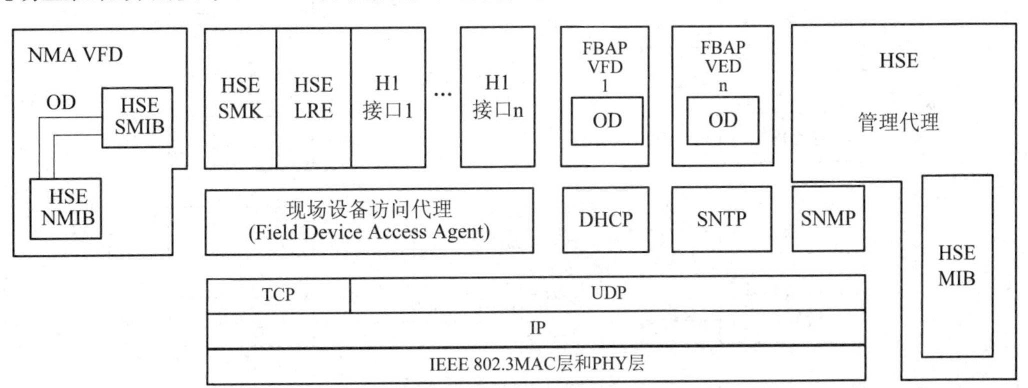

图 4-5　HSE 协议的体系结构

HSE 的物理层、数据链路层采用了 100 Mb/s 标准。网络层和传输层则充分利用现有的 IP 和 TCP、UDP。当对实时要求非常高时，通常采用 UDP 来承载测量数据；对非实时的数据，则可以采用 TCP。在应用层，HSE 采用了现有的 DHCP(Dynamic Host Configuration Protocol，地址分配协议)、SNTP(Simple Network Time Protocol，系统时钟同步协议)和 SNMP(Simple Network Management Protocol)，但为了和 FMS 兼容，还特意设计了现场设备访问(Field Device Access，FDA)层。DHCP 为现场设备实现动态分配 IP 地址。SNTP 使 HSE 系统中设备保持时间基准同步，以便协调一起工作。SNTP 主要用来监控 HSE 现场设备的物理层、数据链路层、网络层、传输层的运行情况。

用户层主要包含系统管理(SM)、网络管理(NM)、功能块应用进程(FBAP)以及与 H1 网络的桥接接口。系统管理功能主要通过系统管理内核(SMK)和它的服务来完成，SM 用到的数据组被称为系统管理信息库(SMIB)。网络上可见的 SMK 管理的数据被整理到设备 NMA VFD 的对象字典中。网络管理也共享这个对象字典。网络管理允许网络管理者(HSENMgr)通过使用与他们相关的网络管理代理(HSE NMA)在 HSE 网络上执行管理操作。HSE NMA 负责管理 HSE 设备中的通信栈。HSE NMA 充当了 FMS VFD 的角色，HSENMgr 使用 FMS 服务访问 HSE NMA 内部的对象。

4.3　以太网基础

当前比较流行的工业以太网都在物理层和数据链路层采用 IEEE 802.3 标准，在介绍这部分知识之前，我们应该先了解网络技术中的一些基础知识

1. 开放系统互连(OSI)模型

为了构建一个标准化的数据通信网络世界，1979 年国际标准化组织 ISO 开发了一个开放系统互连(OSI)参考模型。OSI 模型的目标是可以使两个系统(如两台计算机)之间进行相互通信。

OSI 模型由 7 个功能层组成，也称为 7 层模型，如图 4-6 所示。系统 A 可以与系统 B 通信，这些系统可以在不同的网络，如公共网络和私有网络。

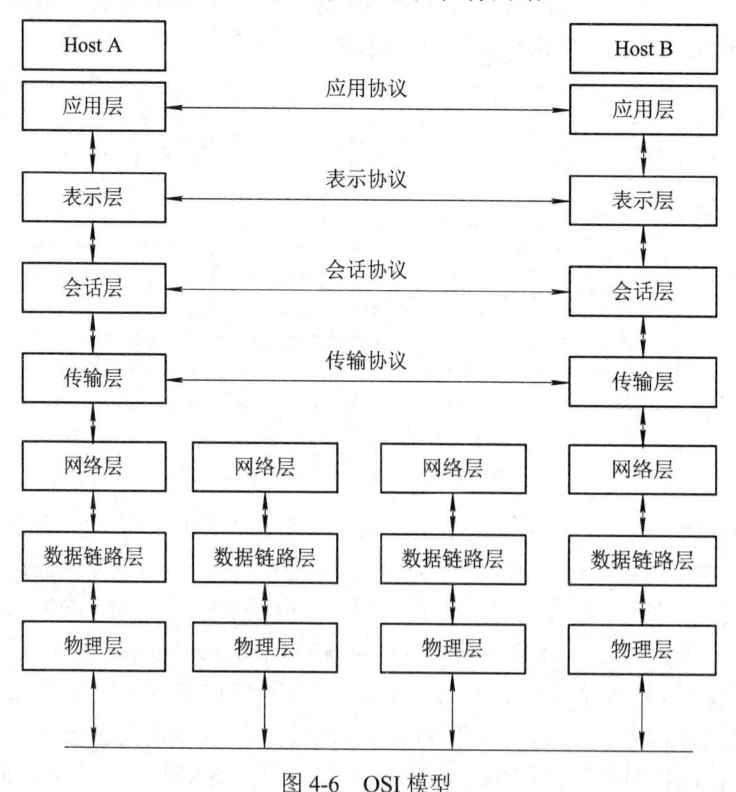

图 4-6　OSI 模型

OSI 模型中每一层都包含许多定义的功能。下面列举不同层的一些功能。

物理层(第 1 层)：定义了网络中两点之间发送信息的介质的连接，提供了实现、维护和断开物理连接所需的机械、电气或光学实体。在这一层中最重要的两个内容是“介质”和“信号”。

数据链路层(第 2 层)：定义了在单个物理链路上数据帧如何传输，具有帧同步、差错检测、纠正机制、流量控制、链路管理等功能，能够及时处理传输中的错误，确保接收方正确接收数据。

网络层(第 3 层)：定义了数据从发送方经过若干个中间节点传输到接收方的方法。这一层数据称为数据包，通过路径选择、分段组合、流量控制、拥塞控制等功能，向传输层提供最基本的端到端的数据传输服务。

传输层(第 4 层)：负责可靠的数据传输。传输层建立接收方和发送方之间的逻辑点对点连接，实现无故障的数据传输，确保接收方按正确的顺序接收数据。

会话层(第 5 层)：定义了网络上两个应用程序之间对话(会话)的控制方式，以及此类会话的建立和终止。

表示层(第 6 层)：协议规定如何表示数据，因为不同的计算机系统表示数字和字符的方式不同，这一层确保了字符代码的转换，例如从 ASCII 转换为 EBCDIC。

应用层(第 7 层)：为网络系统用户提供服务。

在 OSI 模型中，每一层都向发送方的用户数据添加一些控制信息，称为报头，OSI 模型协议开销如图 4-7 所示。接收方的相应层再删除报头信息。数据链路层不仅在传输数据的前面附加信息，也在它的后面附加含检测传输错误的检查代码。只有物理层不添加任何内容。

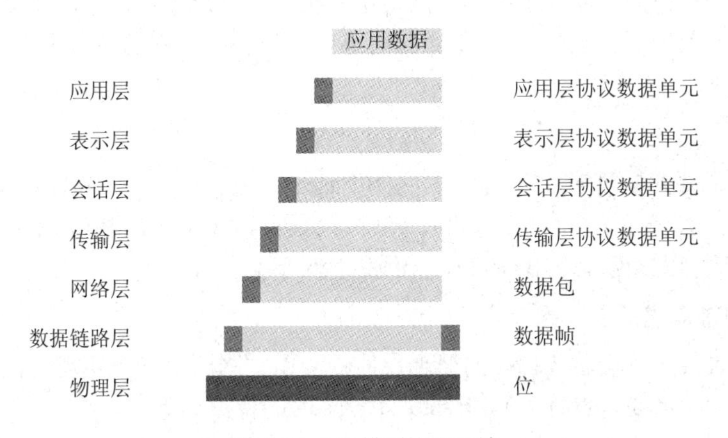

图 4-7　OSI 模型协议开销

2. 局域网

局域网(LAN)是指计算机、工作站和外围设备之间在非常有限的地理位置区域内进行的通信。局域网中连接的站点是对等的，不存在主站和副站。每个站点都可以建立、维护和断开与另一个站点的连接。对于公共网络，LAN 采用稍微不同的方法实现 OSI 模型的底层要求。IEEE 802 已经为局域网建立了一些标准，LAN 模型与 OSI 模型关系如图 4-8 所示。

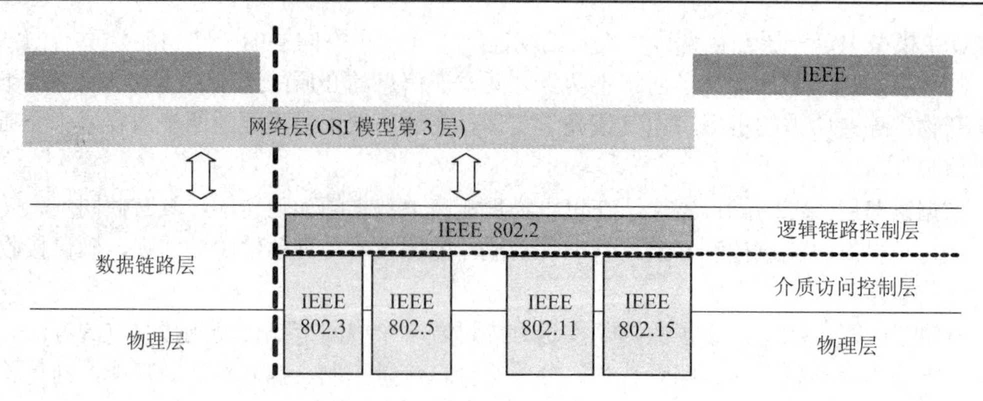

图 4-8　LAN 模型与 OSI 模型关系

3. 以太网

以太网是局域网的基础，目前局域网协议还未实现标准化，尽管以太网存在一些缺点，但它比其他所有技术都要成熟。IEEE 制定的 IEEE 802.3 标准给出了以太网的技术标准，它规定了包括物理层的连线、电子信号和介质访问层协议的内容。以太网是应用最普遍的局域网技术，它取代了其他局域网技术如令牌环、FDDI 和 ARCNET。

以太网只是 OSI 模型中第 1 层和第 2 层的一种特殊形式。它不是一个完整的网络协议，而是一个子网，其他协议(如 TCP/IP 套件)可以在该子网上工作。以太网最重要的功能如下：

(1) 填写物理层：通过介质发送和接收串行位流，检测碰撞。

(2) 填写数据链路层：

① MAC 介质访问控制子层：提供网络访问机制 CSMA/CD，建立数据帧。

② LLC 逻辑链路控制子层：确保数据可靠性，为更高级别的应用程序提供数据通道。

4.3.1　物理层

物理层最重要的实现有：粗缆以太网(10Base5)、细缆以太网(10Base2)、宽带以太网(10Broad36)、双绞线以太网(10Base-T)、光纤以太网(10Base-F)、快速以太网(100Base-T/100Base-F)、千兆以太网(1000Base-T)、无线以太网。

1. 基于同轴电缆的以太网

最初的以太网是围绕总线拓扑的概念设计的。以太网的第一个实现是粗缆以太网，基于一根黄色粗同轴电缆，也称为 10Base5。10Base5 的特点如下：

(1) 传输速率最高 10 Mb/s；

(2) 基带传输；

(3) 最大段长 5 × 100 = 500 m；

(4) 每段最多连接 100 个收发器。

收发器用于将电缆连接到网络。粗缆以太网的同轴电缆每 2.5 m 有一个标记，以确保收发器的正确定位。可以每 2.5 m 放置一次收发器，这样可以避免因信号的反射而导致的传输质量差。

现在，厚实、坚硬的黄色同轴电缆被黑色、更灵活的同轴电缆迅速取代，从而实现了细缆以太网(10Base2)。站点通过 T 形 BNC 连接器接入网络，最大段长约 200 m。

大多数总线技术布线时都要考虑端接电阻(端接器)，它是一种小型廉价设备，必须安装在形成以太网的同轴电缆的所有端部。因为没有终端电阻的电缆端部会反射电信号，当一个站点发送信号时，该信号将被电缆终端重新反射，反射信号到达站点时，会发生干扰。如果有终端电阻的电缆，当电信号到达端接电阻时，此信号被丢弃。对于网络的正确运行，端接电阻是必不可少的。

2. 基于双绞线的以太网

同轴电缆的主要问题是只能采用半双工通信，总线结构也不理想。为了突破总线拓扑结构，产生了以太网星型拓扑。在这种拓扑结构中，所有站点都与一个或多个中央集线器相连(可以使用双绞线)。通过这种方式可以方便地扩展和检查网络，并有助于错误检测。

基于双绞线的以太网，站点与中央集线器之间最大长度为 100 m。每个站点都必须直接与集线器或交换机连接。双绞线已经从 10Base-T(10 Mb/s)发展到 100Base-T(100 Mb/s)和 1000Base-T(1000 Mb/s)。

1) 快速以太网

快速以太网采用非屏蔽双绞线电缆，支持高达 100 Mb/s 的速度。电缆由 8 根电线(4 对线)组成。在 10/100Base-T 中仅使用 4 对中的 2 对：白橙色/橙色、白绿色/绿色。

IEEE 规范要求 10/100Base-T 使用的白绿色/绿色电线连接到连接器的插脚 1 和 2，而白橙色/橙色电线连接到插脚 3 和 6。另外两对未使用的线将连接到插脚 4 和 5 以及插脚 7 和 8 上。表 4-2 所示为 10/100Base-T 的管脚配置，TD 代表传输数据，RD 代表接收数据。

表 4-2　快速以太网的管脚配置

帧	颜 色	功 能
1	绿色和白色	+TD
2	绿色	−TD
3	橙色和白色	+RD
4	蓝色	未使用
5	蓝色和白色	未使用
6	橙色	−RD
7	棕色和白色	未使用
8	棕色	未使用

直通线也称为直连电缆，双绞线两端线序相同。此双绞线可用于连接站点与网络交换设备，如 PC 和集线器/交换机或 PC 和墙壁之间的连接。

交叉线指双绞线一端和直连电缆相同，另一端白橙色/橙色线连插脚 1 和 2，白绿色/绿色线连插脚 3 和 6。此双绞线可用于 PC 到 PC 连接，或集线器/交换机和另一个集线器/交换机之间的连接。

快速以太网的特点如下：

(1) 以 100 Mb/s 的速度传输数据；

(2) 全双工通信；

(3) 支持无线以太网。

2) 千兆以太网

千兆以太网的目标数据速率为 1000 Mb/s。千兆以太网仍然使用 125 MHz 的 100Base-T/Cat5 时钟速率，为每个时钟信号编码两位(00、01、10 和 11)，4 个电压等级，可达到 1000 Mb/s 的数据速率。此外，1000Base-T 也使用以太网电缆的 4 个数据对实现双向发送或接收数据。这种调制技术被称为 4D-PAM5，目前使用 5 种不同的电压电平，第 5 个电压电平用于误差机制。

3. 基于光纤的以太网

为了使传输距离更长，光纤电缆是一个很好的选择。光纤的名称为 10Base-F 和 100Base-F，在发送和接收数据时，始终使用单独的玻璃纤维。采用光纤的千兆以太网为全双工模式，数据速率为 1000 Mb/s。

千兆以太网有两种不同的类型：1000Base-SX 和 1000Base-LX。1000Base-SX 在多模光纤上使用短波长光脉冲。1000Base-LX 在多模或单模光纤上使用波长较长的光脉冲。

4. 无线局域网

IEEE 在 IEEE 802.11 中为无线局域网定义了标准。无线局域网的无线电连接发生在所谓的 ISM 频段(工业、科学和医疗)，即 2.4 GHz 频段，也可以发生在 5 GHz 频段，不需要许可证。无线局域网使用扩频技术，这种技术特别适用于易发生故障的传输信道，因为这些频段(尤其是 2.4 GHz)也被许多其他设备(如蓝牙)使用。一般来说，无线网络比固定有线网络的速度要慢得多，其主要的优势是灵活性。在物理实现方面，IEEE 802.11 提供了基于热点连接和点到点连接，如图 4-9 所示。

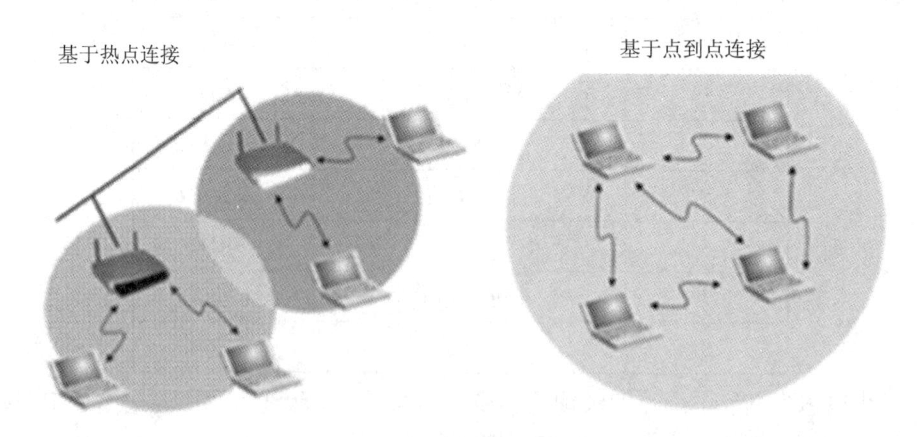

图 4-9 无线局域网的物理实现

基于热点连接是利用无线接入点将无线局域网与有线局域网连接起来的配置。无线接入点是所有无线数据传输路由的中心点。整个无线网络具有唯一的 SSID(服务集标识)，并且还具有网络名称。

基于点对点的连接是指每个计算机设备都直接与另一个计算机设备通信。实际上这种网络结构是不可能实现的。

IEEE 802.11 中定义的不同无线局域网标准如表 4-3 所示。这些标准使用不同的调制技术以获得更高的传输速度。

表 4-3　IEEE 802.11 中定义的 WLAN 标准

规格	频率/ GHz	数据输送速度/(Mb/s)
IEEE 802.11b	2.4	11
IEEE 802.11g	2.4	54
IEEE 802.11a	5	54
IEEE 802.11h	5	54
IEEE 802.11n	5，2.4	600

4.3.2　数据链路层

网络层将 IP 数据报送到数据链路层。“数据帧”是数据链路层的传输单位。数据链路层将 IP 数据报作为“数据帧”的数据部分并且为数据帧添加帧首部和尾部的标记。首部和尾部的一个重要作用是确定帧的界限。一个数据帧的长度等于帧的数据部分加上帧的首部和尾部的长度。每一种数据链路层协议都规定了其所能传输的数据帧的数据部分的上限即最大传输单元 MTU。

1. 以太网数据帧

一个以太网数据帧至少由 46 个实际数据字节和 26 个协议字节(开销)组成。这个最小的数据字节数是定义时隙时间所必需的。以太网数据帧格式如图 4-10 所示。

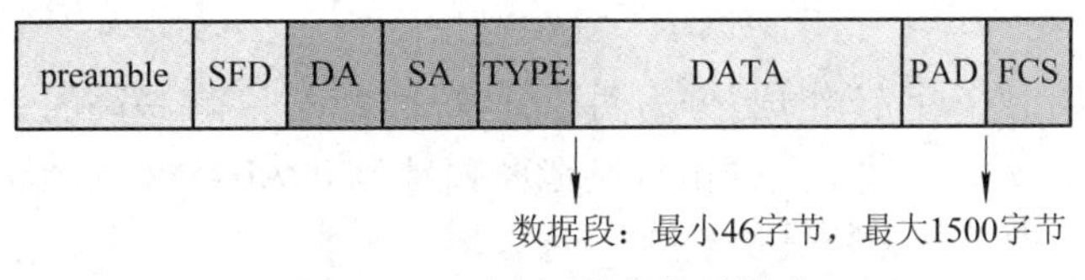

图 4-10　以太网数据帧的格式

数据帧各字段含义如下：

preamble：同步码，由 7 字节 56 位 1 和 0 交替的二进制数序列组成。这些位用于同步，并给每个在线参与者在实际数据到达之前观察总线上活动的时间。

SFD：帧开始分隔符，由固定序列 10101011 组成，是 preamble 的最后一个字节，向接收方指示实际数据正在传输。

DA：目的 MAC 地址，标识必须接收消息的站点的 MAC 地址。该字段占用 6 字节的空间。目的地址可以是单个地址、多播地址或广播地址。MAC 广播地址为 FF-FF-FF-FF-FF-FF。

SA：源 MAC 地址，标识消息来源的站点的 MAC 地址。该字段的长度为 6 字节。

TYPE：类型字段，Ethernet Ⅱ(DIX 标准)和 IEEE 802.3 之间有区别。对于 Ethernet Ⅱ，类型字段是指使用以太网帧发送数据的高级协议。Xerox 给每个为以太网开发的协议分配一个 2 字节的代码，例如 0600H 代表 XNS 协议、0800H 代表 IP(Internet 协议)、0806H 代表 ARP 协议、0835H 代表反向 ARP 协议、8100H 代表 IEEE 802.1Q 标签帧(VLAN)。IEEE 802.3 将类型字段定义为长度字段，以便能够确定实际发送数据的字节数。Xerox 不使用低于 1500 的类型号，由于数据帧的最大长度为 1500，因此不可能重叠，并且可以同时使用这两种定义。

DATA：数据字段，包含要发送的数据，这个数据字段是透明的，这意味着这个字段的内容对于以太网是完全开放的。其长度必须至少为 46 字节，且不超过 1500 字节。

PAD：填充位，当数据没有达到最小 46 字节长度时，需要将随机数据位添加到数据中，以满足最小数据长度要求。

FCS：校验和，发送方创建的 4 字节 CRC 校验值。接收方可以使用此代码检查数据的完整性。

2. MAC 地址

在局域网的公共传输介质上，每个站点必须有一个唯一的地址。事实上，每个站点都有一个以太网地址，即每一个网卡独有的物理地址——MAC 地址(媒体访问控制地址)。网卡制造商会给每一个网卡一个全球唯一的地址，该地址存储在网卡只读存储器中。MAC 地址结构如图 4-11 所示。

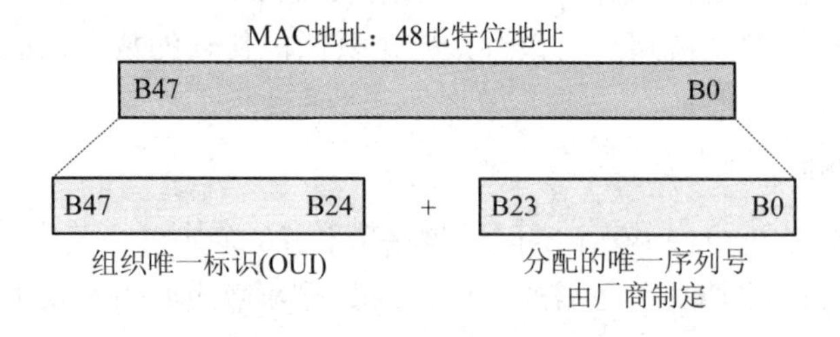

图 4-11　MAC 地址结构

MAC 地址由 48 位(6 字节)组成，分为两部分，每部分 3 字节。最高的 24 位构成了 Xeroc 发布的制造商编号，例如，菲尼克斯电气制造商编号为 00A045H。最低的 24 位构成一个序列号，每个 MAC 地址都必须是唯一的。

3. CSMA/CD

以太网在数据链路层 MAC 子层使用 IEEE 802.3 载波监听多路访问/冲突检测 CSMA/CD 协议。该协议包括以下 3 个部分内容。

(1) 载波监听：多个站点在发送数据帧前，首先监听信道是否空闲，如果空闲，则发送数据帧，否则等待，继续监听直到信道空闲。

(2) 多路访问：允许多个站点以多点接入方式连接在一个信道上，且都有访问信道的权利。

(3) 冲突检测：一个站点在信道上发出一个数据帧同时监听信道，如果另一个站点在同一时间同一信道也发出一个数据帧，则会检测出碰撞，发送方立即停止发送，并发送 32

位干扰序列，信道上所有站点都会监听到冲突，如图 4-12 所示。

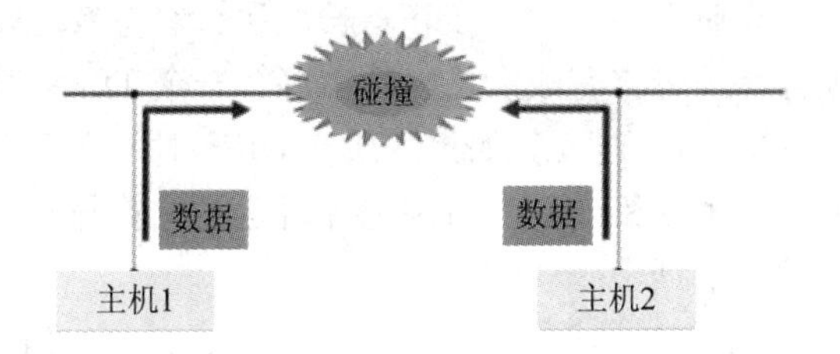

图 4-12　以太网段上的冲突

图 4-13 所示为 CSMA/CD 流程。想要发送数据的站点首先检查运营商的网络是否存在站点正在发送数据，如果检测到活动载波，则延迟发送。

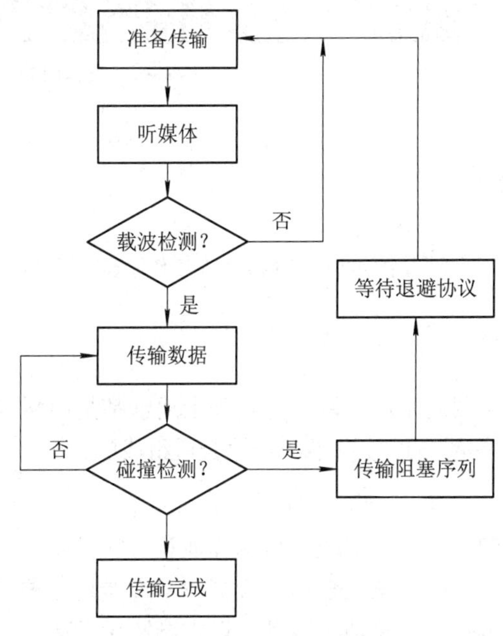

图 4-13　CAMA/CD 流程

4. CSMA/CA

有线以太网的 CSMA/CD 技术不能应用于无线以太网。无线以太网采用的是半双工无线电技术，在发送数据时，无法检查是否发生碰撞。为了解决这一问题，我们采用了另一种技术，即 CSMA/CA，它不检测碰撞，而是避免碰撞，CA 代表碰撞避免。

在介质被占之后发生碰撞的概率是最大的。这就是要定义等待时间和恢复阶段的原因。IEEE 802.11 无线局域网标准为数据帧定义了不同的信道使用优先级，使用 3 种不同的时间参数如下：

(1) SIFS：短帧间隔，优先级最高，介质访问的等待时间最短。接入点使用等待时间发送 ACK 消息。

(2) PIFS：点协同间隔，中等级别的优先级，主要作为 AP 定期向服务区内发送管理帧或探测帧所用的等待时延。

(3) DIFS：长帧间隔，时间最长，所有的数据帧都采用 DIFS 作为等待时间。

CSMA/CA 协议的工作原理如图 4-1 所示。如果一个主机想要发送一条信息，那么首先必须监听介质。如果介质空闲时间比 DIFS 长，那么参与者可以主动发送消息。如果介质已被占用，则必须等待发送方完成发送，然后等待一个 DIFS 时间。如果接入点具有更高的优先级，则只需等待 SIFS 时间。如果介质在 DIFS 时间之后仍然是空闲的，那么恢复阶段将从要发送数据的每个主机启动随机回退计时器的位置开始。首先完成计数的参与者，可以主动使用介质并发送数据。

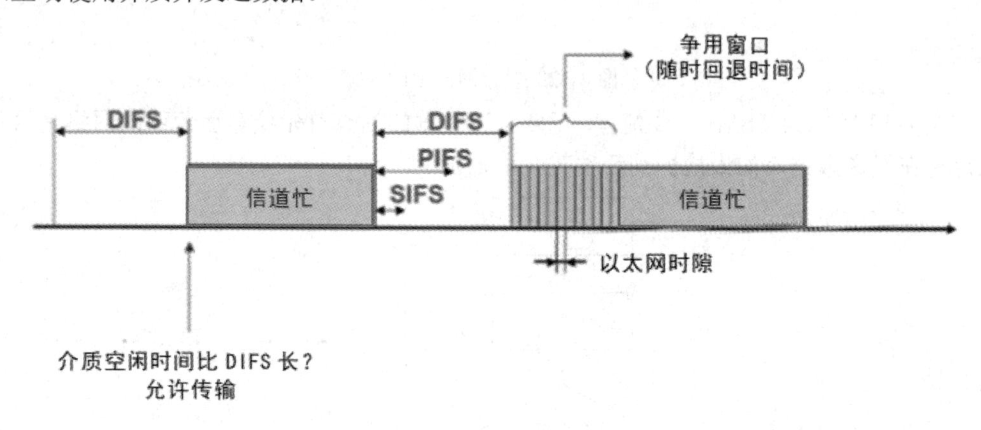

图 4-14　CSMA/CA 工作原理

4.3.3　相关设备

不论是局域网、城域网还是广域网，在物理上通常都是由网卡、集线器、交换机、路由器、网线、RJ45 接头等网络连接设备和传输介质组成的。

1. 集线器(Hub)

局域网每一段链路的最大长度取决于传输介质和访问机制。为了克服长度限制并快速地把链路连接起来，最简单的方法是使用中继器。中继器是一种信号放大器，它独立于数据包并内容透明地传输数据包，将两个或多个以太网链路接在一起，两边网络可以是不同的介质。基于中继器的链路的另一个重要特征是不仅传输数据，还传输全部碰撞和错误信号。因此，通过中继器相互连接的链路容易出现故障，导致一个链路上的问题放大给其他链路。在现代局域网中，基于以太网的中继器主要应用于连接不同介质的网段，比如光纤的主干网络通过光中继器连接到双绞线分支网络。

集线器实际上是一个多接口的中继器，如图 4-15 所示。集线器在 OSI 模型的物理层上工作，它将传入信号重新生成到所有其他端口，所有通过集线器相互连接的网络都是冲突域。

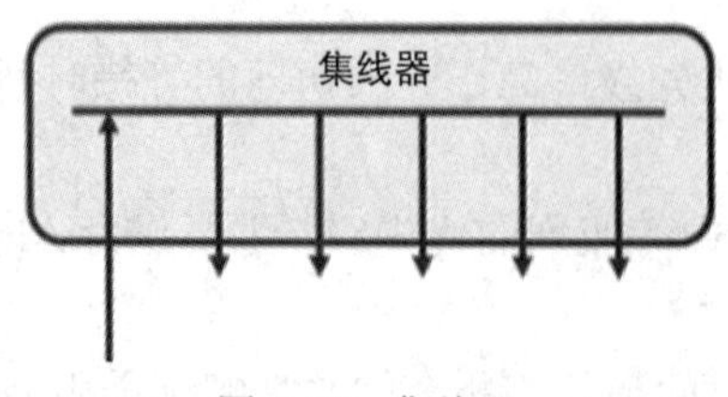

图 4-15　集线器

不同版本集线器在端口数量、支持的介质类型和可扩展性方面有所不同。现代集线器的一个重要功能是网络管理选项，其至少可以关闭端口并检测是否发生故障，为了使此功能可用，配备了 SNMP 代理服务。

2. 交换机(Switch)

将不同的局域网段连接起来的更好的选择是网桥。网桥可以像中继器一样传输数据，不同的是数据包通过网桥从一个链路传输到另一个链路之前，网桥检查 MAC 地址，在此基础上判断是否传输到另一个链路，由此可见网桥是工作在数据链路层的设备。

一个网桥配备两个以上的网络端口，称为“交换机”，如图 4-16 所示。交换机利用软件监听每个端口连接的网段并将该网段上出现的所有 MAC 地址复制到 MAC 地址表中，完成此表的编制。每个地址都会被保留一段有限的时间，一旦保留时间结束，就会被删除，这种技术避免了不活动的站点被寻址。

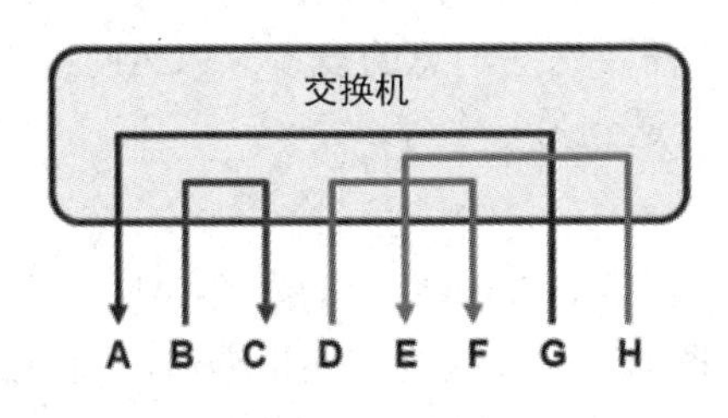

图 4-16　交换机

交换机与集线器相比具有许多优点。当使用交换机时，从寻址的角度来看，一个链路不会收到不属于该链路的数据帧，可降低每段链路的荷载。同时，故障情况不会传发，因为交换机也会检查数据帧的格式。交换机将数据帧从一个链路传输到另一个链路还避免了帧之间的碰撞。交换机的每个端口都会连接一个冲突域。如果每个主机直接连接到交换机的端口，那么会连接许多冲突域，但每个冲突域只包含一个主机，因此不会发生冲突。

4.3.4　虚拟局域网(VLAN)

1999 年 IEEE 颁布了用于标准化虚拟局域网(Virtual Local Area Network，VLAN)实现方案的 802.1Q 协议标准草案。VLAN 技术使得管理员可以根据实际应用需求，把同一物理局域网内的不同用户从逻辑上划分成不同的广播域，每一个 VLAN 都包含一组有着相同需求的计算机工作站，与物理上形成的局域网有着相同的属性。比如按部门需求：一个 VLAN 用于销售，一个 VLAN 用于工程，另一个 VLAN 用于自动化。

由于它是从逻辑上划分的，而不是从物理上划分的，所以同一个 VLAN 内的各个工作站不一定在同一个物理范围内，也就是说这些工作站可以在不同物理局域网段。由 VLAN 的特点可知，一个 VLAN 内部的广播和单播流量都不会转发到其他 VLAN 中，因此有助于控制流量，减少设备投资，简化网络管理，提高网络的安全性。

从技术上讲，由于交换机端口有两种 VLAN 属性，其一是 VLANID，其二是 VLANTAG，分别对应 VLAN 对数据包设置的 VLAN 标签和允许通过的 VLANTAG(标签)数据包，不同的 VLANID 端口，可以通过相互允许 VLANTAG，构建 VLAN。VLAN 之间的通信并不一定需要路由网关，其本身可以通过对 VLANTAG 的相互允许，组成不同访问控制属性的 VLAN，当然也可以通过第 3 层的路由器来完成。但是，通过 VLANID 和 VLANTAG 的允许，VLAN 几乎可以完成局域网内任何信息集成系统架构逻辑拓扑和访问控制，并且与其他共享物理网络链路的信息系统实现相互间无扰共享。

VLAN 的最大优势是网络的分段、安全性和对网络负载的限制。它比传统网络更容易在网络中移动设备。当用户从一个子网移动到另一个子网时，必须更改布线，而从一个 VLAN 迁移到另一个 VLAN 不需要更改电缆，只需要在交换机上进行设置。例如，原先属于销售网络的一台计算机可以移动到属于工程的网络，端口必须设置为 VLAN 的成员，但不需要新的布线。VLAN 增加了局域网的安全性。VLAN 设备只能与同一 VLAN 中的设备通信，如果 VLAN 销售网络计算机希望与 VLAN 自动化网络的计算机通信，则必须在路由器中设置此连接。VLAN 可以进行网络流量的限制。对于传统网络，广播可能导致网络过载，广播消息通常发送到不需要这些消息的设备。VLAN 可以避免这些问题，因为来自一个 VLAN 的广播消息不会发送到另一个 VLAN。

1. VLAN 类型

VLAN 可以分为两种类型：静态 VLAN 和动态 VLAN。

静态 VLAN 基于端口，根据用户连接的交换机端口，判断属于哪一个 VLAN，比如，一个交换机的 1、2、3 端口被定义为 VLAN10，则同一交换机的 6、7、8 端口组成 VLAN20。静态 VLAN 优点是易于配置；所有操作在交换机上完成。其缺点是如果用户将计算机连接到错误的端口，则管理员必须重新配置；如果第二个交换机连接到属于某个 VLAN 的端口，则连接到该交换机的所有计算机都将自动属于该 VLAN。

动态 VLAN 不是基于交换机的端口，而是基于用户的地址或使用的协议。其优点是每个人都可以将计算机连接到任何端口，并且仍然是正确 VLAN 的一部分。其缺点是这种 VLAN 类型的成本较高，因为它需要特殊的硬件。

2. IEEE 802.1Q 标记帧

IEEE 802.1Q 在以太网帧中增加了 4 字节的 802.1Q 标签，其标签帧格式如图 4-17 所示，包含了 2 字节的标签协议标识和 2 字节的标签控制信息。

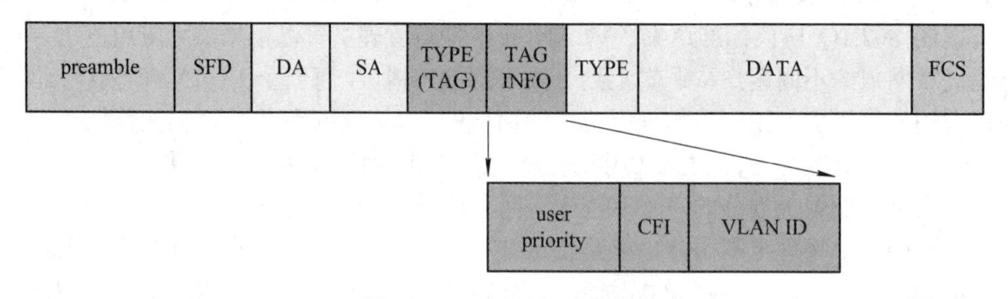

图 4-17　802.1Q 标签帧格式

标签帧格式字段含义如下：

(1) TYPE(TAG)：标签协议标识，2 字节，值为 8100H 时指定此帧为标记帧，因此包含额外信息字段。

(2) TAG INFO：标签控制信息，2 字节，包含 3 个字段 user priority、CFI 和 VLAN ID。

① user priority：用户优先级，3 位，包含帧的优先级，优先级代码是介于 0 和 7 之间的数字。

② CFI：标准格式指示，1 位，IEEE 802.1Q 仅针对以太网或令牌环开发。0 代表以太网，1 代表令牌环。

③ VLAN ID：VLAN 识别号，12 位，有最多 4094 个 VLAN 编号。FFFH 编号为保留，000H 编号为无 VLAN 帧。

3. 端口汇聚 Trunk

Trunk 称为端口汇聚，是在交换机和网络设备之间增加带宽的比较经济的方法。Trunk 的主要功能就是将多个物理端口(一般为 2～8 个)绑定为一个逻辑的通道，使其工作起来就像一个通道一样。将多个物理链路捆绑在一起后，不但提升了整个网络的带宽，而且数据可以同时通过被绑定的多个物理链路传输，还具有链路冗余的作用，在网络出现故障或其他原因导致断开其中一条或多条链路时，剩下的链路还可以工作。

在 VLAN 数据传输中，各个厂家使用不同的技术，例如：思科的产品是 ISL(InterSwitch Link)专有协议，使用 VLAN Trunk 技术；其他厂商的产品大多支持 802.1Q 协议，在以太帧中打上 TAG 标签，这样就生成了 802.1Q 标记帧，需要支持标记帧协议的设备来识别，由于标记帧长度超过了标准以太帧的 1518 字节的限制，普通计算机网卡无法识别，需要由交换机去掉 TAG 标签后，将标准以太帧发送计算机。

4.3.5　网络冗余

网络冗余是指集成硬件和软件，以确保在网络某一点故障时，保持最佳的可用性。通信系统网络是每一个现代自动化项目的核心，为了处理不同网络中的故障，可以在网络设备中集成不同的协议。

1. 生成树协议(Spanning Tree Protocol，STP)与快速生成树协议(Rapid Spanning Tree Protocol，RSTP)

生成树协议/快速生成树协议用于消除网络中存在的环路，构建树型拓扑，同时实现链路的冗余备份。

生成树协议是 IEEE 802.1d 中描述的开放协议，是一个 OSI 第 2 层协议，保证了无闭环局域网。它基于 Radia Perlman 开发的算法。STP 使网络允许冗余链路，无论链路因任何原因损坏，都会自动恢复并提供非闭环的备份路径。

为了应用该协议，交换机必须支持该协议。在链路中断后，需要 30～50 s 恢复时间替代路径才可用。这种延迟对于控制系统是不可接受的，对于检测应用程序来说，30 s 是最长的接受时间。STP 的一个优点是它能用于非环型结构冗余。

为了让 STP 缩短恢复时间，IEEE 在 2001 年制定了快速生成树协议。该协议在 IEEE 802.1w 标准中进行了描述。自 2004 年以来，IEEE 建议使用 RSTP 而不是 STP。因此，IEEE 802.1d 包含在 802.1w 规范中。

RSTP 的恢复时间低于 STP，大约为 1～10 s，而不是 30～50 s，此恢复时间已经相当快了。

图 4-18 显示了一个具有 5 个设备的网络，创建了不同的冗余连接。这会导致出现环路，从而迅速堵塞网络。RSTP 通过关闭多个端口将此拓扑转换为树型结构。这里将一个设备配置为根。从这个根设备开始，所有其他的设备都可以通过一个路径到达。如果发生网络连接问题，则会创建新的连接路径。

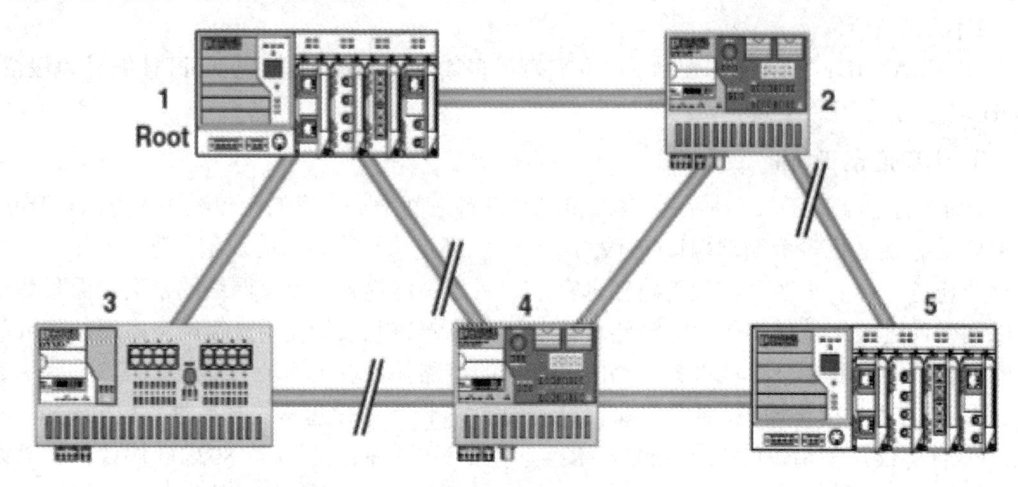

图 4-18　通过 RSTP 可能得树拓扑

RSTP 扩展：为了满足自动化的需要，许多公司计划在 RSTP 协议上进行专有扩展，以获得不到 1 s 的恢复时间。

快速环检测(Fast Ring Detection)是菲尼克斯电气在 RSTP 上的扩展。当网络交换机出现问题时，恢复时间为 100～500 ms。对于具有 1000 个输入地址表的大型自动化网络，恢复时间不超过 500 ms。如果网络中的终端数量较少，则恢复时间较短。然而，该协议只能用于 10 Mb/s 或 200 Mb/s 网络。

2. 介质冗余协议(Media Redundancy Protocol)

介质冗余协议：仅适用于环型拓扑结构，它允许以太网交换机成环状连接，在发生单点故障时获得比生成树协议更快的恢复时间，适用于大多数工业以太网应用场合。

MRP 是 PROFINET 标准的一部分。在 MRP 的情况下，环状网络通过阻塞环中的一个端口以获得一个线状结构。在发生网络错误的情况下，网络分成两条独立的线路，当被阻塞的端口被释放时，这些线路再次连接在一起。恢复时间在 100 ms 范围内。

3. 并行冗余协议(Parallel Redundancy Protocol)和高可靠性无缝冗余(High-availability Seamless Redundancy)

使用介质冗余协议收敛时间是 200 ms，但在一些特殊场合，需要使用无重构时间的网络。目前，要实现无缝冗余涉及两个技术，即并行冗余协议(PRP)和高可靠性无缝冗余(HSR)。

(1) 并行冗余协议：适用于高可靠性自动化网络。

(2) 高可靠性无缝冗余：通过环网式结构实现的平行冗余。

与其他技术相比，如果出现网络错误，那么 PRP 不会计划更改活动拓扑。该协议在两个并行的网络上运行，每个数据帧都通过两个网络发送。接收节点处理首先到达的消息并拒绝后到达的复制消息。PRP 是双网络，对高层协议是不可见的。HSR 则是通过环网结构实现的平行冗余的技术。HSR/PRP 无缝冗余网络如图 4-19 所示。

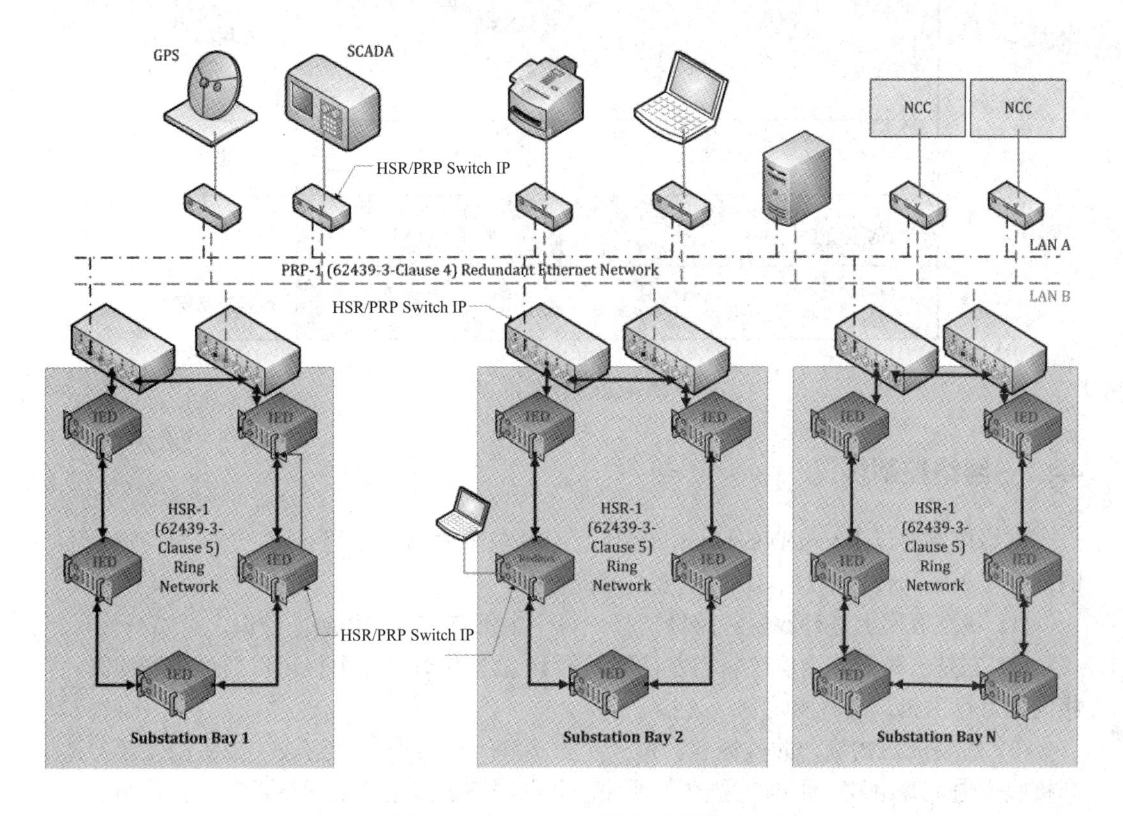

图 4-19　HSR/PRP 无缝冗余网络

4.4　TCP/IP

互联网是一个非常广泛的概念。互联网的规模不受限制，有几个网络组成的互联网，也有数百个网络组成的互联网。要使连接在网络上的相距很远的两个不同的主机进行通信，需要从两个方面考虑。一是硬件方面，互联网由不同的网络组成，这些网络通过路由器相互连接；路由器是具有连接网络的特殊功能的设备，每个路由器都有一个处理器、一定数量的内存和多个用于连接其他网络的单独接口。二是软件方面，通用通信服务必须在每个主机上都处于活动状态。虽然许多软件协议都适用于 Internet，但实际在 Internet 中使用最多的是 TCP/IP(传输控制协议/网络控制协议)协议族。

TCP/IP 是一组工业标准协议，用于不同网段组成的大型网络上进行的通信，这些网段由路由器连接。

TCP/IP 协议族可以完美地定位在 OSI 模型中。一个主要用于表示 TCP/IP 协议族的 4 层简化模型称为 TCP/IP 模型，如图 4-20 所示。这个模型的核心是网络层和传输层，应用层描述所有使用 TCP/IP 的应用协议，例如 HTTP 协议。

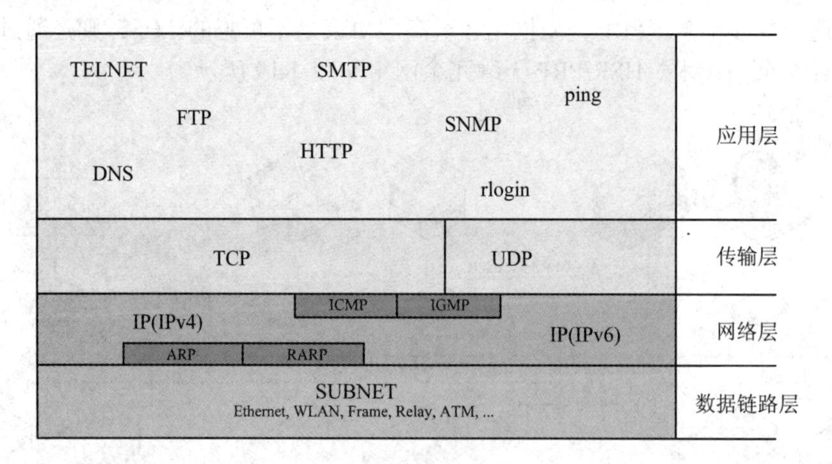

图 4-20　TCP/IP 模型

4.4.1　网络控制协议

网络控制协议(Internet Protocol，IP)用于 OSI 模型的第 3 层网络层，这一层负责在不同的网络上表述和传输信息。IP 最重要的功能如下：

(1) 在互联网上进行数据包路径选择，每个主机有 32 位 IP 地址标识。

(2) 它是一种无连接协议。当发送不同的 IP 数据包时，每个包可以通过不同的路径到相同的目标主机，没有固定物理连接。

(3) 封装成格式统一的数据包，由一个报头和一个数据字段组成。报头由发送方地址和接收方地址等组成。数据包独立于硬件，并在传输之前在本地网络设备上再次封装。

(4) IP 不检查数据是否正确发送，也不提供确认或纠正机制。

(5) IP 报头的长度至少为 20 字节。当使用可选项字段时，报头最大可为 60 字节。

网络控制协议(IP)要在不同网络上实现信息传输，需要统一的地址——IP 地址。

1. IP 地址

不同网络的连接是通过路由器进行的。当不同的网络被捆绑成一个更大的网络时，每个网络也应该有一个地址。因此，每个网络将获得一个唯一的网络地址。每个网络中的设备也应该获得唯一的地址号。统一寻址就是基于这一原则。此地址在 IP 层上定义，称为 IP 地址。

IP 地址由 32 位(4 字节)组成，用 4 个小数点分隔。每个网络都有一个名称(即网络 ID)，每个网络设备都有一个唯一的网络号码(即主机 ID)。网络 ID 和主机 ID 一起构成 IP 地址。网络 ID 是主机 ID 等于零的 IP 地址。如图 4-21 所示，IP 地址为 214.96.117.220 的主机，所在网络 ID 为 214.96.117.0，主机 ID 为 220。

	网络ID			主机ID
	11010110	01100000	01110101	11011100
IP地址	214 ·	96 ·	117 ·	220

图 4-21　IP 地址示意图

1) IP 地址的类别

IP 地址分为 A、B、C、D、E 共 5 种不同的类别，如图 4-22 所示。A、B 和 C 类地址之间的区别，取决于作为网络 ID 部分的字节数。IP 地址中的最高字节数值范围位决定了 IP 地址属于哪一类。为了以简单的方式发送多播消息，添加了 D 类地址。E 类地址目前为保留。IP 地址的使用由互联网分配号码管理机构(IANA)控制。

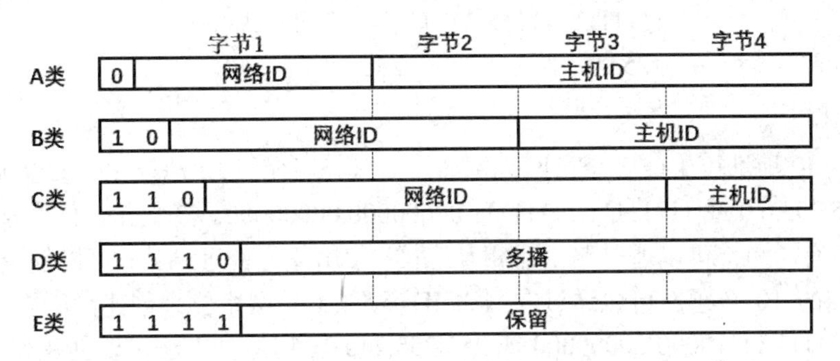

图 4-22　不同类的 IP 地址构成

2) 私有网络的 IP 地址

公共网络和私有网络是有区别的。在互联网上(整个公共网络)，每个 IP 地址都必须是唯一的。企业网络通过路由器与 Internet 相连。为了避免私有网络和公共网络之间发生冲突，在每一类中定义了一系列未在 Internet 上使用的 IP 地址，如表 4-4 所示。企业网络最好使用这些保留地址。

表 4-4　私有网络的 IP 地址

网络	IP 地址
A 类网络	10.0.0.0～10.255.255.255
B 类网络	172.16.0.0～172.31.255.255
C 类网络	192.168.0.0～192.168.255.255

3) 特殊的 IP 地址

表 4-5 所示为一些重要的特殊 IP 地址。在网络上必须有发送消息的广播地址。将主机 ID 的所有位全部设置为 1，就是某个段的 IP 广播地址。例如，IP 地址 131.107.255.255 是网络广播地址，网络地址是 131.107.0.0。

表 4-5　一些重要的特殊 IP 地址

网络 ID	主机 ID	说　明
全为 0	全为 0	表示整个网络
网络 ID	全为 0	表示网络地址，标识一个完整的网络
网络 ID	全为 1	表示网络上的广播地址
127	随机	表示测试网络应用程序的 IP 地址

2. 子网掩码

为了方便路由和更好地使用现有地址类，1985 年 RFC 950 提供了在 A、B 或 C 类中创建地址组的方法。网络地址通过几个位进行扩展，以便在一个类中创建多个子网。使用子网时，IP 地址不变，但是路由器必须知道网络地址是由多少位组成的。为此路由器使用子网掩码，通过子网掩码从 IP 地址中得到网络地址。

如何设置子网掩码呢？IP 地址中，表示网络部分的位的值为 1，表示主机部分的位的值为 0，然后进行十进制转换。比如，一个 C 类地址扩展 4 个网络位，子网掩码为

11111111 .11111111 .11111111 . 11110000
255 . 255 . 255 . 240

3. 子网化

从给定的 IP 地址可生成多个子网。例如：一家公司使用 IP 地址 172.23.0.0(B 类)，子网掩码为 255.255.0.0 或 11111111.11111111.00000000.00000000。整个公司必须分成 10 个不同的子网。所有子网都可以通过路由器相互连接。使用 4 位二进制数，可以创建 16 种不同的组合。所需的 10 个子网可以通过向网络 ID 添加 4 个网络位来创建，所以子网掩码为 11111111.11111111.11110000.00000000 或 255.255.240.0。用这种方法可以创建如表 4-6 所示的 10 个子网。

表 4-6　子网地址和子网掩码

字节 3(二进制)	字节 3(十进制)	子网地址	子网掩码
00000000	0	172.23.0.0	255.255.240.0
00010000	16	172.23.16.0	255.255.240.0
00100000	32	172.23.32.0	255.255.240.0
00110000	48	172.23.48.0	255.255.240.0
01000000	64	172.23.64.0	255.255.240.0
01010000	80	172.23.80.0	255.255.240.0
01100000	96	172.23.96.0	255.255.240.0
01110000	112	172.23.112.0	255.255.240.0
10000000	128	172.23.128.0	255.255.240.0
10010000	144	172.23.144.0	255.255.240.0

4. IP 数据包格式

要发送的数据由传输层传输到网络层。网络层将数据打包到数据字段中，添加一个 IP 报头后生成 IP 数据包，等待数据链路层进行进一步处理。IP 数据包中每个字段的含义在 IP 中定义，如图 4-23 所示。

当路由器接收到的数据包太大时，IPv4 将路由器上的这个数据包分为较小的数据包以符合数据帧格式要求。当这些数据包到达目的地时，IPv4 将把这些数据包按原始顺序重新组合。当一个数据包必须被分开时，IPv4 完成以下工作：

(1) 每个数据包都有自己的 IP 报头。

(2) 属于同一原始消息的所有分割消息都具有原始标识字段。

(3) 片段偏移字段指定了该片段在原始消息中的位置。

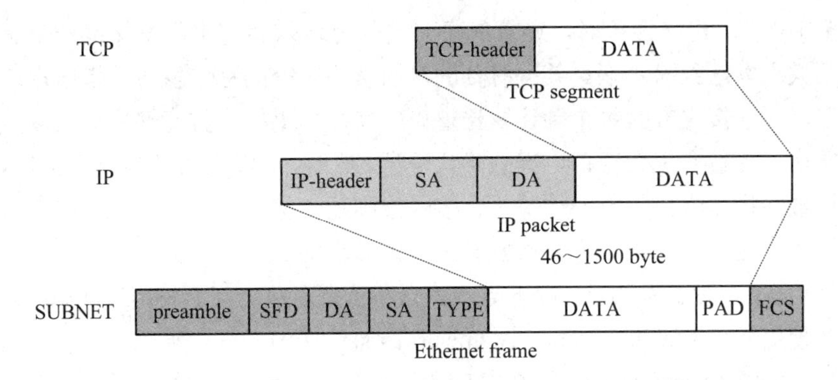

图 4-23　IP 数据包

4.4.2　TCP

IP 是一种无连接的数据包传输服务。由于使用 IP 不可靠的分组服务，TCP 必须为不同的应用程序提供可靠的数据传输服务。对于许多应用来说，传输可靠性是至关重要的：系统必须保证数据不会丢失、不能复制和按正确的顺序到达。

1. 端到端传输服务

TCP 负责在一个或多个网络上正确发送信息，工作在传输层。TCP 的交换形式称为面向连接，面向连接包括 3 个步骤：建立逻辑连接，使用连接，停止连接。因此，TCP 是一种端到端协议。

2. 实现可靠传输

TCP 使用数据报重发、窗口机制、三次握手等技术，保证完全可靠地传输数据。

(1) 数据报重发。当 TCP 接收数据时，它向发送方发送确认。每当 TCP 发送数据时，它就启动一个计时器。如果计时器在接收到接收信号之前结束，则发送方再次发送数据，如图 4-24 所示。

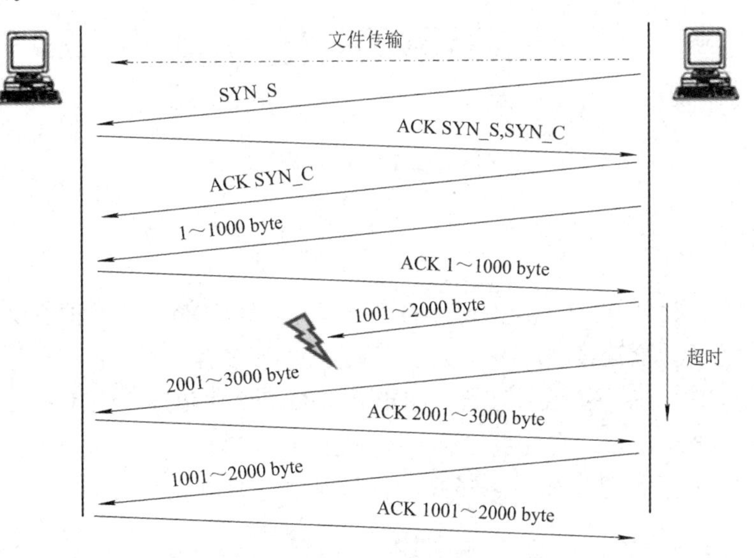

图 4-24　TCP 数据报重发

(2) 窗口机制。建立连接时，连接的每一端都为传入和传出数据保留一个缓冲区，并将缓冲区的大小发送到另一端。某一时刻的可用缓冲区空间称为窗口，指出窗口大小的通知称为窗口广播。接收方为每个确认发送窗口广播。如果接收方能够快速读取数据，那么接收方将发送一个包含正数窗口广播的确认信息。然而，当发送方比接收方工作得更快时，传入的数据最终将填满接收方的缓冲区，接收方则发出零窗口广播。接收零窗口广播的发送方必须停止发送，直到接收方再次发送正数窗口广播。

(3) 三次握手。为了保证以可靠的方式建立和结束连接，TCP 使用三次握手来交换三条消息。TCP 使用术语 synchronization segment(syn segment)表示用于建立连接的三次握手中的消息，使用术语 fin segment 表示与之关闭连接的三次握手中的消息描述。

3. TCP 报文格式

要发送的数据由应用层发送到传输层。传输层将应用层数据打包到数据字段中，再添加一个 TCP 报头，如图 4-25 所示，然后将整个数据报传输到网络层进行进一步处理。

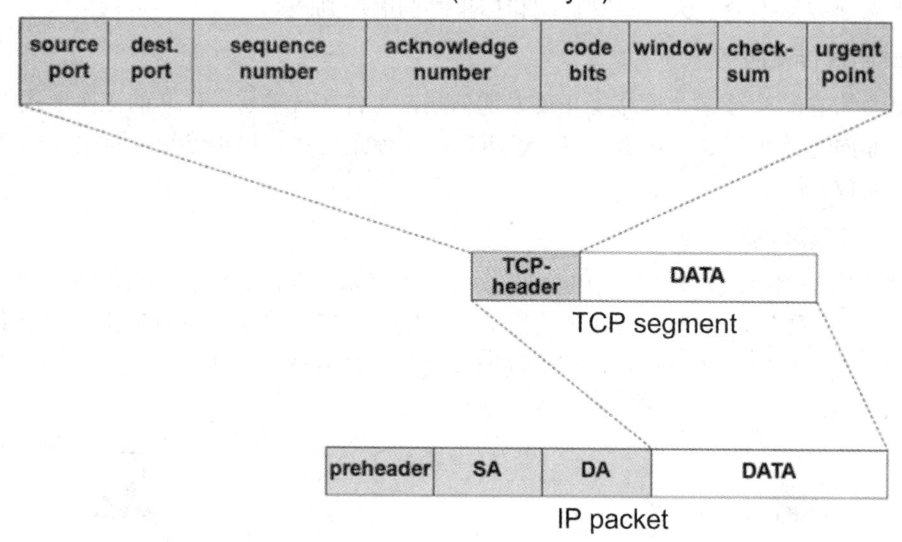

图 4-25 TCP 数据报格式

4.4.3 UDP

Internet 的协议套件也有一个无连接的传输协议，即 UDP(用户数据协议)。使用 UDP，应用程序可以在不建立连接的情况下发送 IP 数据包。许多客户应用程序只是一次请求一次回答，可使用 UDP，而不必设置连接。UDP 在 RFC 768 中描述。UDP 是一种无连接、不可靠、面向数据报的协议，它提供的唯一服务是通过端口号对数据和应用程序多路复用进行校验和。UDP 数据段结构如图 4-26 所示，其报头比 TCP 报头简单得多。通常实时音频使用 UDP。

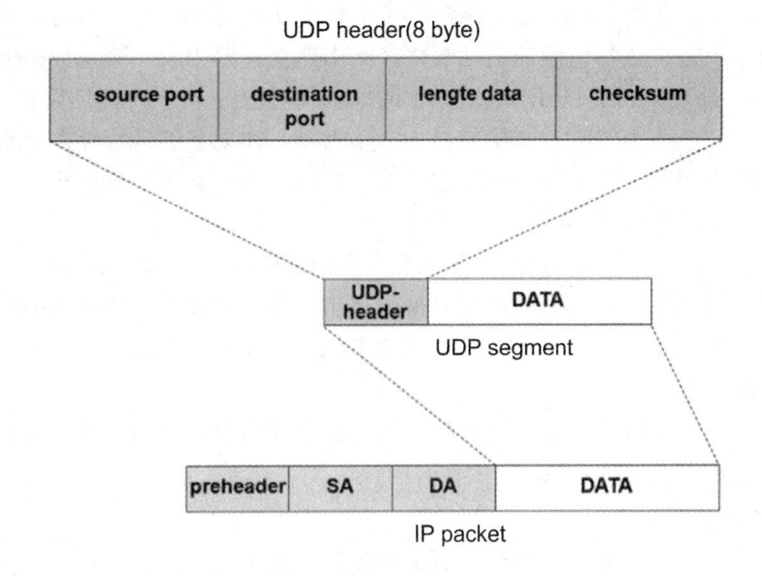

图 4-26　UDP 数据段结构

4.4.4　相关设备——路由器

互联网中有大量的 IP 网络。每个 Internet 服务提供商(ISP)将其网络连接到至少一个其他网络。由于每个网络都有唯一的标识，因此信息可以从一个站点发送到另一个站点。路由器是确保信息在 Internet 上能够正确路由的设备。图 4-27 所示为 R1 路由表信息，路由表中存放了可以找到指定 IP 地址的位置。当一个 IP 数据包到达时，路由器会将目的地址与其路由表进行比较。如果路由表中有记录，那么路由器就知道该数据包应该发送到哪个端口。路由器工作在 OSI 模型第 3 层的数据交换设备。

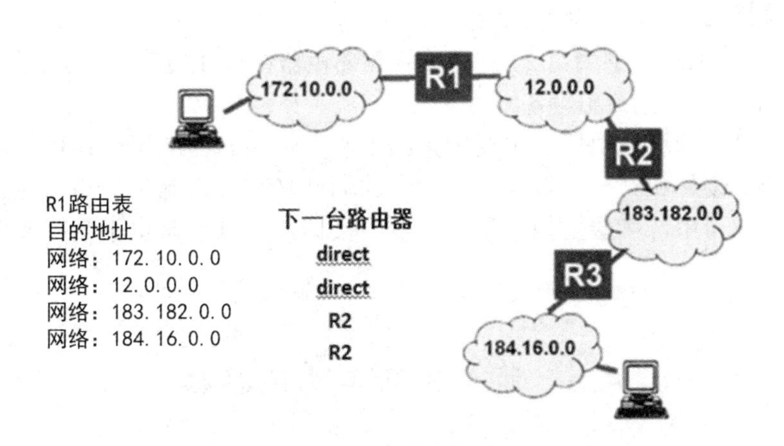

图 4-27　R1 路由表信息

1. 消息路由

通过 Internet 从一台计算机发送到另一台计算机的消息必须由若干路由器处理。发送方首先将 IP 数据包封装在一个数据帧中，再将数据帧发送到第一个路由器。

当数据帧到达路由器时，路由器打开数据帧并检查 IP 数据包。路由器必须知道它通过哪个端口转发消息。为了选择正确的出站端口，路由器在其路由表上查找数据包的目的地址。对于 TCP/IP，路由表由目的 IP 地址或子网地址和对应的下一个节点组成。下一个节点通常是通过其中一个路由器端口连接的另一个路由器。如果目的地址存在于路由表中，那么路由器将使用相应的下一个节点来确定出站端口，IP 数据包被发送到出站端口，而路由器会再次将 IP 数据包封装到数据帧中，发送给下一个路由器。

路由器的每个端口都有一个 IP 地址和一个物理硬件地址。

路由器通过与相邻路由器交换路由信息来建立路由表，就好像创建网络中所有路由的完整地图，路由器将建立一个基于最短路径算法(Edsger Dijkstra)的路由表，从而选择到最终目的地的最短路径。

路由器被认为是一个输出设备。数据包通常可以在到达最终目的地之前通过一定数量的路由器，这取决于数据包的 TTL 值(生存时间)。

2. 路由器的类型

路由器有许多不同的类型，它们可以通过其形状、路由器连接方式和路由器内置的各种额外功能(如调制解调器、防火墙或交换机)来区分。路由器可以分为软件路由器和硬件路由器。一台简单的 PC 安装路由软件，配备两个网络接口，可以作为软件路由器。硬件路由器是一个独立的设备，该设备实际上是一台小型、简单的计算机，专门为路由而开发。

家庭使用的商用路由器通常与调制解调器和无线 AP 的交换机整合在一起，因此只需要一个设备就可以将专用网络连接到 Internet。

市场上具有路由器功能的交换机通常称为三层交换机。

工业路由器是在工业环境中使用的路由交换设备，其具备了局域网和广域网接口，因此工业网络可以与企业网络或互联网连接。工业路由器还具有各种额外的功能，它们可以作为一个完整的安全模块部署，用于工业网络与企业网络的安全连接。

3. 三层交换机

网络交换机在 OSI 模型的第 2 层工作，网络路由器在 OSI 模型的第 3 层工作。三层交换机是一种高性能的网络路由设备。

三层交换机和标准路由器的主要区别在于硬件结构。在三层交换机中，交换机的硬件与路由器的硬件相结合，以保证在更大的局域网基础设施中的路由性能更好。在内部网的典型使用中，三层交换机没有广域网接口，并且通常也不支持典型的广域网应用程序。

4.5　菲尼克斯工业交换机

菲尼克斯工业交换机有两个不同的类别：非托管交换机和基于 Web 的托管交换机。第一类交换机无法配置任何内容；第二类交换机可以通过 Web 服务器配置，这种方法对于网络的诊断非常有用。图 4-28 所示为菲尼克斯电气的 FL SFN 8TX 千兆交换机(非托管工业交换机)和基于 Web 的 FL SWITCH SMCS 8GT 工业交换机。

(a) FL SFN 8TX　(b) FL SWITCH SMCS 8GT

图 4-28　FL SFN 8TX 千兆交换机和 FL SWITCH SMCS 8GT 工业交换机

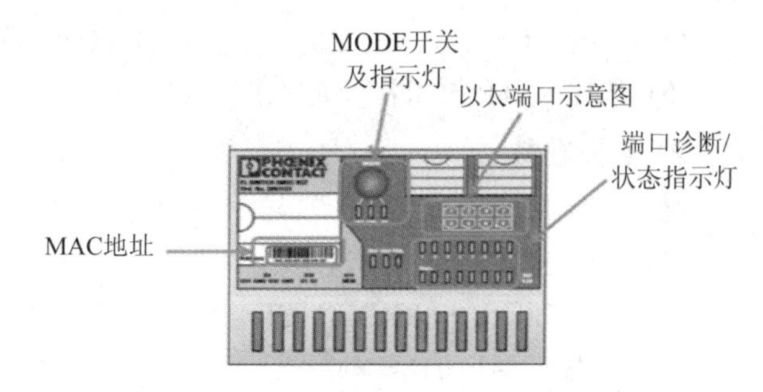

图 4-29　FL SWITCH SMCS 8GT 工业交换机指示灯

FL SWITCH SMCS 8GT 为基于 Web 的智能工业交换机，在其正面有按钮和指示灯，如图 4-29 所示。

MODE 开关：可用于指定端口的第二个 LED 显示哪些信息。开关下方的 3 个 LED 表示所选模式，选定模式后所有端口底部的 LED 都会显示此信息。智能模式下的 MODE 按钮操作如表 4-7 所示

表 4-7　智能模式下的 MODE 按钮操作

模　式	ACT LED1	SPD LED2	FD LED3
退出智能模式而不更改	关	关	开
重置为出厂设置	关	开	关
设置 PROFINET 模式	关	开	开
设置以太网/IP 模式	开	关	关

端口诊断/状态指示灯：每个端口都有两个 LED。顶部 LED 始终指示“LINK”，底部 LED 的显示由功能开关设置。

在交换机正面还标识以太端口示意图和设备 MAC 地址。

4.6　本 章 实 训

为了让大家更好地掌握菲尼克斯 SMCS 智能管理紧凑型交换机的基本功能，本节设计了交换机复位、通过 BootP 协议分配 IP 地址、通过 PROFINET 协议分配 IP 地址、配置 VLAN 和配置快速生成树共 5 个实训任务。其中 BootP(Bootstrap Protocol，引导程序协议)是一种基于 IP/UDP 的引导协议，是 DHCP 的前身。局域网中的无盘工作站应用 BootP 可以从 BootP 服务器上获得 IP 地址，这样管理员就不需要为每个用户设置静态 IP 地址了。

1. 实训目的

(1) 掌握交换机的复位方法。

(2) 掌握通过 BootP 协议分配 IP 地址的方法。

(3) 掌握通过 PROFINET 协议分配 IP 地址的方法。

(4) 掌握 VLAN 技术在菲尼克斯工业交换机上的应用。

(5) 掌握 RSTP 技术在菲尼克斯工业交换机上的应用。

2. 实训准备

(1) 复习本章内容。

(2) 熟悉 SMCS 的网络连接。

(3) 了解 BootP 和 PROFINET 协议的基本原理。

(4) 熟悉 VLAN 的基本原理。

(5) 熟悉 RSTP 的基本原理。

3. 实训设备

本章实训所需要的设备有：2 台安装有 IPAssign 和 netNames + 1.5 软件的计算机，1 台笔记本电脑，2 台菲尼克斯 FL SWITCH SMCS 8TX 交换机及网线若干。

4.6.1 交换机复位

在某些情况下，工厂需要将工业交换机进行复位处理，以还原原厂配置。

具体实训步骤如下：

步骤 1：为交换机上电，通电后交换机指示灯会全部亮起。

步骤 2：等待一会，指示灯全部熄灭后，长按 MODE 按钮 5 s 以上，直到 ACT、SPD、FD 3 个灯同时闪烁，表示激活 Smart 模式。

步骤 3：按动 MODE 按钮可以切换模式，根据表 4-7 所示，将指示灯切换到 SPD 单独亮起即为原厂复位模式，如图 4-30 所示。

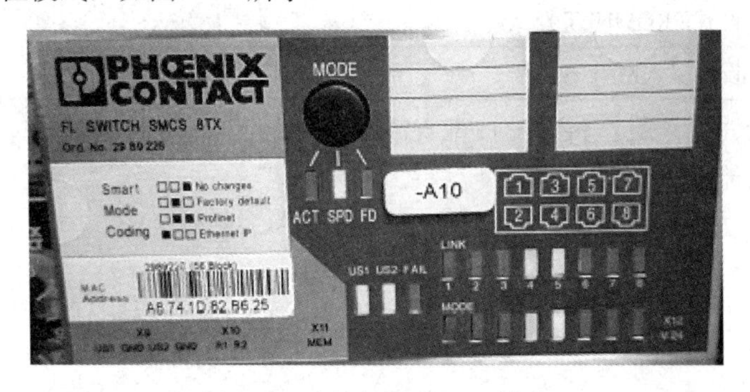

图 4-30　交换机配置 SPD 模式

步骤 4：当 SPD 模式设置成功后，按住 MODE 按钮直到交换机重启，此后指示灯全亮，待其恢复后交换机内 IP 地址消失。

步骤 5：交换机重启后，观察到 ACT 灯闪烁，则说明复位成功。

4.6.2 通过 BootP 协议分配 IP 地址

完成交换机复位操作后，交换机内管理地址消失，此时无法通过 Web 界面访问交换机，需要重新分配管理地址给交换机。利用 IPAssign 软件通过 BootP 协议可以给交换机分配管理地址。下面我们为交换机分配管理 IP 地址“192.168.1.6”。

具体实训步骤如下：

步骤 1：将 1 台计算机与交换机的其中一个网口连接，并将计算机 IP 地址设为 192.168.1.100，然后双击 IPAssign 图标，打开 IPAssign 软件。

步骤 2：IPAssign 软件将会收到交换机的 BootP 请求和所有在线交换机的 MAC 地址，如果没有看到 MAC 地址，则关闭交换机，等待 20 s 后再给交换机重新上电，直到看到交换机 MAC 地址，如图 4-31 所示。

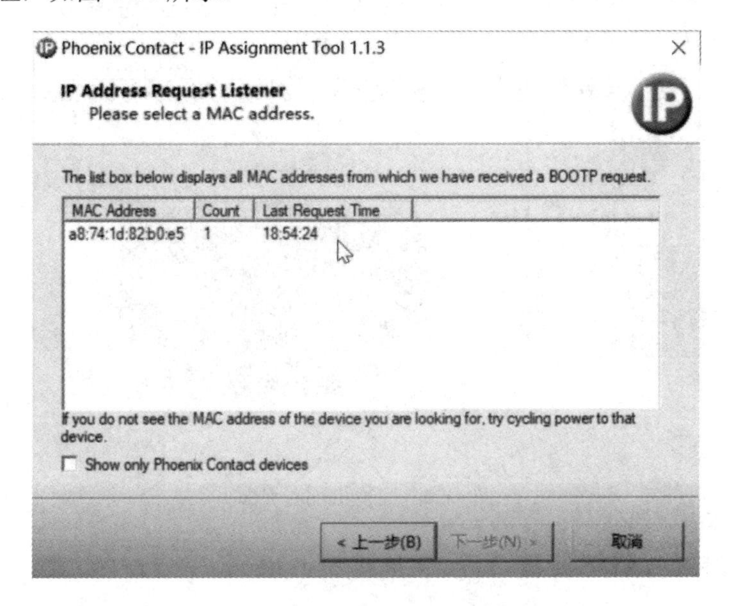

图 4-31　IPAssign 软件显示的交换机 MAC 地址

步骤 3：在图 4-31 中选择要分配 IP 地址的交换机 MAC 地址，单机“下一步”按钮；在如图 4-32 所示的弹出页面中分别输入要分配给交换机的管理 IP 地址“192.168.1.6”和子网掩码“255.255.255.0”，然后单击“下一步”按钮。

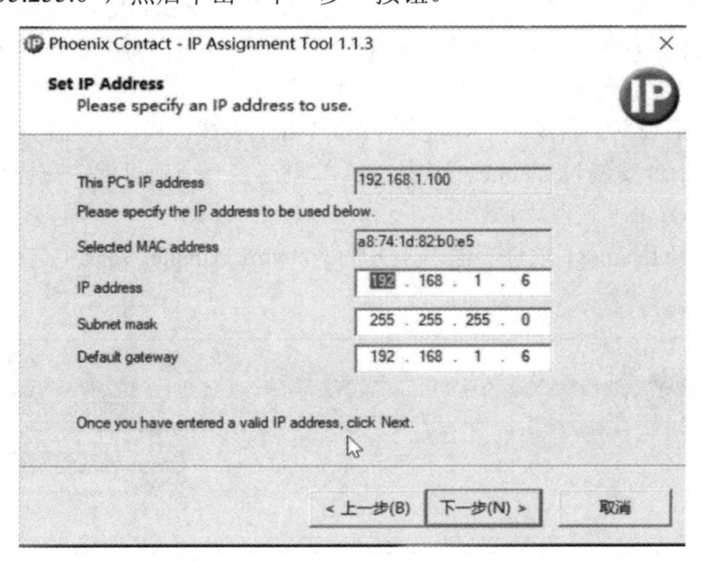

图 4-32　为交换机分配 IP 地址和子网掩码

步骤 4：IPAssign 软件尝试分配 IP 地址给交换机，若经过 1 min 还没有进入下一页面，则尝试重启交换机，直到自动进入 IP 地址分配成功界面。

步骤 5：单击“完成”按钮，IP 地址分配完成。

步骤 6：打开 IE 浏览器，输入“192.168.1.6”，进入交换机配置界面(如图 4-33 所示)，说明 IP 地址分配成功。

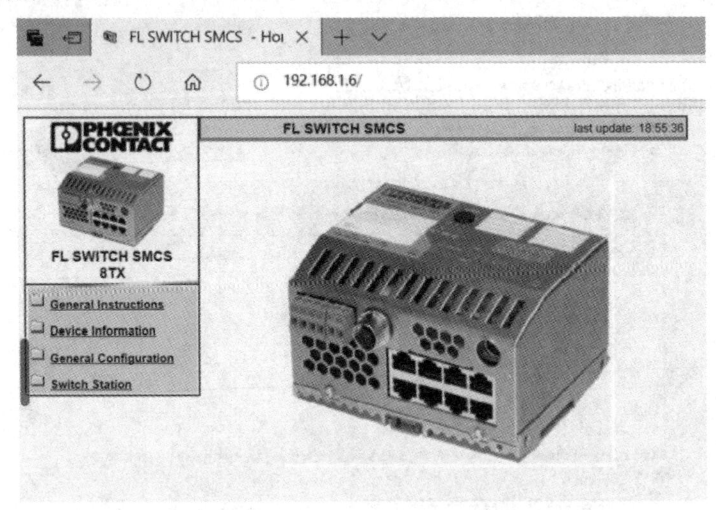

图 4-33　交换机配置界面

4.6.3　通过 PROFINET 协议分配 IP 地址

交换机可以通过 BootP 和 PROFINET 两种不同的方式获取 IP 地址，下面我们通过 Netnames+软件利用 PROFINET 协议为交换机分配管理 IP 地址“192.168.1.16”。

具体实训步骤如下：

步骤 1：打开试验箱左下角的总开关，为交换机上电(交换机灯全亮)，等待 ACT、SPD 和 FD 灯全灭之后的瞬间，长按 MODE 按钮，待 3 个灯同时闪烁后，迅速放手并一秒一次地按 MODE 按钮，直到 SPD 和 PD 灯亮而 ACT 灯灭，再次长按 MODE 按钮，等 3 个灯全亮后放手，之后设备会自动重启，进入 PROFINET 模式。

步骤 2：将 1 台安装 NetNames+ 软件的计算机连接到交换机上，在计算机的“开始”菜单中打开 NetNames+ 软件。

步骤 3：在 NetNames+ 软件界面右上方的 Network Adapter 列表中选择“以太网”，如图 4-34 所示。

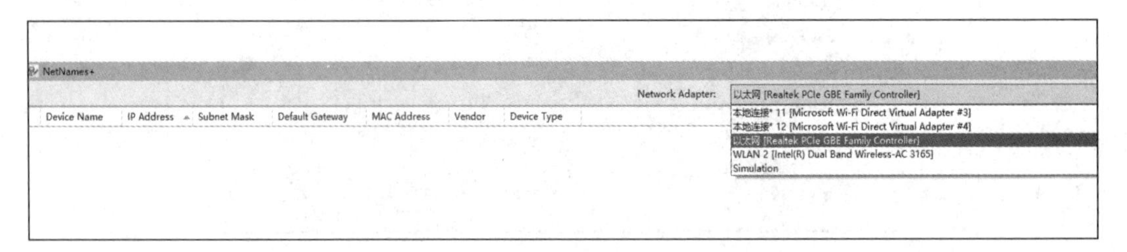

图 4-34　在 NetNames + 软件中选择网络适配器

步骤 4：单击右下方的“Refresh”按钮，等待绿色滚动条完成，出现扫描到的交换机的 IP 地址、子网掩码、网关、MAC 地址等信息，如图 4-35 所示。

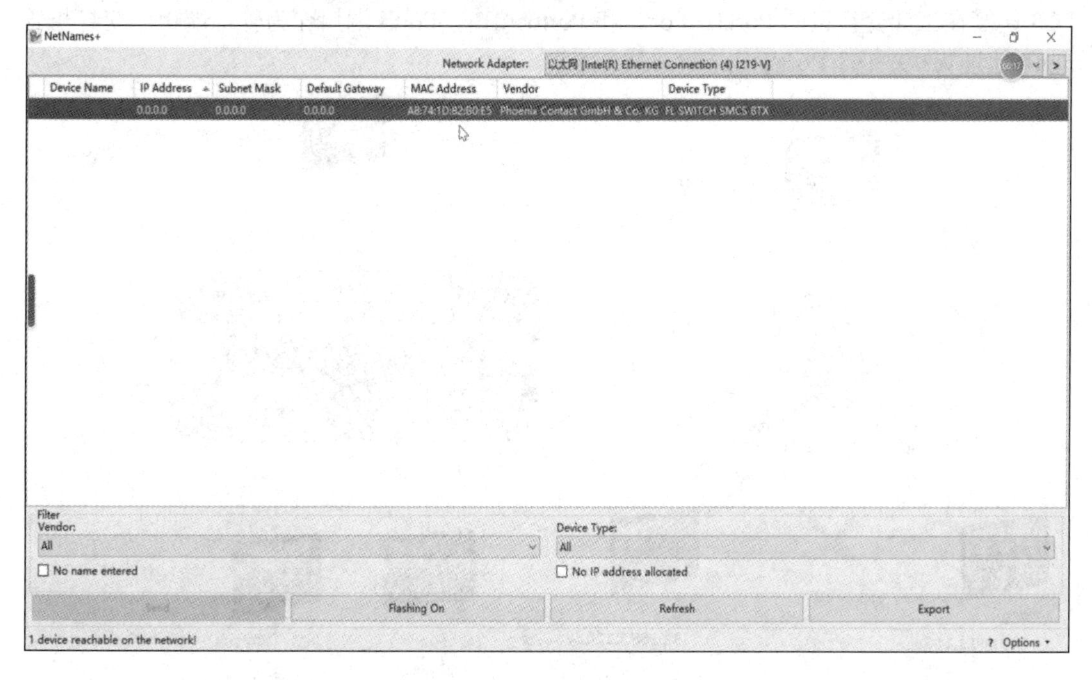

图 4-35　NetNames + 软件扫描交换机结果

步骤 5：在“IP Address”中填入“192.168.1.16”，在子网掩码中填入“255.255.255.0”，此时条目最前面出现笔的形状，如图 4-36 所示，表示该条目已被编辑未保存。

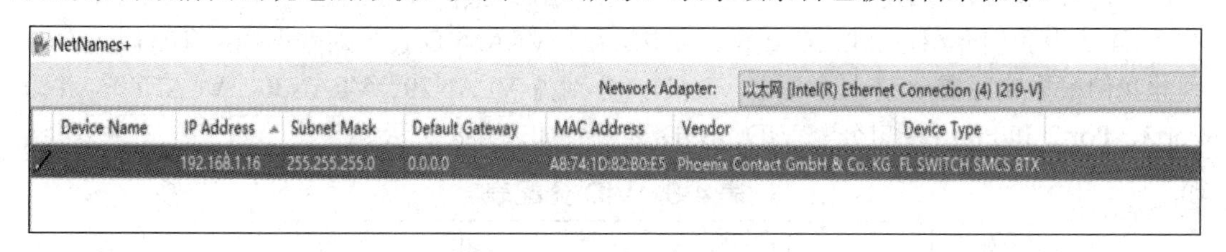

图 4-36　条目已被编辑未保存

步骤 6：单击“send”按钮，条目前面笔的形状变为对钩，表示 IP 分配完成。

步骤 7：打开 IE 浏览器，输入“192.168.1.16”，进入交换机配置界面，实训完成。

4.6.4　配置 VLAN

企业网络在使用过程中，同一系统中所有的设备并非均需通信，且同一系统中设备较多时，如若产生广播风暴，则整个网络都会受到影响，严重时甚至会影响工业现场的生产。VLAN 的划分有助于控制流量、简化网络管理、提高网络的安全性等。

本实训模拟实际工厂环境：在交换机上连接 1 台计算机和 2 台 PLC，由于设备有限，我们用 2 台计算机 PC2 和 PC3 代替 2 台 PLC。我们希望计算机 PC1 可以和 PC2、PC3 双向通信；而 PC2 和 PC3 不可以通信。如图 4-37 中所示 3 台设备都在 192.168.1.0/24 同一网段中，如果不进行 VLAN 配置，则 3 台设备都处于同一广播域中，可以相互通信。

根据实训要求设计工业交换机逻辑拓扑视图，如图 4-38 所示，将 3 台计算机 PC1、PC2、PC3 连接在工业交换机的 Port3、Port2 和 Port6 端口，Port5 端口作为管理端口，交换机管理 IP 地址为 192.168.1.6。

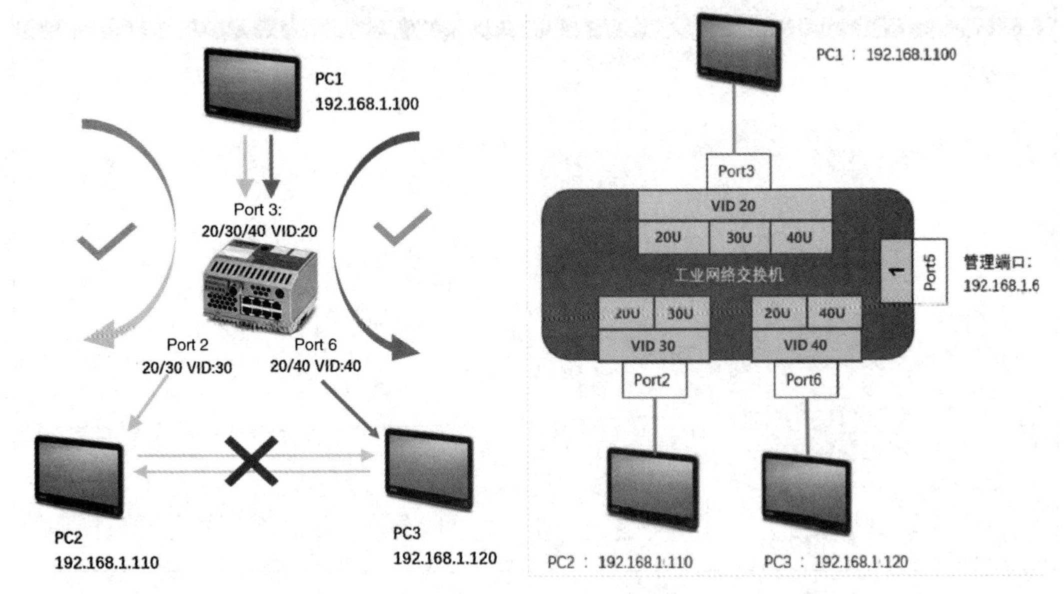

图 4-37　工厂环境通信要求　　　　图 4-38　工业交换机逻辑拓扑视图

根据图 4-38 所示为每个端口设计一个 VID。VID 是指当交换机外部数据帧到达交换机端口时，若该端口已启用 VLAN 功能，则交换机为该数据帧分配一个默认的 VLAN 号。在 4.3.4 节中我们介绍过 802.1Q 数据帧结构，由于 VLAN ID 会写入数据帧的 TAG 标签中，因此我们根据实际需要设计了 3 个 VLAN，分别为 VLAN20、VLAN30、VLAN40，并为 Port3、Port2 和 Port6 端口分配 VID，VID 分配表如表 4-8 所示。

表 4-8　VID 分配表

端口号	VID
Port2	30
Port3	20
Port6	40

根据通信要求，Port3 端口数据帧要发往 Port2 和 Port6 端口。Port3 端口属于 VLAN20，为了满足通信要求，Port2 和 Port6 端口也应属于 VLAN20。Port2 和 Port6 端口收到 Port3 端口发送的数据帧再转发往 PC2 和 PC3 时，应去掉数据帧中 TAG 标签，所以在设置时我们标记为 20U(U 代表转发数据时去掉 TAG 标签)，T 代表转发数据时不去掉 TAG 标签(本实验未涉及)。同样，我们可以设计出 Port2 和 Port3 端口属于 VLAN30，Port3 和 Port6 端口属于 VLAN40，如表 4-9 所示。注意，只有属于 VLAN1 的端口才提供交换机管理服务，所以我们还需要一个 Port5 端口来提供交换机配置管理。

表 4-9　VLAN 端口归属表

VLAN	端　口
1	Port5(默认)
20	Port2U、Port3U、Port6U
30	Port2U、Port3U
40	Port3U、Port6U

具体实训步骤如下：

步骤 1：设置笔记本电脑 IP 地址为“192.168.1.100”，Port2 端口连接的计算机 IP 地址为“192.168.1.110”，Port6 端口连接的计算机 IP 地址为“192.168.1.120”。

步骤 2：将笔记本电脑连接至交换机 Port5 端口，在浏览器中输入访问管理 IP 地址“192.168.1.6”，进入交换机配置界面。

步骤 3：单击“Switch Station”→“VLAN”→“General”，选择“Tagging”，如图 4-39 所示。

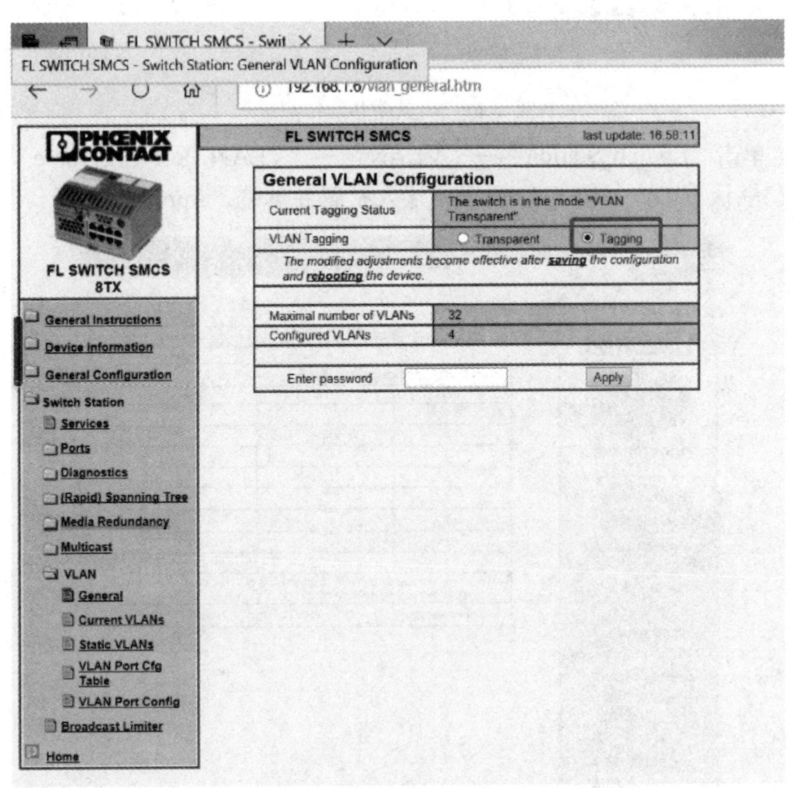

图 4-39　VLAN 中 General 配置

步骤 4：单击“Switch Station”→“VLAN”→“Static VLANs”，根据表 4-9 所示配置 VLAN20 中的端口(如图 4-40 所示)，然后完成 VLAN30、VLAN40 中的端口配置，并单击“Apply”按钮，在提示框中输入密码“private”(下面都是这个密码)。

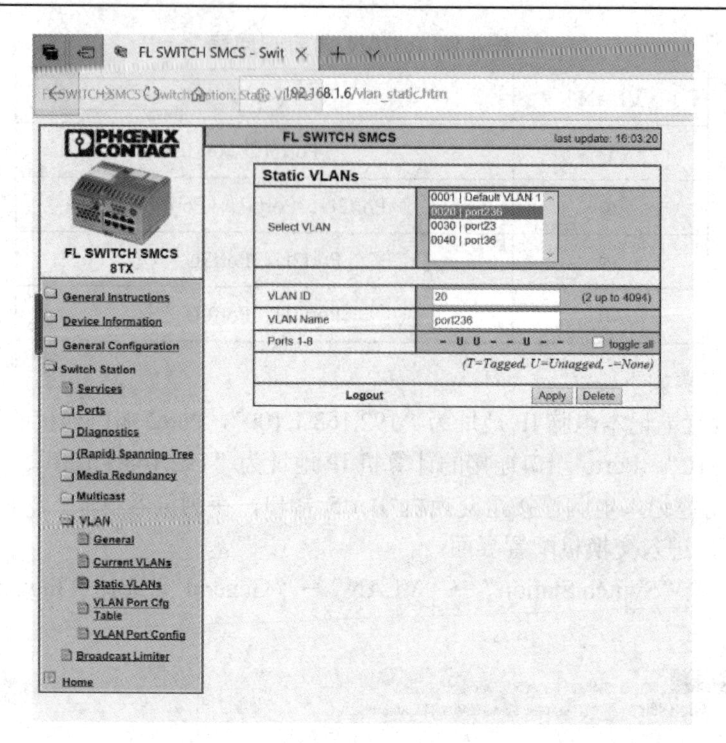

图 4-40　VLAN20 端口配置

步骤 5：单击“Switch Station”→“VLAN”→“VLAN Port Cfg Table”，根据表 4-8 所示配置端口默认 VID，如图 4-41 所示，输入密码并单击“Apply”按钮。

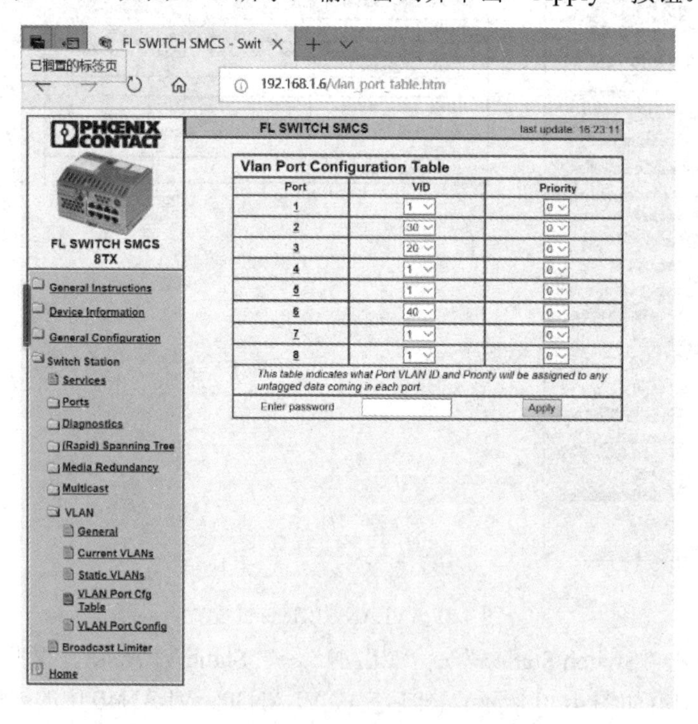

图 4-41　VLAN 端口配置表

步骤 6：单击保存按钮，如图 4-42 所示。

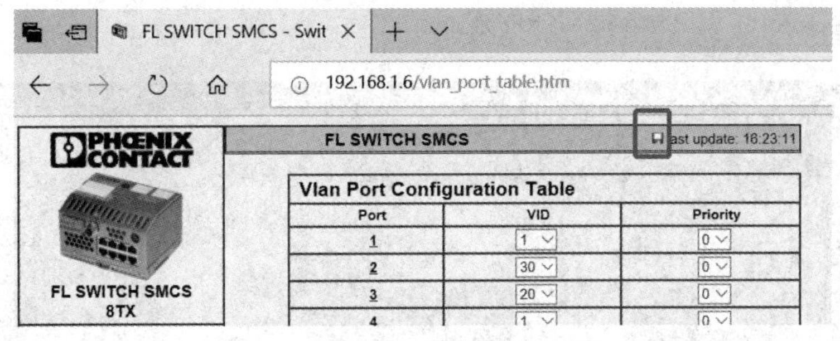

图 4-42　保存配置

步骤 7：单击“General Configuration”→“Config Management”，在配置管理中，输入密码“private”，并单击“Save”按钮，保存当前配置如图 4-43 所示。

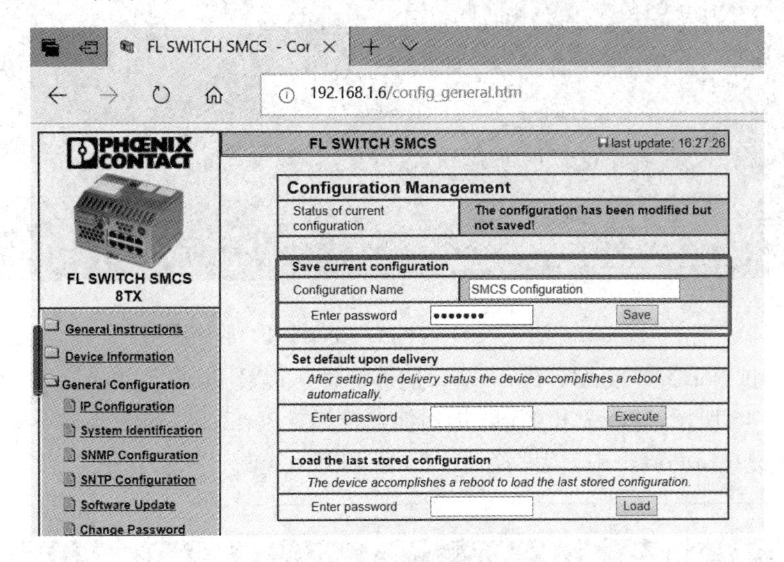

图 4-43　配置管理界面

步骤 8：单击“Switch Station”→“Services”，单击“Reboot”按钮，如图 4-44 所示，重启交换机。

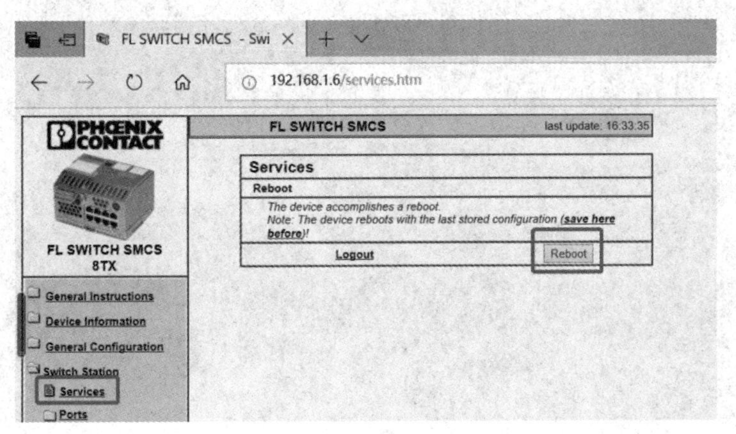

图 4-44　重启交换机

步骤 9：将 PC1 从 Port5 端口切换到 Port3 端口进行测试。如图 4-45 所示，Port3 和 Port2 端口能够连通，Port3 和 Port6 端口能够连通。

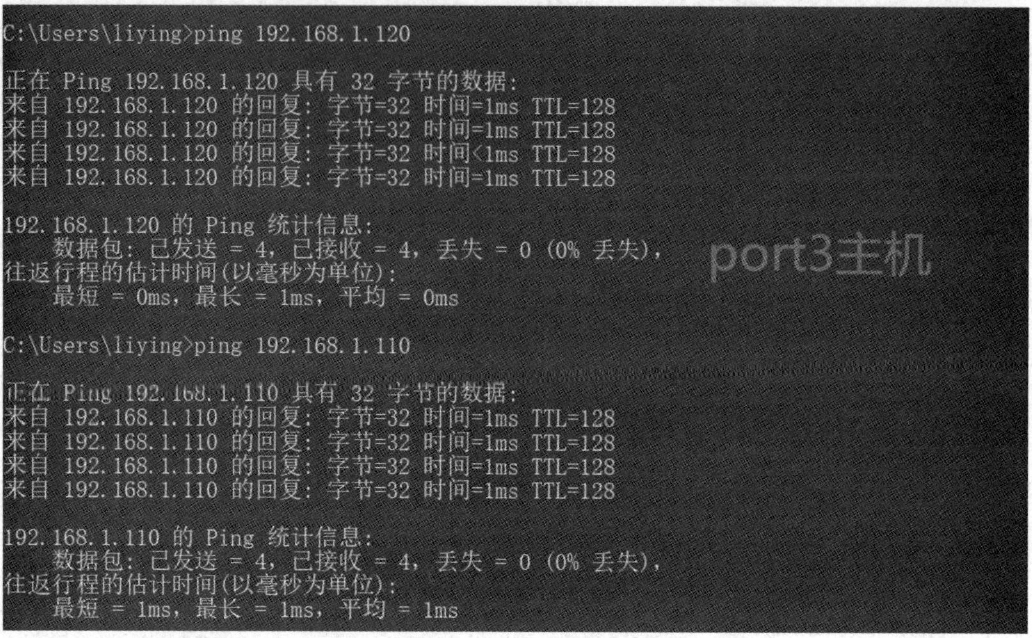

C:\Users\liying>ping 192.168.1.120
正在 Ping 192.168.1.120 具有 32 字节的数据:
来自 192.168.1.120 的回复: 字节=32 时间=1ms TTL=128
来自 192.168.1.120 的回复: 字节=32 时间=1ms TTL=128
来自 192.168.1.120 的回复: 字节=32 时间<1ms TTL=128
来自 192.168.1.120 的回复: 字节=32 时间=1ms TTL=128
192.168.1.120 的 Ping 统计信息:
数据包: 已发送 = 4，已接收 = 4，丢失 = 0 (0% 丢失)，
往返行程的估计时间(以毫秒为单位):
最短 = 0ms，最长 = 1ms，平均 = 0ms
port3主机
C:\Users\liying>ping 192.168.1.110
正在 Ping 192.168.1.110 具有 32 字节的数据:
来自 192.168.1.110 的回复: 字节=32 时间=1ms TTL=128
来自 192.168.1.110 的回复: 字节=32 时间=1ms TTL=128
来自 192.168.1.110 的回复: 字节=32 时间=1ms TTL=128
来自 192.168.1.110 的回复: 字节=32 时间=1ms TTL=128
192.168.1.110 的 Ping 统计信息:
数据包: 已发送 = 4，已接收 = 4，丢失 = 0 (0% 丢失)，
往返行程的估计时间(以毫秒为单位):
最短 = 1ms，最长 = 1ms，平均 = 1ms

图 4-45　测试 Port3 到 Port2、Port6 端口的连通性

同理，测试 Port2 到 Port3、Port6 端口的连通性，以及 Port6 到 Port2、Port3 端口的连接性。如图 4-46 所示，Port2 和 Port3 端口能够连通，Port2 和 Port6 端口不能连通。如图 4-47 所示，Port6 和 Port3 端口能够连通，Port6 和 Port2 端口不能连通。

命令提示符
192.168.1.120 的 Ping 统计信息:
数据包: 已发送 = 4，已接收 = 4，丢失 = 0 (0% 丢失)，
往返行程的估计时间(以毫秒为单位):
最短 = 1ms，最长 = 1ms，平均 = 1ms
C:\Users\admin>ping 192.168.1.100
正在 Ping 192.168.1.100 具有 32 字节的数据:
来自 192.168.1.100 的回复: 字节=32 时间=1ms TTL=128
来自 192.168.1.100 的回复: 字节=32 时间=2ms TTL=128
来自 192.168.1.100 的回复: 字节=32 时间=1ms TTL=128
来自 192.168.1.100 的回复: 字节=32 时间=1ms TTL=128
192.168.1.100 的 Ping 统计信息:
数据包: 已发送 = 4，已接收 = 4，丢失 = 0 (0% 丢失)，
往返行程的估计时间(以毫秒为单位):
最短 = 1ms，最长 = 2ms，平均 = 1ms
C:\Users\admin>ping 192.168.1.120
正在 Ping 192.168.1.120 具有 32 字节的数据:
来自 192.168.1.110 的回复: 无法访问目标主机。
来自 192.168.1.110 的回复: 无法访问目标主机。
来自 192.168.1.110 的回复: 无法访问目标主机。
来自 192.168.1.110 的回复: 无法访问目标主机。
192.168.1.120 的 Ping 统计信息:
数据包: 已发送 = 4，已接收 = 4，丢失 = 0 (0% 丢失)，
C:\Users\admin>

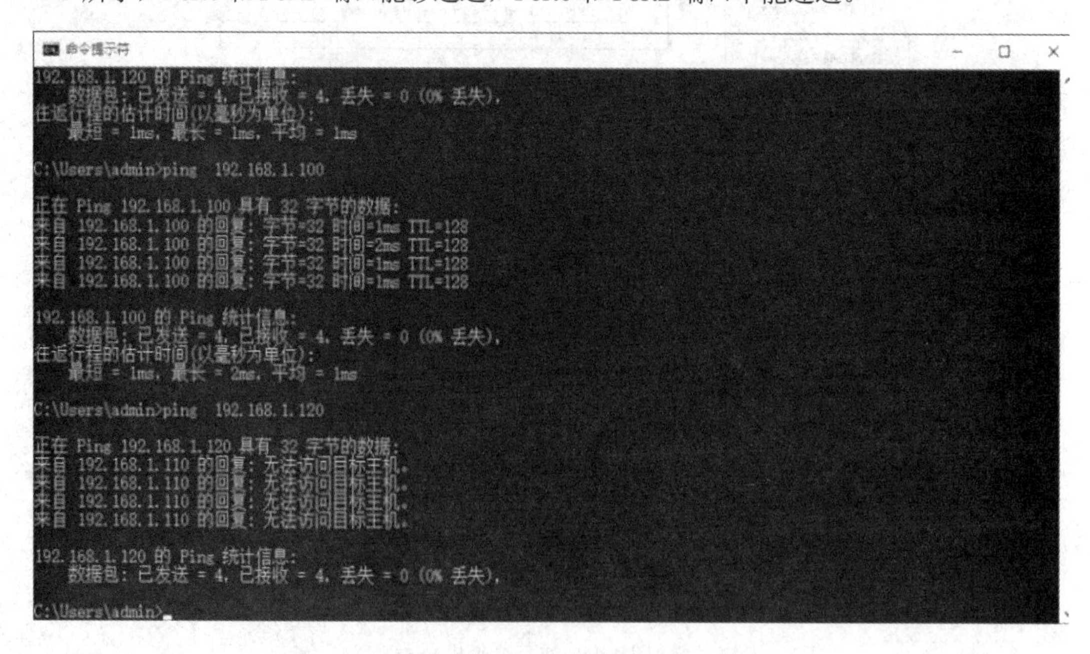

图 4-46　测试 Port2 到 Port3、Port6 端口的连通性

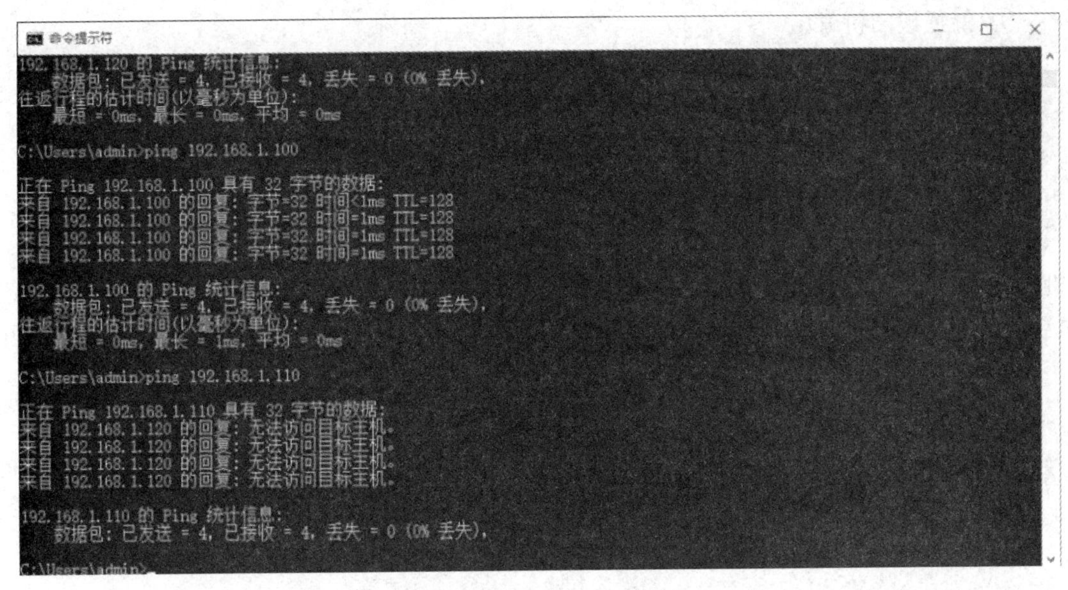

图 4-47　测试 Port6 到 Port2、Port3 端口的连通性

4.6.5　配置快速生成树

在工业现场利用交换机设备时，交换机之间通过链路连接，若链路发生断点，则会引起现场通信中断。为了保证当某一链路中断时，网络依然可用，在网络中创建了不同的冗余连接。引入冗余链路后，网络中会出现环路，从而迅速堵塞网络。RSTP 通过关闭多个端口将环状拓扑转换为树状结构。

在进行实训之前先介绍生成树中的一些概念。

(1) 根网桥。每个生成树实例中都有一台交换机被指定为根网桥。根网桥是所有生成树节点计算的参考点，用于确定哪些冗余路径应被阻塞。具有最低网桥 ID(BID)的交换机将作为根网桥，BID 由优先级和 MAC 地址组成。

根网桥通过以下选择策略来确定：

① 优先级最高(数值低)的作为根网桥。

② 网桥优先级相同时，最低 MAC 地址将成为根网桥的决定因素。

③ 网桥优先级默认值为 32 768(可更改)。

(2) 根路径开销。为生成树实例选择根网桥后，生成树算法便开始确定从广播域内所有目的地到根网桥的最佳路径。将从交换机到根网桥的路径上沿途的每个端口开销加在一起，便可得到路径信息，这就是内部根路径开销。

(3) 根端口。每个非根网桥交换机上的根端口(RP)由端口的路径开销决定，路径开销最小的端口确定为交换机的根端口。

(4) 指定端口。指定端口(DP)是链路的“流量来源”。DP 的选择基于网段的最低路径开销，根网桥的端口自动成为 DP。

如果最低路径开销相同，则所有平局决胜 STP 决策基于 4 个条件：

① 最低根网桥 ID；

② 通向根网桥的最低根路径开销；

③ 最低发送方网桥 ID；

④ 最低发送方端口 ID。

(5) 替代端口。未被指定为根端口和指定端口的端口为替代端口。替代端口被阻塞。

本实训根据实验室条件，利用两台工业交换机，模拟工厂环境环型网络结构。为交换机配置 RSTP 并进行验证，其实训逻辑拓扑设计如图 4-48 所示。

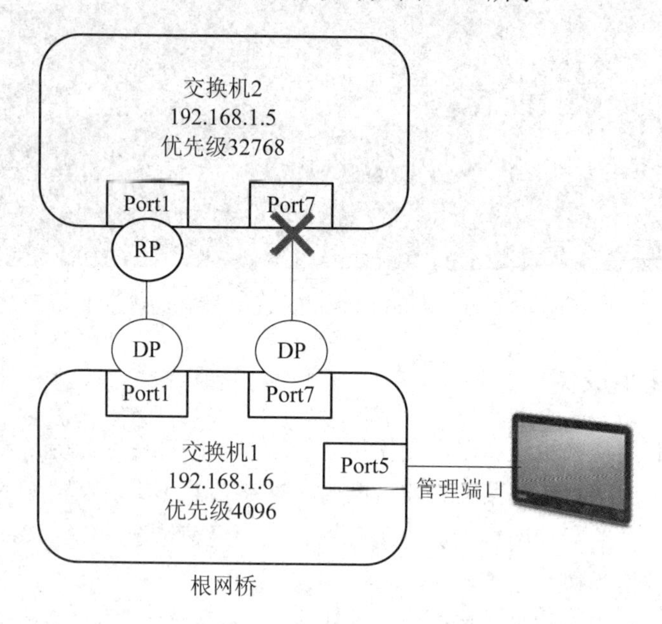

图 4-48　RSTP 实训逻辑拓扑设计

为了很好地模拟环型网络，在实训设计中两台交换机的 Port1 和 Port7 端口分别连接，形成环型网络，并将交换机 1 的优先级设置为较高。应用生成树算法，我们可以推断出当协议生效时交换机 2 的 Port7 端口将会被阻塞。

具体实训步骤如下：

步骤 1：连接两台交换机。将交换机 1 的 Port1 端口和交换机 2 的 Port1 端口连接，如图 4-48 所示，此时，可以观察到两台交换机上 Port1 端口的信号灯亮起。

步骤 2：将 PC 接入交换机 1 的 Port5 端口中，将 PC 的 IP 地址修改为交换机所在网段，即配置为“192.168.1.100”。

步骤 3：在 PC 的 IE 浏览器中输入“192.168.1.6”，进入交换机 1 的配置界面，选择“Switch Station”，并单击“(Rapid) Spanning Tree”→“(R)STP Config”，将“(Rapid) Spanning Tree Status”设置为“Enable”，如图 4-49 所示。当系统中交换机数量超过 15 台时，可以将“Large Tree Support”设置为“Enable”，将“Fast Ring Detection”设置为“Enable”。整个交换机系统中，将交换机 1 设置为根网桥，将网桥优先级设置为“4096”，其余交换机均设置为“32768”，并输入密码“private”，然后单击“Apply”按钮。

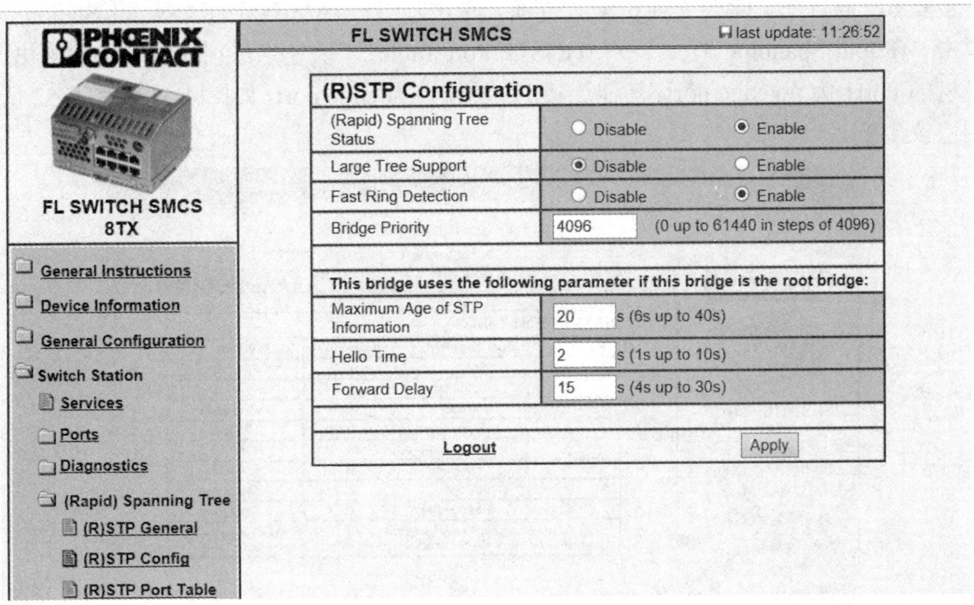

图 4-49　交换机 1 生成树配置界面

步骤 4：保存设置，重启交换机，当交换机上显示灯正常时，说明交换机 1 配置完成。

步骤 5：打开 IE 浏览器，输入“192.168.1.5”，进入交换机 2 的配置界面，用同样的方法配置交换机 2，只不过交换机的优先级仍为“32768”，如图 4-50 所示，这样交换机 1 就可以成为根网桥。当两台交换机灯显示正常时，说明生成树配置完成。

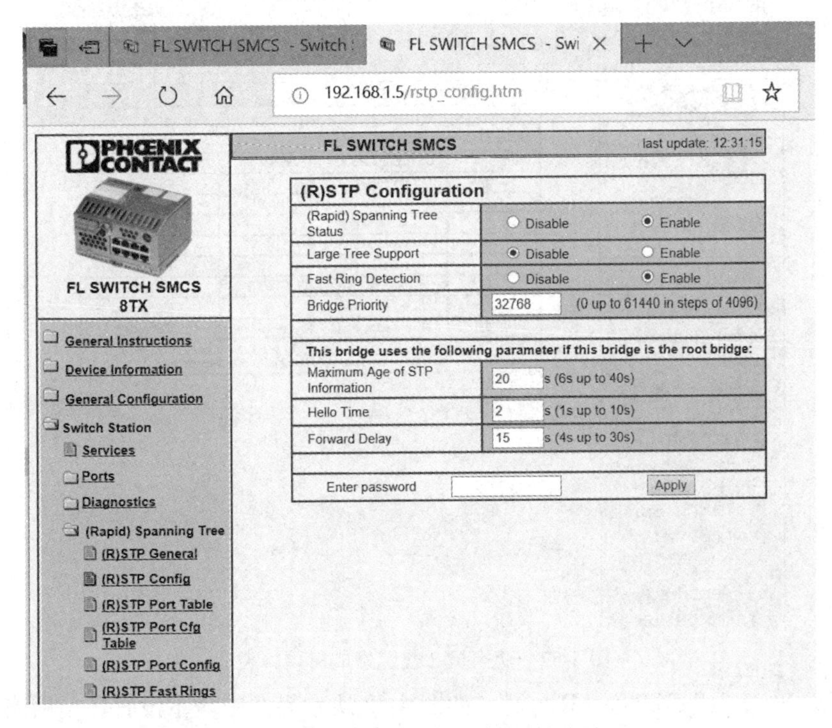

图 4-50　交换机 2 生成树配置界面

步骤 6：重新登录两台交换机配置界面，单击任意一台交换机的“Switch Station”，然后单击“(Rapid)Spanning Tree”→“(R)STP Port Table”，快速生成树协议自动检测出连接交换机的 Port1 为 no edge port，其他连接 PC 的端口为 edge port，如图 4-51 和图 4-52 所示，说明协议生效。

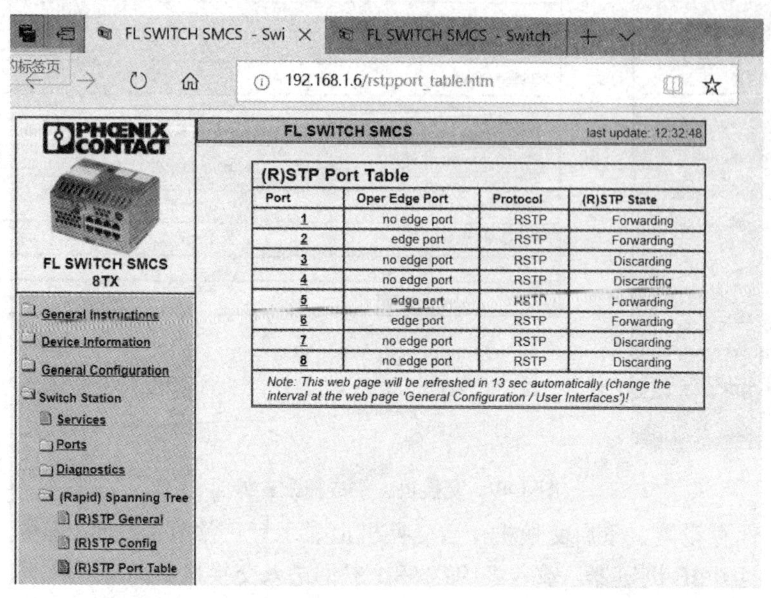

图 4-51　交换机 1 快速生成树端口表

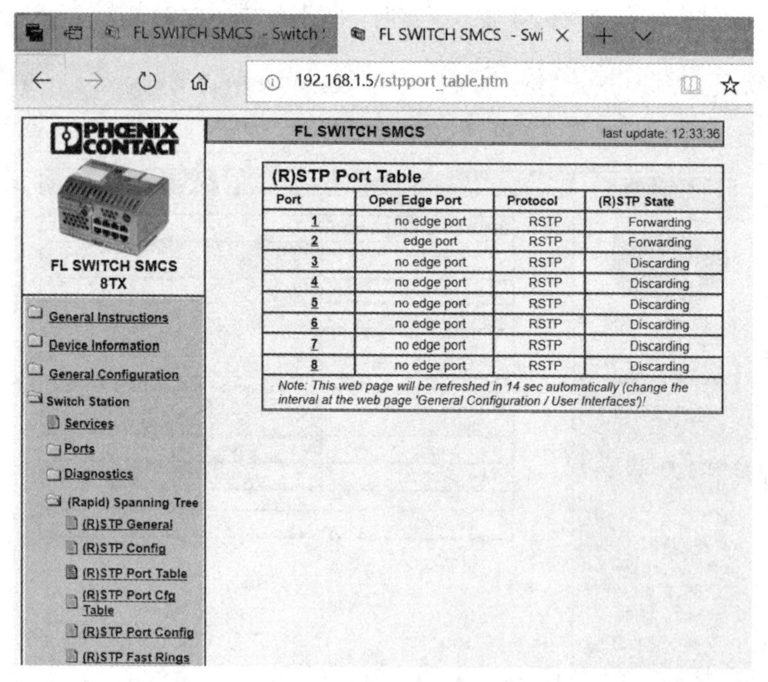

图 4-52　交换机 2 快速生成树端口表

步骤 7：单击“(R)STP Fast Rings”，如图 4-53 所示界面中显示没有环型网络，接下来将测试生成树功能。

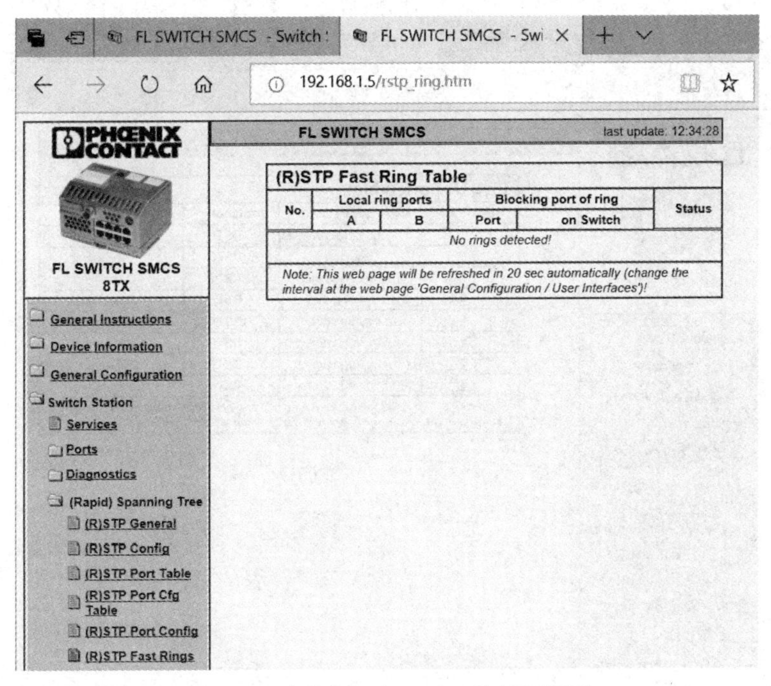

图 4-53　交换机 2 中(R)STP 快速环界面

步骤 8：将两台交换机的 Port7 端口用网线连接，两台交换机连接端口指示灯亮起。

步骤 9：登录交换机 2 控制界面，发现“(R)STP Fast Ring Table”界面检测出环型网络，如图 4-54 所示，同时显示阻塞端口为交换机 2 上的 Port7 端口阻塞，符合实训要求。打开“(R)STP Port Table”，也发现 Port7 端口阻塞，如图 4-55 所示。

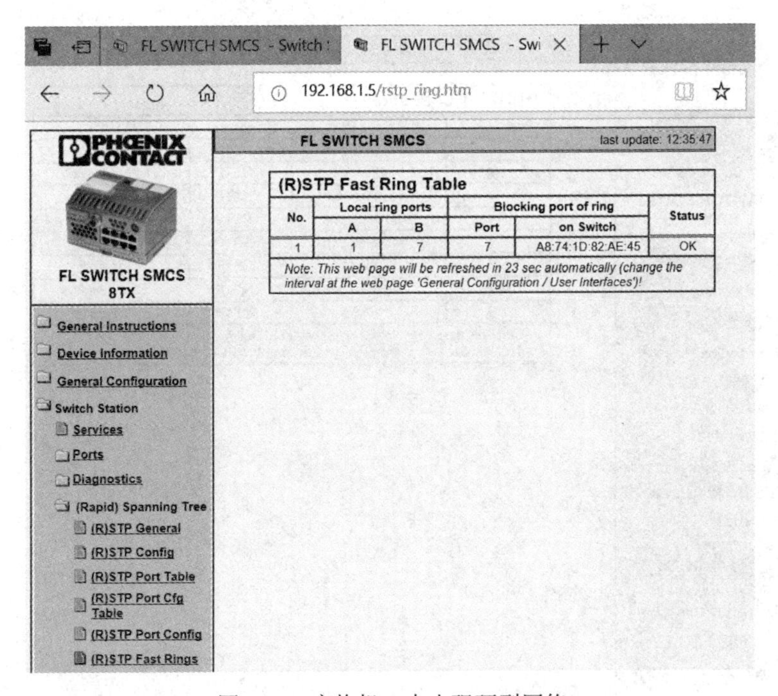

图 4-54　交换机 2 中出现环型网络

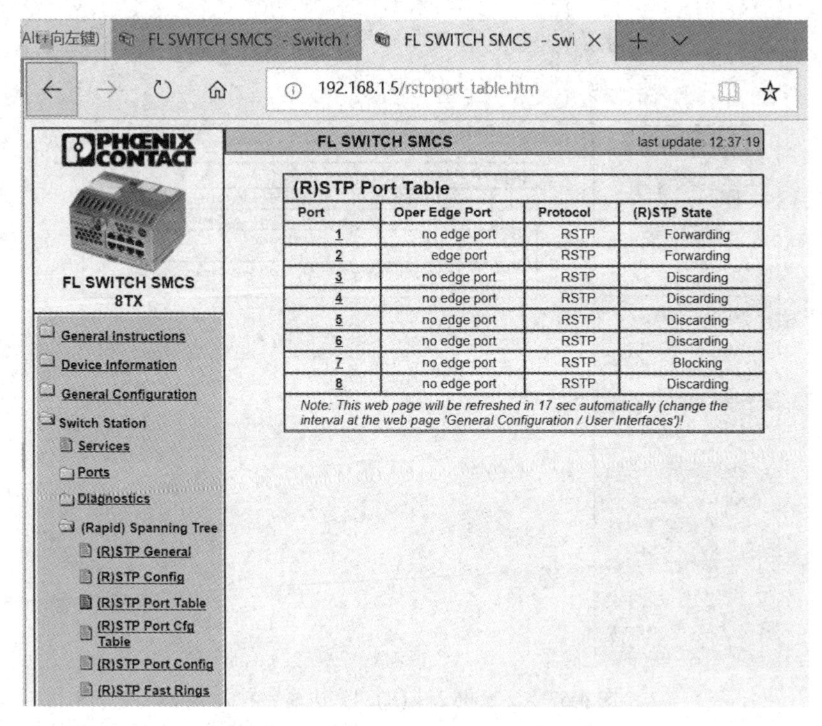

图 4-55　交换机 2 中 Port7 端口阻塞

步骤 10：查看链路恢复情况。断开 Port1 端口连接，等待一会，界面重新刷新后，(R)STP Port Table 中 Port7 端口由“Blocking”变为“Forwarding”，如图 4-56 所示，说明实训成功。

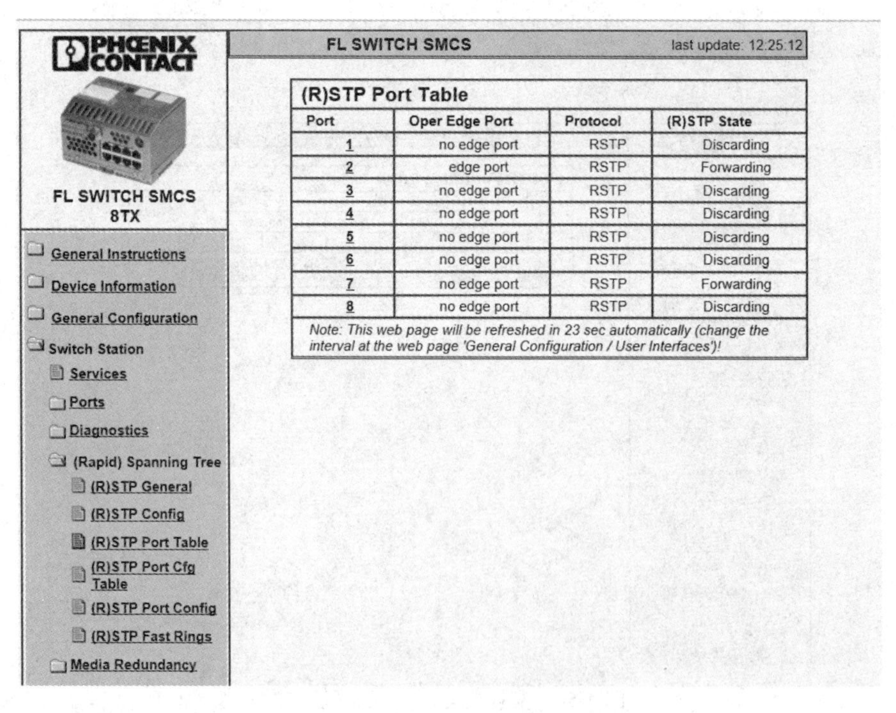

图 4-56　交换机 2 中 Port7 端口连通

本 章 习 题

1. 什么是工业总线？
2. 简述现场总线的发展历史。
3. 什么是工业以太网？当前流行的工业以太网有哪些？
4. 简述 OSI 模型中每一层的功能。
5. 简述以太网数据帧格式及数据段的含义。
6. 简述 CSMA/CD 协议工作流程。
7. 简述集线器与交换机的区别。
8. 简述 C 类 IP 地址的结构。
9. 为了保证完全可靠地传输数据，TCP 使用了哪些技术？

第 5 章 工业防火墙技术

在现实生活中，Firewall(防火墙)是指可以防火的墙，用来阻止火势蔓延。在网络技术中，防火墙是将两个安全程度不同的网络隔离开的方法，它实际上是一种建立在现代网络通信技术和信息安全技术基础上的应用性安全技术和隔离技术，已经越来越多地应用于各种网络互连环境之中。

5.1 防火墙原理

一般来说，防火墙用于连接安全程度不同的网络，以加强网络之间的访问控制，如图 5-1 所示，其任务是在与相对不安全的网络(如 Internet、WAN)通信的过程中保护安全网络(LAN)。其中被保护的网络一般为内部网络(或私有网络)，另一方则为外部网络(或公用网络)。

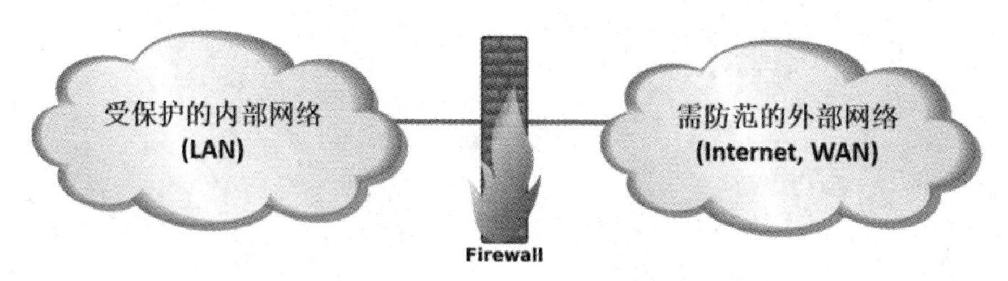

图 5-1 防火墙的位置

防火墙可以有效地控制内部网络与外部网络之间的访问和数据传输，阻止外部网络中的非授权用户进入内部网络或以非法手段访问内部网络资源，保护内部网络的安全。安全、管理、速度是防火墙的三大要素。

5.1.1 防火墙系统概述

1. 防火墙系统的组成

防火墙通常是由专用硬件和相关软件组成的一套系统，当然也有纯软件的防火墙，比如 Windows 系统自带的 Windows Defender 防火墙、Linux 系统的 Iptables 等，但纯软件防火墙无论在功能和性能上都不如专用的硬件防火墙。一般来说，防火墙由四大要素组成。

(1) 防火墙规则集：在防火墙上定义的规则列表是一个防火墙能否充分发挥其作用的

关键，这些规则决定了哪些数据不能通过防火墙，哪些数据可以通过防火墙。

(2) 内部网络：需要受保护的网络。

(3) 外部网络：需要防范的网络。

(4) 技术手段：具体的实施技术。

防火墙绝不仅仅是软件和硬件，还应包括安全策略以及执行这些策略的管理员。防火墙具体应该如何部署，应该采取哪些方式来处理紧急的安全事件，如何进行审计和取证的工作等，这些都属于安全策略的范畴。

2. 防火墙与 OSI 参考模型的关系

绝大多数防火墙系统工作在 OSI 参考模型的数据链路层、网络层、传输层和应用层 4 个层次上。防火墙可以根据数据链路层的 MAC 地址、网络层的 IP 地址、传输层的端口号或应用层的应用协议对数据包进行过滤，如图 5-2 所示。根据防火墙产品或方案的复杂程度不同，其包括的层数也不同。

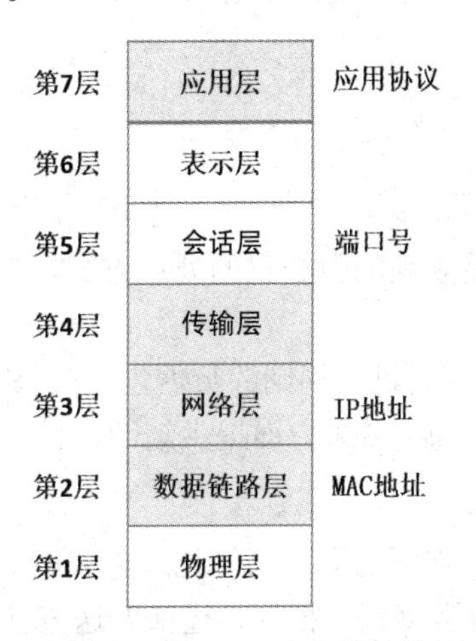

图 5-2　防火墙与 OSI 参考模型的关系

(1) 根据第 2 层数据链路层的 MAC 地址进行过滤。

由于 MAC 地址是唯一的，因此可以对特定设备提供非常有效的保护。但如果更换了设备，那么 MAC 地址就改变了，所有的过滤规则也必须重新设定。因此，这种方式不适合大范围使用。

(2) 根据第 3 层网络层的 IP 地址进行过滤。

在组建网络时，利用 IP 地址和子网掩码就可以确定网络设备所在的子网，这样就可以通过 IP 地址对网络设备进行逻辑分组，所以根据 IP 地址设置过滤规则，可以很容易地过滤数据流量，而且设置过滤规则也非常简单。但网络设备的 IP 地址可以很轻易地改变，这意味着不能用此方法实现完整的保护。

(3) 根据第 4 层传输层的端口号进行过滤。

在传输层，TCP 和 UDP 的不同端口号对应了不同的应用协议，可通过端口号来有效过滤特定的应用协议的数据流量。TCP 与 UDP 段结构中端口号都是 16 bit，端口号的范围是 0～65 535。其中，1～1023 之间的端口号是由 ICANN(Internet Corporation for

Assigned Names and Numbers，互联网名称与数字地址分配机构)来管理的，用于一些通用的 TCP/IP 服务；1024～49 151 之间的端口号被 IANA(Internet Assigned Numbers Authority，互联网数字分配机构)指定为特殊服务使用；49 152～65 535 之间的端口号是动态或私有端口号。

常用的 TCP 端口有 HTTPS 443、HTTP 80、FTP 20/21、Telnet 23、SMTP 25、DNS 53 等；常用的 UDP 端口有 DNS 53、BootP 67(server)/68(client)、TFTP 69、SNMP 161 等。

5.1.2 防火墙规则集

防火墙规则集由一组防火墙规则组成，是防火墙实现过滤功能的基础。

1. 防火墙规则的组成

一条防火墙规则由以下部分组成：

(1) 网络协议，如 ALL、ICMP、TCP、UDP、GRE 等。

(2) 发送方的 IP 地址。

(3) 发送方的端口号。

(4) 接收方的 IP 地址。

(5) 接收方的端口号。

(6) 操作(Action)：对满足规则的数据包的处理方式，有允许(Accept)、拒绝(Reject)和丢弃(Drop) 3 个选项。

(7) 日志功能：是否记录满足过滤规则的数据包，有 YES、NO 两个选项。它可以在验证过滤规则和检查是否达到预期效果方面提供辅助。

2. 数据包的处理方式

如上所述，防火墙对满足规则的数据包的处理方式有允许(Accept)、拒绝(Reject)和丢弃(Drop) 3 种。允许就是转发数据包，拒绝是通知发送方其数据将被丢弃，丢弃是没有任何通知直接丢弃数据。

如果选择的是通知发送方，那么发送方就知道数据包被防火墙过滤了，如果这是本该允许访问的合法用户，那么该用户可以要求管理员更正规则，以便快速地解决问题；但如果选择的是丢弃方式(不通知发送方)，那么防火墙不会给发送方任何通知就直接丢弃这些数据包，用户就不知道为什么不能建立连接，这样就得花费更多的时间进行故障排除。故在实施防火墙方案时，应谨慎选择丢弃方式。

如果一个非法用户(如黑客)试图访问网络中的内部资源，他收到防火墙发送的数据包被过滤的消息，知道网络是如何被保护的，那么他就可以更有针对性地利用一些方法来绕过防火墙的保护。

一般来说，在测试环境下，可以选择拒绝的处理方式；而在实际生产环境下，为了网络更安全，建议采用丢弃方式，让防火墙默默地丢弃这些被过滤的流量，而不给发送方任何的通知。

3. 规则集的应用流程

规则集是防火墙规则的集合，由一个或多个按顺序排列的规则组成，防火墙规则的排列顺序尤为重要。管理员可以根据待过滤数据包的情况在防火墙规则中定义相关参数来实现过滤的目的。

1) 规则集

防火墙有输入(Incoming)和输出(Outgoing)两个方向的规则集：

(1) 输入方向的规则集：用于所有从 WAN 到 LAN 的数据包。

(2) 输出方向的规则集：用于所有从 LAN 到 WAN 的数据包。

两个方向的规则集处理规则的方式是相同的。当防火墙接收到数据包时，会按这些规则的排列顺序，依次检查数据包是否适用此规则，如果排列在前面的规则适用于数据包，则立刻按此规则的操作方式对该数据包进行处理，随后的规则将被忽略，只有当前面的规则无法适用时，才会检查下一条规则。在每个规则集的最后，有一条隐含的、可以匹配任意数据包的规则(Catch-all Rule)，它的操作方式是拒绝。防火墙规则集的应用流程如图 5-3 所示。

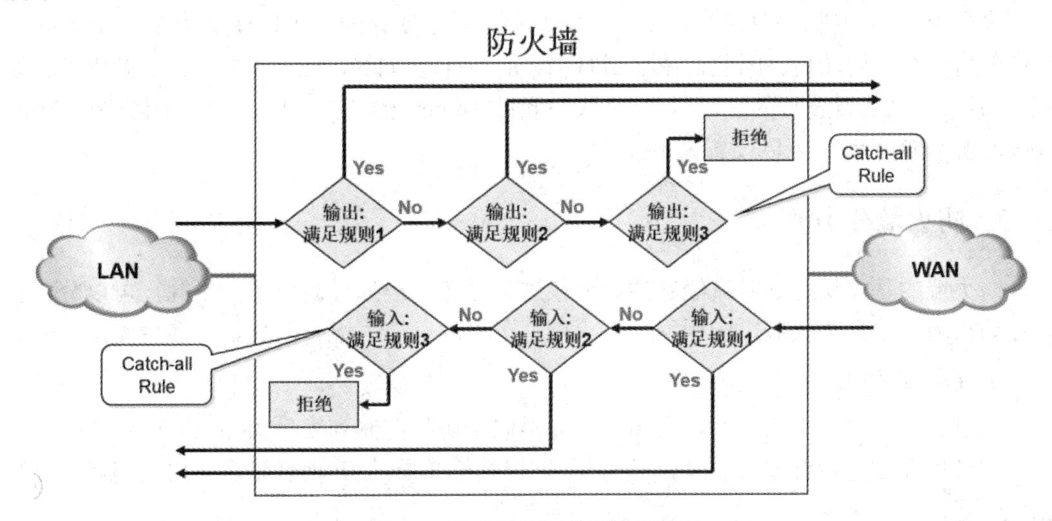

图 5-3　防火墙规则集的应用流程

2) 黑名单和白名单

在设置防火墙规则时，通常有“白名单”和“黑名单”两种机制：

(1) 白名单机制：即设置允许的规则，将所有允许通行的数据流在规则集中列出来。只有符合规则的数据流才能通过，其他的任何数据流都被防火墙过滤掉，以保障资源的合法使用。

(2) 黑名单机制：即设置禁止的规则，将所有禁止通行的数据流在规则集中列出来。符合这些规则的数据流将被防火墙过滤掉，其他的任何数据流都允许通行。

一般来说，传统 IT 防火墙可根据需要选择“白名单”或“黑名单”机制进行规则设置，工业防火墙大多依据“白名单”机制设置规则。

理解防火墙使用的规则集以及掌握规则集的应用是非常重要的。在建立或改变规则时要十分小心，一个不经意的配置错误可能在防火墙上产生一个严重的安全漏洞。

4. 常见的错误配置

在配置防火墙规则时，经常出现的错误有以下两个，如图 5-4 所示。

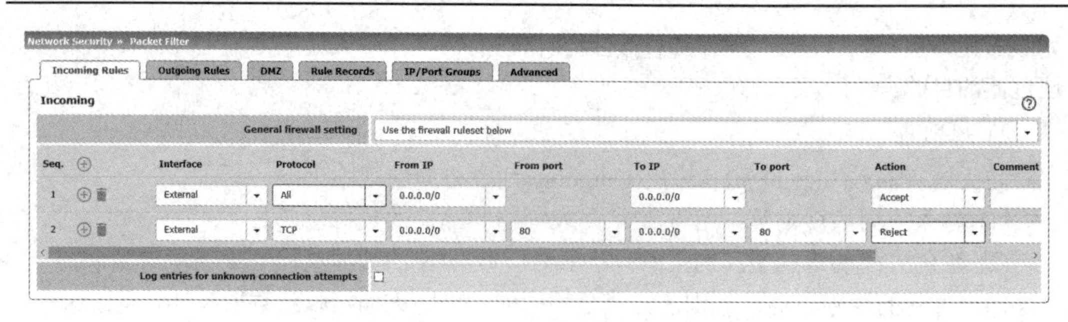

图 5-4 错误的防火墙规则

(1) 顺序错误。

在配置的防火墙规则中，第一条规则可以适用于所有数据包，此规则之后所有的规则都将被忽略，不会发挥其预期的作用。

(2) 源端口设置错误。

来自 Web 浏览器的 HTTP 请求使用的源端口号是变化的，可以使用 1024～65 535 之间的任何一个可用端口。因此，在限制 HTTP 的 Web 访问时，图 5-4 中的第 2 条规则的设置是错误的，只能设置目的端口号为 80 或 http(即 To port 的值为 80 或 http)，而源端口(From port)的值不能用 80，可以设置为 any。

5.1.3 防火墙分类

防火墙的基本功能是对流经它的数据包进行过滤。根据过滤方式的不同，可以分为包过滤防火墙、状态防火墙、应用网关防火墙、主机防火墙、混合防火墙等多种类别。

1. 包过滤防火墙

包过滤防火墙是最简单的防火墙，功能类似于访问控制列表(Access Control List)，工作在 OSI 的第 3 层网络层和第 4 层传输层，能根据第 3 层的 IP 地址和第 4 层的端口号对数据包进行过滤。

包过滤是所有防火墙解决方案的基础，通过检查数据流中每个数据包的协议、源地址、源端口号、目的地址、目的端口号等信息来确定是否允许该数据包通过。这就意味着防火墙对任何满足特定条件的数据包都是开放的。启动某些端口或者 IP 地址相当于在防火墙上打开了永久的通道，在某些特殊情况下，这也会成为网络的一个安全漏洞。

在工业控制系统中，基于访问控制技术的包过滤防火墙，可以保障不同安全区域之间实现安全通信，通过设置访问控制规则，管理和控制出入不同安全区域的数据流量，保障资源在合法范围内得以有效使用和管理。

包过滤防火墙可以用于禁止外部不合法用户对内部网络的访问，也可以用来禁止某些类型的服务，它具有逻辑简单、价格便宜、易于安装和使用、过滤效率高、透明性好等优点，但也有诸多不足，主要包括以下几个方面：

(1) 包过滤防火墙是基于数据包报头的部分信息(如协议、IP 地址、端口号等)进行过滤的，由于 IPv4 本身的不安全性，极有可能导致各种伪装攻击。它不具备身份认证功能，无法识别相同 IP 地址的设备上的不同用户。

(2) 包过滤防火墙是基于网络层和传输层的安全技术，不能检测通过应用层协议而实施的攻击。

(3) 包过滤防火墙的过滤规则表相当复杂，没有很好的测试工具检测其正确性，容易导致安全漏洞。

(4) 对于采用动态或随机分配端口的服务，包过滤防火墙很难进行有效认证，如远程过程调用服务(RPC)。

包过滤防火墙已经在工业控制系统中普遍使用，但其缺陷也慢慢显现出来。

2. 状态防火墙

状态防火墙，也叫状态包检测防火墙，工作在 OSI 的第 3 层网络层、第 4 层传输层和第 5 层会话层，它使用状态包检测技术，通过网络层和传输层的头部信息，比如 TCP 头部的 SYN、RST、ACK、FN 和其他控制代码来确定连接的状态，还能监控会话层连接的建立和拆除情况，并基于连接状态对数据包进行过滤，而且过滤规则是动态生成的，只有需要时才产生，不需要时自动删除。这可以防止防火墙上出现永久的漏洞，从而限制黑客的攻击范围。

状态防火墙特别适用于想拒绝来自外部设备的连接初始化，但允许内部用户和设备建立连接，并允许响应返回的场景。比如允许内部网络的用户主动访问外部的服务器(如 Internet 上的 Web 服务器)，但不允许外部用户主动访问内部用户。

采用状态防火墙时，一旦内部网络的用户开始建立与外部设备的连接，就会生成临时过滤规则，在一段时期内防火墙将允许双向的数据流量。当连接终止时，源和目的设备间的连接被拆除，状态防火墙通过检查 TCP 头部的控制标记注意到这个过程，并动态地将该连接从状态表中删除。

状态防火墙采用基于会话连接的状态检测机制，将属于同一连接的所有数据包作为一个整体看待，将连接的状态保存在连接状态表中并实时更新。通过访问控制列表与连接状态表的共同配合，不仅可以基于源地址、目的地址和端口号等信息对数据包进行过滤，而且能对状态表中的各个连接状态进行识别，检测此次会话连接的每个数据包是否符合状态，能够根据此次会话前面的数据包进行基于历史相关的访问控制。因此，不需要对此次会话的每个数据包进行规则匹配，只需进行数据包的轨迹状态检查，从而加快了数据包的处理速度。

与包过滤防火墙相比，状态防火墙有更高的性能和安全性。

(1) 状态防火墙知道连接的状态。状态防火墙跟踪每个从内部网络对外部网络的连接，并在状态表中建立动态规则，以允许返回的响应流量。当相应的动态规则从该状态表中被删除后，来自外部设备的该连接的流量不会被允许通过防火墙。所以这种类型的连接不容易受到欺骗攻击。

(2) 状态防火墙不要求打开很大范围的端口号以便返回的流量回到内部网络中，只需根据需要动态地开放需要的端口，而且当连接被拆除后，自动删除相应的规则。

(3) 通过使用状态表，状态防火墙能比包过滤防火墙阻止更多类型的 DoS 攻击。

(4) 状态防火墙能比包过滤防火墙记录更多的日志信息，比如何时建立连接、已连接了多久、何时拆除连接等。

状态防火墙虽然成本稍微高一点，但能提供更多的控制、更智能的包过滤功能、更高的安全性和更好的性能，因而在工业控制中的应用越来越广泛。

3. 应用网关防火墙

应用网关防火墙(Application Gateway Firewall，AGF)，也叫代理防火墙，工作在OSI的第3、4、5、7层，可以处理第7层应用层的数据信息，其大多数控制和过滤的功能是通过软件实现的，可以提供更多的功能和安全性，但延时比包过滤防火墙和状态防火墙会更大一些。

AGF 通常不能支持所有的应用，也不能监控所有的数据流量。AGF 可以支持的应用包括E-mail、Web服务、DNS、Telnet、FTP、Usenet新闻、LDAP和Finger等，用户可以根据需要选择AGF支持的应用和需要通过它发送的应用。

AGF可以通过用户名和口令、令牌卡信息、第3层的源地址和生物特征信息等方式对发起连接请求的用户(而不是设备)进行身份认证。认证信息可以储存在本地数据库、安全服务器或目录服务中。

与包过滤防火墙和状态防火墙相比，AGF有以下优点：

(1) 可以基于用户进行身份验证，而不是设备，这样就可以阻止绝大多数的欺骗攻击。

(2) 能检测DoS攻击，减轻在内部资源上的负荷。

(3) 能监控和过滤应用层的数据，这样就能检测应用层的攻击，如不良的URL、缓存溢出、未授权的访问等，甚至能基于认证和授权信息控制允许用户执行哪些命令和功能。

(4) 能生成非常详细的日志。AGF能监控用户发送的实际数据，这样当黑客进行新的攻击时，就能监控他做什么和他是如何做的，以便采取相应措施。日志功能除了用于安全目的之外，还能用于管理目的，如跟踪谁正在访问哪些资源，多少带宽被使用，多长时间资源被访问一次。

AGF也存在以下局限性：

(1) AGF通常用软件处理数据包，它需要大量的CPU和内存资源来处理经过它的每个数据包，有时还会产生吞吐量瓶颈；此外，详尽的日志功能会占用大量的磁盘空间。当然，这可以通过让AGF只监控关键应用来进行缓解。

(2) AGF有时要求在客户端上安装厂商指定的软件，用来处理认证过程和任何可能的连接重定向。如果需要AGF支持数千台客户端，那么将产生扩展性和管理问题。

综上所述，应用网关防火墙可以用在一些对实时性要求不高的场景，不太适用于工业控制系统。

4. 主机防火墙

主机防火墙通常是指部署在工作站或控制器上的软件防火墙解决方案，用于控制进出特定设备的流量。可根据工作站或控制器的操作系统和重要程度来选择合适的免费或收费的防火墙产品。

这种基于主机的防火墙技术具有与工业防火墙类似的能力(包括状态包检测)，用来增强安全方案或对桌面提供其他保护。主机防火墙有以下优点：

(1) 主机防火墙软件可以为网络内部关键的设备提供额外的保护，增强设备的安全性。

(2) 有的主机防火墙产品具有用户认证功能，即使网络里没有AGF防火墙，也可以对访问资源的用户进行身份认证。

(3) 主机防火墙的产品很多，有免费的也有收费的，用户可以根据安全需求和成本预算灵活选择。

主机防火墙有以下局限性：

(1) 主机防火墙通常是基于软件的防火墙，它要求更多的内存和CPU资源来处理流量，还要求较大的磁盘空间来保存日志信息。

(2) 很多主机防火墙是基本的包过滤防火墙，可以过滤IP地址、TCP和UDP端口号和ICMP消息，在配置时必须小心，否则可能产生很多安全问题。

(3) 主机防火墙通常只有简单的日志功能，无法检测应用层的攻击。

(4) 主机防火墙一般运行在Windows、Linux等商业操作系统上，这些操作系统自身就存在很多安全问题，所以这些系统上的主机防火墙比专用的防火墙设备更容易遭到攻击。而专用的防火墙设备通常使用专用的操作系统，这使得它们更难被攻击。

(5) 需要定义适当的规则才能使主机防火墙发挥作用，当大规模使用主机防火墙时，单单配置管理规则集(包括添加、修改和删除规则)就已经是一个困难的过程。比如用主机防火墙分别保护50台工作站或控制器，一个简单的规则就需要重复配置50次；而且需要保护的个别设备越多，基于主机的系统就变得越昂贵。在这种情况下，集中防护和管理是更好的解决方案。

因此，需要认真评估使用主机防火墙方案时的管理能力，尤其是需要在不同类型的设备上管理大范围的规则的情况。

5. 混合防火墙

随着科技的进步和互联网以及物联网的广泛应用，对安全的需求也急剧增加，厂商间的竞争日益白热化。为了提高竞争力，很多防火墙类型和安全特性都被整合到一个单一的产品中，这样的防火墙称为混合防火墙。在当今的市场上已经很难找到某种单一功能的防火墙了，很多厂商的防火墙产品都添加了一些方便网络管理和提高安全性的功能。

(1) 绝大多数防火墙支持DHCP功能，为网络中的客户端动态分配IP地址等信息，这在SOHO环境中尤为重要。另外，防火墙可能需要直接连接到ISP，ISP可以使用DHCP或者PPPoE(Point-to-Point Protocol over Ethernet，基于以太网的点对点协议)来动态地给防火墙指定地址信息。

(2) 很多防火墙支持VPN功能，用来在通过不安全网络(如Internet)时加密流量，防止信息被窃听。

(3) 有些防火墙支持入侵检测功能，用来检测一些常见的网络攻击，如DoS攻击、IP欺骗攻击、SYN泛洪攻击等，增强安全功能。当然，为了能检测更多的网络威胁和攻击，应该使用专门的入侵检测系统方案。

(4) 很多防火墙还可以作为路由器使用，并支持OSPF、IGRP等多种动态路由选择协议。

(5) 很多防火墙还能管理基于Web的内容，如可能包含危险代码的Java和ActiveX脚本，有些防火墙甚至能过滤URL信息。

在评估一个防火墙方案时，应该严格检查该防火墙的主要功能及其附加特性和功能，以便查看它们是否是最适合的安全设计。

5.1.4　防火墙的限制

防火墙是网络边界的隔离防护设备，所有的数据都会流经防火墙，通过在防火墙上配置的规则，可以对这些数据流量进行检测、过滤及记录，从而大大缩小网络攻击的范围。但千万不要以为网络部署了防火墙就可以高枕无忧了，没有任何安全产品可以提供 100%的安全性，防火墙也不能。防火墙有以下限制：

(1) 网络间的数据交换并不是唯一的安全威胁。据统计，至少 60%到 70%的网络攻击来自网络内部，而防火墙无法阻止来自网络内部或者绕过防火墙的数据流量的攻击，比如无线连接或有权访问内部网络的第三方就可以轻易地绕过防火墙的保护，新的病毒、木马等安全威胁经常不经意间就在网络泛滥。

(2) 防火墙无法防护系统层面的直接漏洞攻击，无法防护病毒的侵袭。

(3) 防火墙无法防护端口反弹木马的攻击，像“灰鸽子”之类的木马或恶意链接使用的都是合法的业务端口，如 80 端口。

(4) 防火墙本身没有针对加密通道可信赖性的判断能力，无法防护出现非法通道。

(5) 防火墙规则使防火墙仅基于特定特征对数据包进行分类，不能对数据包的内容进行过滤，不能检测到攻击，因此网络上最好部署专门的入侵检测设备和审计设备。

(6) 新的安全漏洞层出不穷，需要通过起草全新的安全措施或扩展现有的措施来面对，所以必须持续地对网络进行安全监控。

(7) 防火墙依据规则对流经它的数据流量进行处理，必然会造成一些延迟，在使用时应充分考虑，尤其是对实时性要求极高的工业控制网络。

总之，防火墙提供了保护网络的一个方法，但是，它只是众多网络安全组件中的一个，必须和其他的安全措施协同使用，决不能幻想通过一个防火墙就能阻止所有对网络安全的威胁。

5.2　工业防火墙技术

工业防火墙技术是工业控制系统信息安全技术的基础。工业防火墙技术可以满足特定的工业环境和功能要求，对工业控制系统进行边界防护，还可以根据需要划分安全区域，对安全区域进行隔离保护，实现区域管控，保证合法用户访问网络资源；同时可针对工业控制协议采用深度的包检测技术和应用层通信跟踪技术，解析 ModBus、DNP3 等应用层异常数据流量，做到对非法指令的阻断和对非工控协议的拦截，以起到保护控制器的作用，并且还能对 OPC 端口进行动态追踪，对关键寄存器和操作进行保护。

5.2.1　工业防火墙与传统防火墙的区别

工业防火墙，顾名思义就是用于工业控制网络的防火墙，是保障工业控制系统信息安全必须配备的设备，用来实现工业控制网络与外部其他网络以及工业控制网络内部不同业务之间的边界隔离和访问控制。

传统 IT 防火墙则用于传统 IT 网络的隔离控制，如公司网络出口、大型网络内部子网隔离、数据中心边界等，工控网络和传统 IT 网络的本质区别决定了基于办公网络和互联网设计的传统 IT 防火墙无法有效地保护工控网络的信息安全。

工业防火墙除了具备传统 IT 防火墙的安全功能之外，对工业控制协议以及其实时性和稳定性进行了支持，其内置工业通信协议的解析和过滤功能，同时可以满足工业控制级别的硬件技术指标。

工业防火墙需要满足工业现场环境中的机械要求(如冲击、振动、拉伸等)、气候保护要求(如工作温度、存储温度、湿度、紫外线)、侵入保护要求(如保护等级、污染等级)以及电磁辐射和免疫要求，具备生产环境下的高可靠性和高可用性。

用于信息系统的传统 IT 防火墙和用于工业控制系统的工业防火墙的区别主要表现在以下几个方面：

(1) 传统 IT 防火墙要求吞吐率越高越好，对转发率的要求高；而工业防火墙只要求合适的吞吐率，但对实时性的要求却非常严格。

(2) 传统 IT 防火墙一般只要求解析和过滤以太网协议，而工业防火墙要求解析和过滤各种工业控制协议和自定义协议，具备深度包检测功能，比如对 Modbus TCP、OPC、IEC-104、DNP3、PROFINET 等工业协议的深度解析，甚至包括在协议的指令级别、寄存器级别、值域级别，实现对协议通信内容的深度解析、过滤、阻断、报警、审计等各类功能。

(3) 传统 IT 防火墙一般部署在内网和外网交界的位置或其他边界区域，而工业防火墙一般部署在工控网络的分层区域之间。

(4) 传统 IT 防火墙一般使用基于黑名单策略的访问控制，而工业防火墙一般使用黑白名单相结合的防御技术，既实现基于工业漏洞库的黑名单被动防御功能，又实现基于智能机器学习引擎的白名单主动防御功能。

(5) 传统 IT 防火墙一般不需要考虑 OPC 协议，而工业防火墙要求支持动态开放 OPC 协议端口。

(6) 传统 IT 防火墙通常放置在恒温、恒湿的标准机房环境，工作环境优良，而工业防火墙一般放置在工业现场环境，工作环境恶劣，比如野外零下几十度的低温、潮湿、高原、盐雾等环境。工业防火墙有严苛的工业级硬件技术要求，应具有高可靠性和稳定性，包括故障自恢复、多电源冗余、全封闭、硬件 Bypass、硬件加密、无风扇、宽温支持、支持导轨式或机架式安装、低功耗、防尘防辐射等。

另外，工业防火墙的部署方式和工作方式必须灵活，在实现安全防护的同时不影响正常生产，通常支持学习模式、测试模式、工作模式等多种模式，将防火墙的部署对被防护系统造成的影响降到最低。在学习模式下，防火墙可以记录运行过程中经过防火墙的所有策略、资产等信息，形成白名单策略集；在验证模式或测试模式下，防火墙对白名单策略外的行为进行告警，但不拦截；工作模式是防火墙的正常工作模式，严格按照防护策略进行过滤等动作保护。

5.2.2　工业防火墙技术新特点

网络安全技术的深入发展使防火墙技术也在不断发展，透明接入技术、分布式防火墙技术和智能工业防火墙技术是目前工业防火墙技术的新特点。

1. 透明接入技术

随着防火墙技术的快速发展，安全性高、操作简便、界面友好的防火墙逐渐成为市场热点。简化防火墙设置、提高安全性能的透明模式和透明代理就成为衡量产品性能的重要指标。

透明模式，也叫潜行模式或隐身模式，其最主要的特点就是对用户是透明的(Transparent)，用户意识不到防火墙的存在。要实现透明模式，防火墙必须能在没有IP地址的情况下工作，不需要对其设置IP地址，用户也不知道防火墙的IP地址。防火墙采用了透明模式，用户就不必重新设定和修改路由。防火墙可以被直接安装和放置到网络中使用，如交换机一样不需要设置IP地址。

透明模式的防火墙类似于一台网桥(非透明的防火墙就好比是一台路由器)，无须改变网络中其他设备(包括主机、路由器、工作站等)的IP地址和默认网关的配置，同时它能解析所有通过它的数据包，既增加了网络的安全性，又降低了用户管理的复杂程度。

2. 分布式防火墙技术

1) 传统防火墙的不足

传统防火墙通常被部署在网络边界，因而也称为边界防火墙。边界防火墙在内部网络和外部网络之间构成一道屏障，实现网络存取控制。随着网络安全技术的深入发展，边界防火墙逐渐暴露出一些弱点，具体表现在以下几个方面。

(1) 网络应用受到结构性限制。传统的边界防火墙依赖于物理上的拓扑结构，其从物理上将网络划分为内部网络和外部网络，从而影响了防火墙在虚拟专用网(VPN)技术上的广泛应用，因为今天的电子商务要求员工、远程办公人员、设备供应商、临时雇员及商业合作伙伴都能够自由访问公司网络。VPN技术的应用和普及，使公司网络边界逐步成为一个逻辑的边界，而物理的边界变得模糊。

(2) 内部安全隐患依然存在。传统的边界防火墙只对流经它的数据流量进行过滤和审查，无法保证内部网络用户之间的安全访问。

(3) 由于边界防火墙把检查机制集中在网络边界处的单点上，因此造成了网络的瓶颈和单点故障隐患。

2) 分布式防火墙

基于上述传统防火墙的不足，一种全新的防火墙概念——分布式防火墙应运而生，它不仅能保留传统边界防火墙的优点，而且能克服传统边界防火墙的不足。

分布式防火墙是一个完整的系统，而不是单一的产品。分布式防火墙可以对网络边界、各子网和网络内部各节点进行安全防护。根据所需完成的功能，分布式防火墙的体系结构包含如下三个部分：

(1) 网络防火墙。网络防火墙既可以采用纯软件方式，也可以采用相应的硬件支持，用于内部网络和外部网络之间以及内部网络各子网之间的防护，比传统防火墙多了一种用于内部子网之间的安全防护层。

(2) 主机防火墙。主机防火墙同样有软件和硬件两种产品，用于对网络中的服务器和桌面机进行防护。这比传统防火墙的安全防护更完善，确保了内部网络服务器的安全。

(3) 中心管理。中心管理是一款服务器软件，负责总体安全策略的策划、管理、分布及日志的汇总。这种新防火墙的管理功能是传统防火墙所不具有的。应用这种防火墙进行智能管理，提高了防火墙安全防护的灵活性，具备可管理性。

分布式防火墙的基本工作流程如下：

(1) 由制定防火墙接入控制策略的中心通过编译器将策略语言描述转换成内部格式，形成策略文件。

(2) 中心采用系统管理工具把策略文件分发给各自内部主机。

(3) 内部主机根据 IP 安全协议和服务器端的策略文件两个方面来判定是否接收收到的数据包。

3. 智能工业防火墙技术

基于工业控制系统的特殊性，智能工业防火墙应运而生，除了确保硬件层面达到工业级可靠性和稳定性要求外，软件层面上智能工业防火墙技术融合智能机器学习技术、深度数据包解析技术、特征匹配技术、黑白名单相结合的防御技术等多项技术，实现对多种工控网络协议数据的检查、过滤、报警、阻断。

1) 智能机器学习技术

智能机器学习技术包括监督式学习(Supervised learning)技术和非监督式学习(Unsupervised learning)技术。应用于工业环境的智能机器学习技术需要实现自动收集、分析和学习系统正常运行状态下的数据行为，并在此基础上智能提取用户节点的行为特征，自动生成容易理解的操作规则和白名单，实现自动化特征规则的提取和生成，对规则以外的异常数据和操作行为进行告警或限制。

智能机器学习技术通过分析用户网络数据，发现设备和网络协议之间的逻辑关系及相似程度，在此基础上自动优化学习到的规则和策略，并且根据网络拓扑的实际情况与环境，自动组合出适用的新规则和策略。当策略和规则之间存在相互冲突和异常时，它能综合分析并调整规则和策略之间的匹配程度，同时自动部署最优化规则到不同的智能工业防火墙。

2) 深度数据包解析技术

深度数据包解析技术对各大主流工业控制协议深入解析，识别协议中的各种要素及协议所承载的业务内容，并对这些数据进行快速解析，以还原其原始通信信息。它还能对解析后的原始信息检测其中是否包含威胁以及敏感内容。对不同行业的工业控制系统，深度数据包解析技术采取相应针对性的数据包探测机制和解析策略，在遵循工业控制系统可用性与完整性的基础上，检测出数据包的有效内容特征、负载和可用匹配信息，进而生成白名单，例如，针对 Modbus 协议中的操作码、设备地址、寄存器范围和读写属性等进行检查，更能精准地判断出非法操作、异常事件、外部攻击；同时结合基于对已知的工控软件漏洞、控制器漏洞、操作系统漏洞、Exploit-kit 特征、Shellcode 特征、蠕虫木马的通信特征、僵尸网络的 C&C 通信特征等黑名单防护签名库，根据系统的重要性制定相应的安全策略，如选择阻断还是告警的方式。

3) 特征匹配技术

特征匹配技术以深度数据包解析技术为基础，结合智能机器学习技术，实现数据包特征匹配功能。根据工业控制网络对于实时性的要求，特征匹配技术能够实现自动最小化策略更改和部署过程中的更新延时，并且能在无需重启的情况下，实时在线完成特征规则的更改与部署。通过高效的比对分析和算法，大幅度避免特征匹配引擎执行过程中对于重复数据包的解析匹配，有效提升特征匹配引擎性能，为满足工业控制网络对实时性和可靠性的特殊要求提供技术保障。由于工业协议的不统一，因此智能工业防火墙同时为用户提供高度开放的第三方开发者工具包，以满足自身内部功能应用的开发需求。

4) 黑白名单相结合的防御技术

黑白名单相结合的防御技术基于工业漏洞库实现黑白名单入侵防御功能，它将所有已知的工业设备和网络漏洞均列入黑名单，入侵防御功能通过分析、匹配、判断工控网络行为，对符合漏洞库的异常数据和行为进行阻断或告警，从而避免工业控制网络受到已知漏洞的破坏。

通过机器智能学习技术自动生成白名单，也可以添加用户自定义的工控网络正常行为，与网络中的实时传输数据进行比较、匹配、判断。如果发现用户节点的行为不符合白名单中的行为特征，将会对此行为进行阻断或告警，以避免工业控制网络受到未知漏洞威胁，同时阻止误操作带来的危害。

5.2.3　工业防火墙的具体服务规则

在工业控制网络与企业办公网络连接时，会涉及一些常用的服务或协议，鉴于工业控制网络的特殊性，使用时必须特别注意。

1. DNS

DNS(Domain Name System，域名系统)是互联网的一项服务，使用 UDP 53 端口。DNS 作为将域名和 IP 地址相互映射的一个分布式数据库，可以实现域名和 IP 地址之间解析，方便人们使用好记的域名访问互联网。大多数互联网服务依赖 DNS，但工业控制网络很少使用 DNS。因此，多数情况下不允许从工业控制网络发送 DNS 请求到办公网络，也不允许办公网络发送 DNS 请求到工业控制网络。从工业控制网络发送 DNS 请求到 DMZ(非军事化区域)，必须逐项标出地址，推荐使用本地 DNS 或 hosts 文件进行域名解析。

2. HTTP 和 HTTPS

HTTP(Hyper Text Transfer Protocol，超文本传输协议)是一个简单的请求-响应协议，它通常运行在 TCP 之上，默认端口号为 80。它指定了客户端可能发送给服务器什么样的消息以及得到什么样的响应。HTTP 是在互联网上进行 Web 浏览的协议。由于 HTTP 本身不安全且很多应用有漏洞，因此，一般不允许 HTTP 从企业办公网络过渡到工业控制网络，而应该在防火墙上配置 HTTP 代理，阻止所有的入站脚本和 Java 应用。若 HTTP 服务确实需要进入工业控制网络，则推荐采用较安全的 HTTPS。

HTTPS(Hyper Text Transfer Protocol over Secure Socket Layer，基于安全套接层的超文本传输协议)是以安全为目标的 HTTP 通道，是由 HTTP 加上 TLS/SSL 协议构建的可进行加密传输、身份认证的网络协议，通过数字证书、加密算法、非对称密钥等技术完成互联网数据传输加密，实现互联网传输安全保护。HTTPS 的默认端口号为 443，它被广泛用于互联网上安全敏感的通信，例如交易支付等方面，目前也经常被应用于工业控制网络。

3. FTP 和 TFTP

FTP(File Transfer Protocol，文件传输协议)和 TFTP(Trivial File Transfer Protocol，简单文件传输协议)用于设备之间的文件传输。由于其使用简单，所以几乎每个平台都会使用，包括在 SCADA、DCS、PLC 和 RTU 中。但这些协议在开发时并没有考虑安全性，比如 FTP 基于 TCP 来传输文件，明文传输用户信息和数据，登录密码也是明文的；TFTP 根本不需要登录；还有一些 FTP 有缓冲区溢出漏洞。因此，在实际使用时，为了安全考虑，必须禁止所有的 TFTP 通信，仅在有安全验证和加密通道配置的情况下使用 FTP 通信。另外，只要有可能，建议采用较安全的协议，如 SFTP(Secure File Transfer Protocol，安全文件传输协议)和 SCP(Secure Copy，安全复制)。

SFTP 基于 SSH(Secure Shell，安全外壳协议)来加密传输文件，可靠性高，可断点续传，与 FTP 有着几乎一样的语法和功能。SFTP 是 SSH 的一部分，是一种传输文件到服务器的安全方式，使用加密传输认证信息和数据，所以，使用 SFTP 是非常安全的。

SCP 是基于 SSH 进行远程文件复制的，并且整个复制过程是加密的，它使用和 SSH 相同的认证方式，提供相同的安全保证，但要知道详细目录，不可断点续传。

4. Telnet

Telnet 协议是 TCP/IP 协议族中的一员，是 Internet 远程登录服务的标准协议和主要方式，它可以在本地对服务器进行远程控制，是常用的远程控制 Web 服务器或其他设备的方法。Telnet 为用户提供了在本地计算机上完成远程主机工作的功能。在终端使用者的计算机上使用 Telnet 程序，用它连接到服务器，终端使用者可以在 Telnet 程序中输入命令，这些命令会在服务器上运行，就像直接在服务器的控制台上输入一样。但所有 Telnet 程序，包括密码，都没有加密，并且允许远程控制某个设备，因此这种协议存在很严重的安全风险。建议禁止从企业办公网络进入工业控制网络的入站 Telnet，而出站 Telnet 仅在安全的加密通道(如 VPN)中使用，用于访问某些设备。

5. SMTP

SMTP(Simple Mail Transfer Protocol，简单邮件传输协议)是互联网上主要的邮件传输协议。由于邮件信息经常带有恶意软件，因此建议禁止从企业办公网络进入工业控制网络的入站 SMTP，允许出站 SMTP 用于工业控制网络的设备向企业办公网络发送警告信息。

6. SNMP

SNMP(Simple Network Management Protocol，简单网络管理协议)是专门用于在 IP 网络中管理网络节点的一种标准协议。SNMP 使网络管理员能够管理网络效能，发现并解决网络问题以及规划网络增长。通过 SNMP 接收的随机消息及事件报告，网络管理系统可以获知网络出现的问题。尽管 SNMP 对维护网络特别有用，但 SNMPv1 和 SNMPv2 的安全性比较差，在工业控制网络中建议使用安全性较高的 SNMPv3。

7. DCOM

DCOM(Distributed Component Object Model，分布式组件对象模型)是一系列的概念和程序接口。利用这个接口，客户端程序对象能够请求来自网络中另一个设备上的服务器程序对象。DCOM 是 OPC 和 PROFINET 的重要组成部分，采用远程过程调用(RPC)，而 RPC 有很多漏洞。基于 DCOM 的 OPC 使用动态端口，选择的端口范围在 1024～65 535 之间，以至于防火墙很难过滤。所以，建议这种协议只在工业控制网络和 DMZ 网络之间使用，而在企业办公网络和 DMZ 网络之间应该被阻止。

8. SCADA 与工业网络协议

SCADA 和一些工业网络协议，比如 Modbus/TCP、Ethernet/IP 等，对于工业控制网络的设备间通信是很关键的。但这些协议在设计时没有考虑过安全性问题，并且不需要任何验证就可远程对控制设备发出执行命令。因此，建议这些协议只允许用于工业控制网络，而不允许出现在企业办公网络中。

5.2.4　工业防火墙的安全策略

针对工业控制系统的特殊安全需求，选择合适类型的防火墙，并设置合适的安全策略，主要原则如下：

(1) 不仅仅依靠网络层来进行数据过滤，而是尽可能综合使用网络层、传输层和应用层数据过滤技术。

(2) 严格遵守最小权限原则。除了提高业务运行效率所必需的信息外，所有其他的流量都需要被屏蔽。如果一个安全区域不需要与其他安全区域连接，那就不要在两个区域之间建立任何连接通道。如果两个区域之间只需要使用某个特定的端口和协议进行通信或者只能传输包含特定标志或者数据的数据流，那就需要设定规则，严格按需求建立连接通道。

(3) 使用白名单设置防火墙过滤规则，也就是在缺省情况下的任何网络连接，只有符合白名单设置规则的数据流可以被允许通过。工业控制系统要求严格限制内外网络通信，所以允许建立网络连接的规则较少，建立和维护白名单相对传统信息网络环境更为可行。

(4) 在部署防火墙保护边界安全的时候，需要认真评估对控制系统网络通信延迟的影响。

(5) 注意账号管理的安全，设置密码和账户策略，避免出现弱口令和长时间不修改等问题。

(6) 关闭不必要的服务及应用，如 Telnet、HTTP、PING、SNMP 等，使用 SSH 进行远程登录管理。

5.3　菲尼克斯安全路由器及防火墙 mGuard

菲尼克斯的 FL mGuard，是由安全路由器和工业防火墙组成的网络组件产品，集路由器、防火墙、NAT、VPN、DHCP 等功能于一体，适合各种应用环境，旨在实现最高的系统安全性和可用性，帮助客户守护工业网络安全。

5.3.1　mGuard 概述

1. mGuard 的基本功能

菲尼克斯的 FL mGuard 系列有多个不同型号的产品，功能也不尽相同，适用于不同的工业环境，详情可查看菲尼克斯电气公司官网。本书中使用的 mGuard 有 FL mGuard RS4004 TX/DTX VPN、FL mGuard GT/GT VPN 和 FL mGuard SMART2 VPN 共 3 种型号。以下是大部分 mGuard 都具有的基本功能：

1) 不同的防护模式

(1) 潜行(Stealth)模式：也叫隐身模式，用于将 mGuard 透明接入网络，利用防火墙功能保护网络中的某个单一设备或一组设备。此时，mGuard 可以在没有 IP 地址的情况下工作，对于用户来说是完全透明的，这种模式不会改变原有的网络结构，无需改变现场设备的配置，可以即插即用，保护设备安全。

(2) 路由器(Router)模式：用来在两个网络之间建立安全防护，保护位于内部网络的控制设备，在外部网络(子网 A)和内部网络(子网 B)各需要一个 IP 地址。

2) 基于 Web 的图形化配置界面

可利用浏览器连接到 mGuard，利用图形化配置界面进行相关配置，无需记住复杂的配置命令。

3) 网络地址转换(NAT)功能

mGuard 具有 IP 伪装、端口转发、1∶1 NAT 共 3 种地址转换的方式，能更好地实现安全性。

4) 防火墙功能

mGuard 具有智能防火墙功能，可以实现包过滤、状态过滤、身份认证、用户防火墙等多种功能，对工控网络实施全方位的保护。另外，不同的通信需要不同的防火墙规则，有些通信并不是一直进行的，比如设备程序更新、设备维护等，mGuard 可以在需要的时候通过切换开关或者 PLC 输出点来控制切换相应的防火墙规则，最大程度地保护设备安全。

5) 固件升级

在不增加硬件设备的前提下，对 mGuard 的固件进行升级，通过软件增强功能，提高设备的利用率和安全性。

6) OPC 检查器

OPC Classic 协议应用广泛，传统防火墙无法保护该协议，无法调节流量，会导致严重的安全问题。mGuard(要求固件版本 8.1 及以上)的 OPC 检查器功能可以分析、推断和调节 OPC 流量，并进行 OPC 深度报文检查，实现最为安全可靠的 OPC 通信。

7) CIFS 完整性监测

通用互联网文件系统(CIFS)完整性监测可以根据参考状态对 Windows 网络驱动器进行

检测，以判定特定文件是否被篡改，也可以快速可靠地检测其是否受到病毒感染，还可以与 mGuard 后台驱动器组合，对其进行病毒扫描检测。CIFS 完整性监测功能无需安装在待监测的设备上，故特别适合无法安装补丁的系统。

8) 冗余功能

冗余功能可提高系统的可用性，可以在网络中安装两台 mGuard，实现冗余配置。正常模式下，一台 mGuard 工作，另一台备用。两个系统持续交换状态数据，如果工作中的 mGuard 发生故障，备用设备将立刻发挥作用。根据许可的不同，冗余功能可以适用于防火墙或 VPN。

2. mGuard 的指示灯

mGuard 面板上常用的指示灯如图 5-5 所示，通过指示灯可以了解设备的状态。

图 5-5 mGuard 面板上的指示灯

(1) P1：绿灯常亮，电源指示灯。

(2) P2：绿灯常亮，电源指示灯。

(3) Stat：绿灯闪烁，心跳灯，说明设备正常工作。

(4) Err：红灯闪烁，说明出现系统错误。可尝试重启设备，或者切断电源再重新连接；如果仍旧无法解决，则联系供应商。

(5) Stat + Err：绿灯红灯交替闪烁，说明正在启动进程中。

(6) Mod：绿灯常亮，说明正在通过 Modem 连接。

(7) Info：绿灯亮，说明已建立配置的 VPN 连接，或激活了定义的防火墙规则。

(8) Fault：红灯亮，表示预设的报警状况出现，如接口无连接、电源故障、设备温度过高/低等。

5.3.2 mGuard 相关配置

在浏览器的地址栏输入 mGuard 的 LAN 口地址(默认为 https://192.168.1.1)、用户名(默认为 admin)和密码(默认为 mGuard)，即可进入 mGuard 的 Web 配置界面，利用 mGuard 的 Web 配置界面可以完成所有的配置。一般来说，必须对 mGuard 进行网络接口和路由配置、防火墙功能配置，其他配置可根据需要选择。

提示：

mGuard RS 4004 有 4 个 LAN 口、1 个 WAN 口和 1 个 DMZ 口。默认情况下，只能

利用 LAN 口地址进入 Web 配置界面，如图 5-6 所示，若想使用其他接口地址远程连接，必须单击左侧菜单的“Management”→“Web Settings”，切换到“Access”选项卡，启用 HTTPS remote access，如果想限制远程连接的地址，可以在“Allowed Networks”部分设置，其中，“From IP”可以是网络号或某个特定的 IP，“Interface”处选择连接到此地址的 mGuard 接口，“Action”处选择允许或拒绝此地址进行连接。

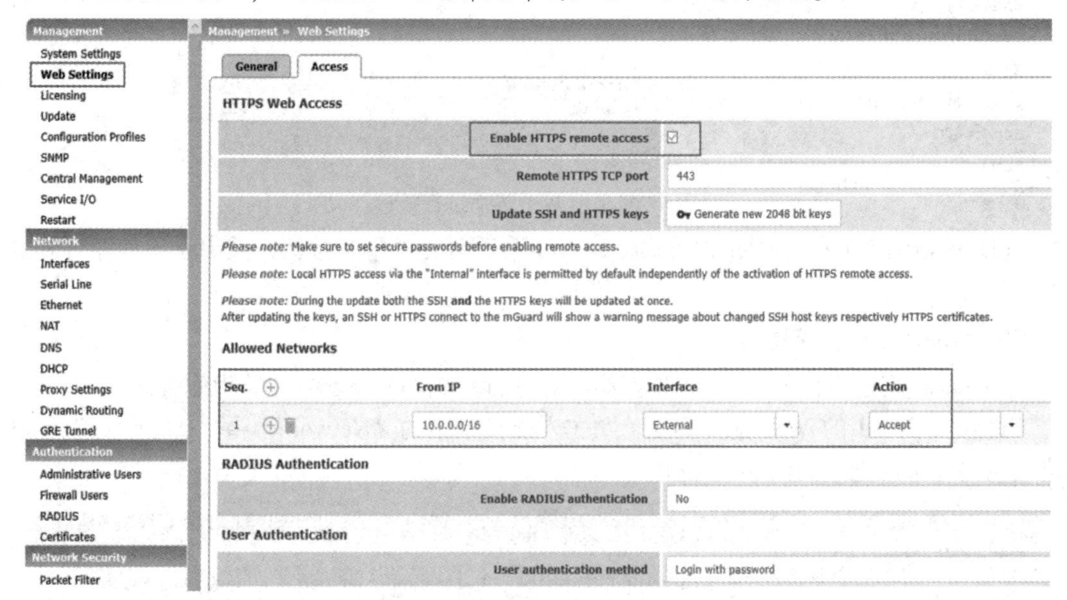

图 5-6　启用 HTTPS Web Access

1. mGuard 的重置

如果忘了 mGuard 的配置地址或密码，或者想要将 mGuard 恢复到出厂配置，那么可以使用下面方法进行重置。重置后，mGuard 的 LAN 口地址恢复为默认的 192.168.1.1，子网掩码为 255.255.255.0，用户名为 admin，密码为 mGuard。

1) 利用复位按钮重置

通过面板上的复位按钮，可以完成 mGuard 的重置，恢复到出厂设置，步骤如下：

(1) 以大概 1 秒 1 次的频率，缓慢按复位按钮 6 次。大约 2 秒后，STAT 灯将亮起绿色。

(2) 再以大概 1 秒 1 次的频率，缓慢按复位按钮 6 次。如果成功，则 STAT 灯将再次亮起绿色，设备将在 2 秒后重新启动，完成复位操作；如果不成功，则 ERR 灯将亮起红色，复位操作失败。

重置后，固件版本为 8.4.0 及以上的 mGuard 将丢失配置并恢复到出厂设置，固件版本为 8.4.0 之前的 mGuard 只重置 IP 地址和登录密码。

2) 利用 Web 界面重置

如果记得 mGuard 的 LAN 口地址以及用户名和密码，那么可以进入 Web 界面进行重置，步骤如下：

(1) 打开浏览器，在地址栏输入 mGuard 的 LAN 口地址，并输入用户名和密码登录，进入 mGuard 的 Web 配置界面。

(2) 单击左侧菜单的“Management”→“Configuaration Profiles”，打开如图 5-7 所示

的界面。

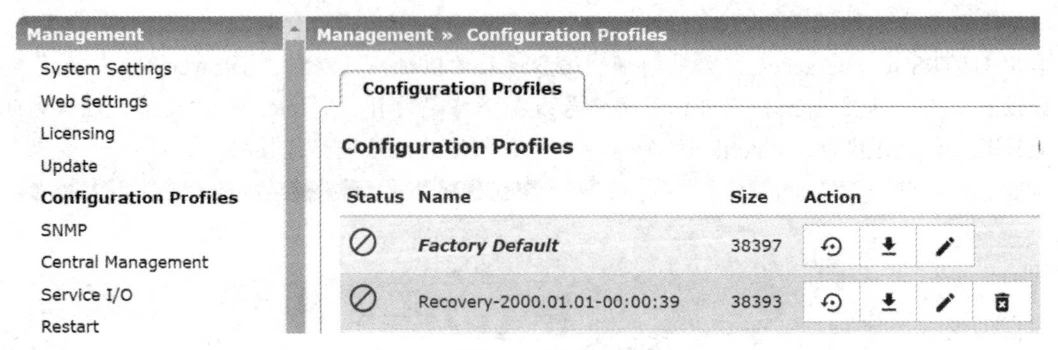

图 5-7　利用 Web 界面进行重置

(3) 单击图 5-7 右侧界面“Factory Default”后面的“⟲”按钮，重启设备后即可恢复出厂设置。

2. mGuard 的网络配置

mGuard 要发挥作用，必须根据网络拓扑进行正确的网络配置和路由配置。

进入 mGuard 的 Web 配置界面，单击左侧菜单中的“Network”→“Interfaces”可以进行网络相关配置，如图 5-8 所示。

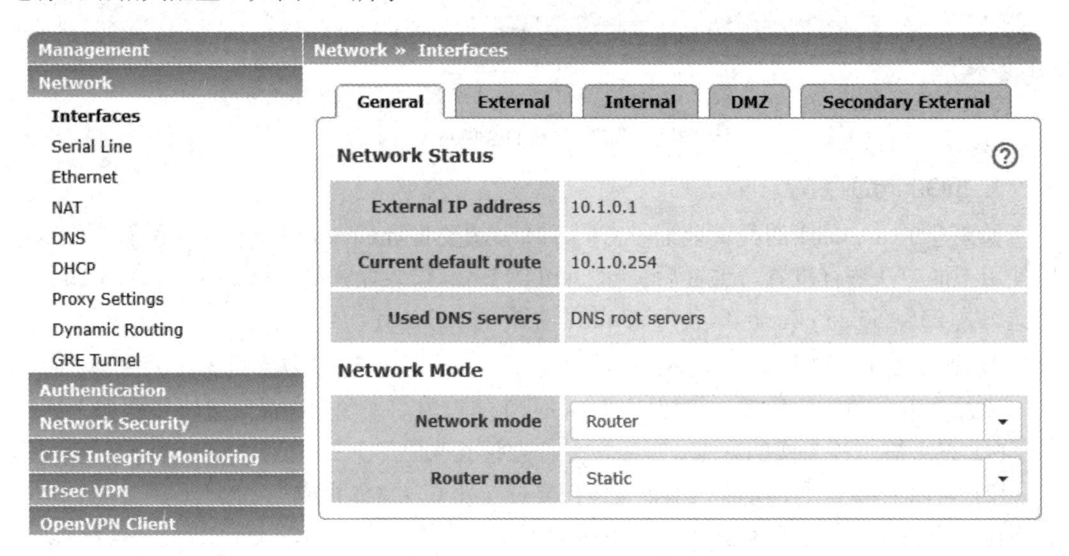

图 5-8　mGuard 的 Web 配置界面

1) 网络模式设置

General 选项卡可以设置 mGuard 的网络模式为路由器模式或潜行模式。

(1) “Network Mode”的值为“Router”时，mGuard 工作在路由器模式，不同的接口连接不同的网络，并设置相应网络的地址。比如，mGuard 的 LAN 口连接内部网络(即需要更高安全保护的网络)，WAN 口连接外部网络。

(2) “Network Mode”的值为“Stealth”时，mGuard 工作在潜行模式，透明接入现有网络，保护网络中的某一个设备或一组设备。此时，mGuard 不同接口连接的是同一网络的设备，无需设置 LAN 口和 WAN 口的地址，只需在“Stealth”选项卡下为 mGuard 设置管理地址即可，如图 5-9 所示。

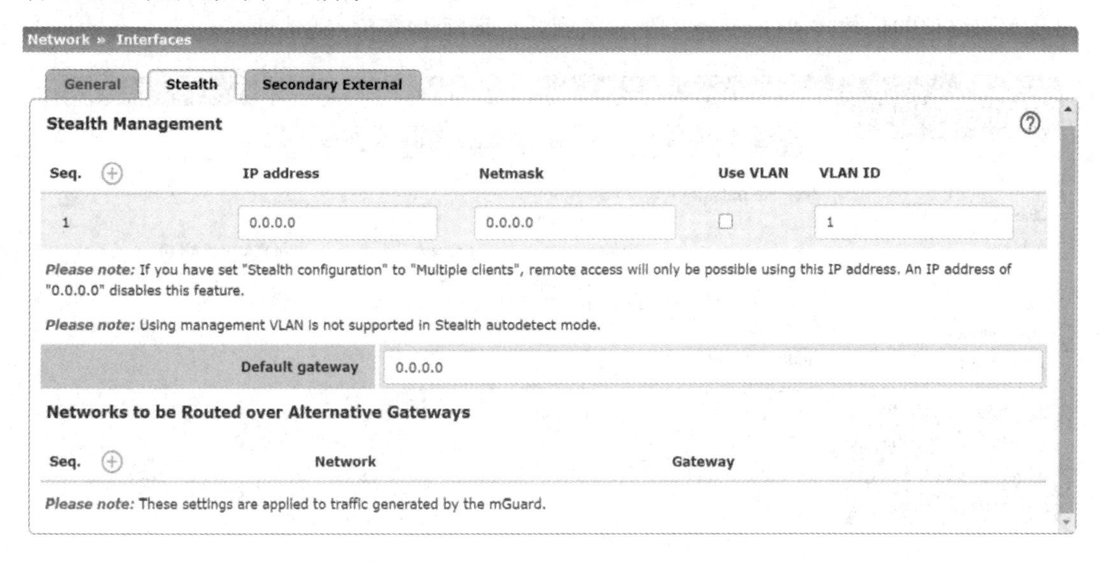

图 5-9　在“Stealth”选项卡下设置管理地址

2) 设置接口地址及路由

当 mGuard 工作在路由器模式时，可利用“External”选项卡设置 WAN 口的地址和静态路由，如图 5-10 所示。其中，“External Networks”部分可以设置 WAN 口地址；“Additional External Routes”部分可以设置通过 WAN 口连接的非直连网络的静态路由项，“Network”处需要输入非直连网络的网络号和网络位的位数，“Gateway”处输入到此目标网络的下一跳地址；“Default Gateway”部分可以设置默认路由的下一跳地址。

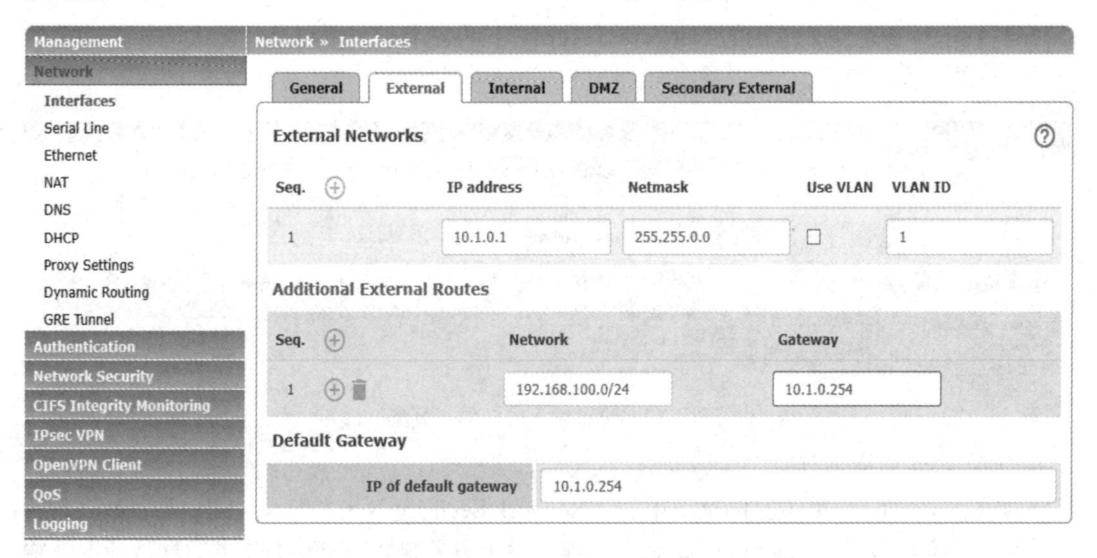

图 5-10　设置 WAN 口的地址和静态路由

利用“Internal”选项卡可以设置 LAN 口地址和静态路由，如图 5-11 所示。其中，“Internal Networks”部分可以设置 LAN 口地址；“Additional Internal Routes”部分可以设

置通过 LAN 口连接的非直连网络的静态路由项，“Network”处需要输入非直连网络的网络号和网络位的位数，“Gateway”处输入到此目标网络的下一跳地址。

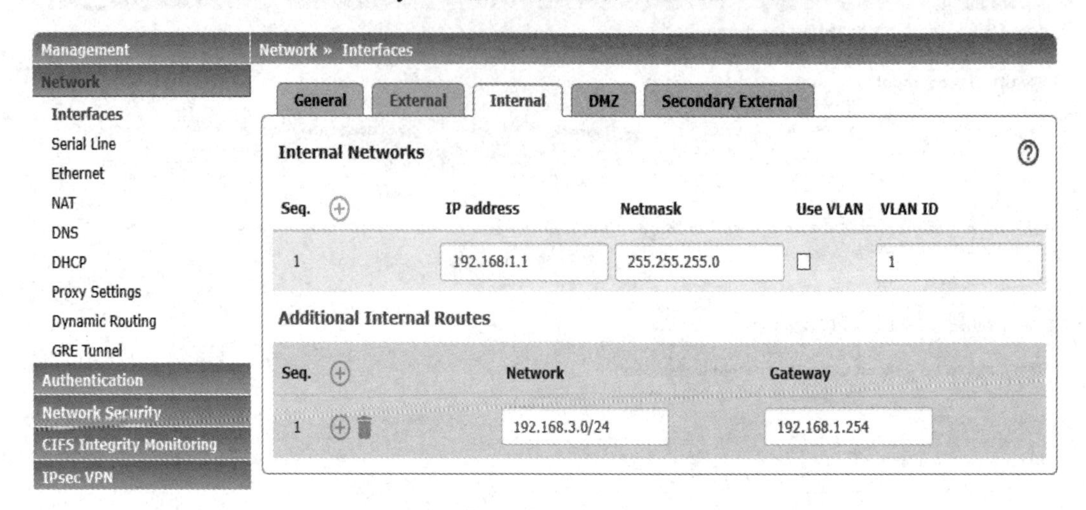

图 5-11　设置 LAN 口的地址和静态路由

提示：

需要在每个路由器上为每一个非直连网络添加静态路由项，才能实现整个网络的连通性。如果网络比较大，连接的路由器比较多，在每个路由器上都需要手工添加合适数量且正确的路由项，并且在网络结构变化时及时更新这些路由项，这是一个费时费力的任务。这种情况可以考虑使用动态路由，mGuard 支持动态路由协议 OSPF，可单击图 5-11 中左侧菜单中的“Network”→“Dynamic Routing”进行配置。

3. mGuard 的防火墙相关功能配置

选择图 5-12 左侧菜单中的 Network Security 下的各个子菜单可进行防火墙相关功能的配置。

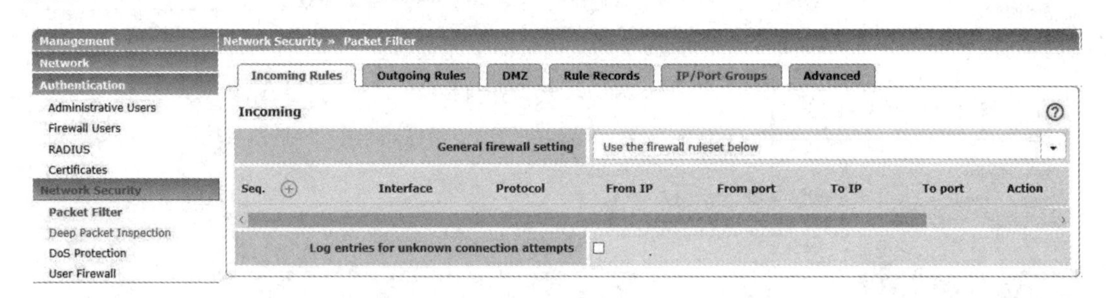

图 5-12　设置输入方向的规则集

1) 设置防火墙规则集

如图 5-12 所示，单击左侧菜单中的“Network Security”→“Packet Filter”，可以设置防火墙规则集。其中“Incoming Rules”选项卡用于设置输入方向的规则集，默认情况下输入方向是不允许任何流量通行的，即阻止任何流量从外部网络进入内部网络；“Outgoing Rules”选项卡用于设置输出方向的规则集，默认情况下输出方向是允许所有流量通行的，即允许所有流量从内部网络进入外部网络，如图 5-13 所示。

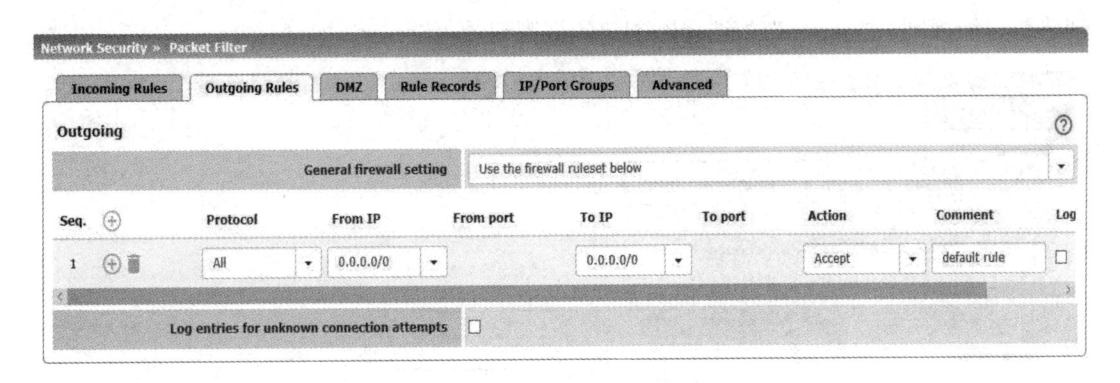

图 5-13　设置输出方向的规则集

2) 使用规则记录简化配置

当需要配置的防火墙规则比较多时，可以利用规则记录(Rule Records)简化规则的配置。各个防火墙规则可以汇总在规则记录中，然后在防火墙规则中选择这些规则记录作为操作(Action)，并加以使用。

举例：如图 5-14 所示的网络，需要配置合适的防火墙规则，允许从外部网络(WAN)通过网络服务 FTP、Telnet 和 HTTPS 对内部网络(LAN)中的 3 台特定服务器进行访问，禁止其他服务和网络地址的访问。

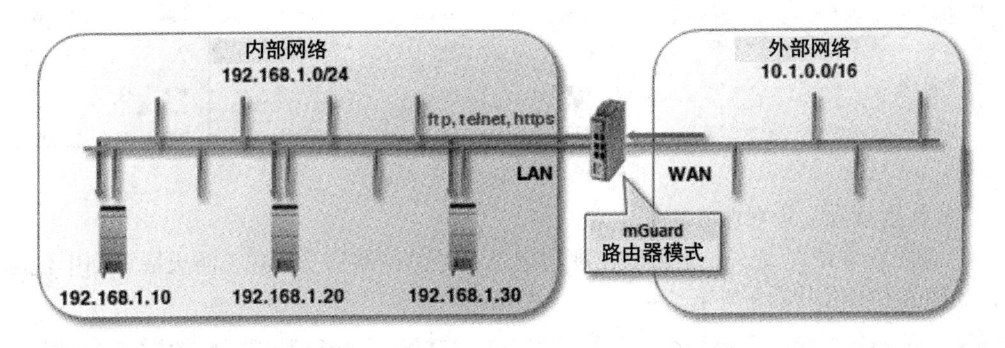

图 5-14　使用防火墙规则记录简化配置

如果没有规则记录，则必须在“Incoming Rules”中创建 9 条防火墙规则，因为每个服务器都需要提供这 3 个服务的访问。而且网络越大，涉及的服务器和服务的数量就越多，需要创建的规则也越多。此时可以创建规则记录来对服务器或服务进行汇总，再利用创建好的规则记录来创建防火墙规则，这样可以减少需要创建的防火墙规则的数量，简化配置，提高效率。

(1) 利用规则记录对服务器进行汇总。

选择 Web 配置界面左侧菜单中的“Network Security”→“Packet Filter”，切换到“Rule Record”选项卡，创建一个名为“Server”的新规则记录，然后单击 Edit Row 图标“✎”，分别为 3 台服务器添加防火墙规则，如图 5-15 所示。

然后就可以在防火墙规则中使用创建好的规则记录了。切换到“Incoming Rules”选项卡，选择“Use the firewall ruleset below”，按照图 5-16 所示分别为“ftp”“telnet”和“https”

创建防火墙规则，“Action”处选择刚创建的规则记录“Server”即可。

Network Security >> Packet Filter >> Server
Rule Record
General
A descriptive name
Server
Initial mode
Active
Controlling service input or VPN connection
None
Token for text message trigger
Deactivation timeout
0:00:00
Firewall Rules
Seq.
Protocol
From IP
From port
To IP
To port
Action
1
TCP
0.0.0.0/0
any
192.168.1.10/32
any
2
TCP
0.0.0.0/0
192.168.1.20/32
any
Accept
3
TCP
0.0.0.0/0
any
192.168.1.30/32
any
Accept

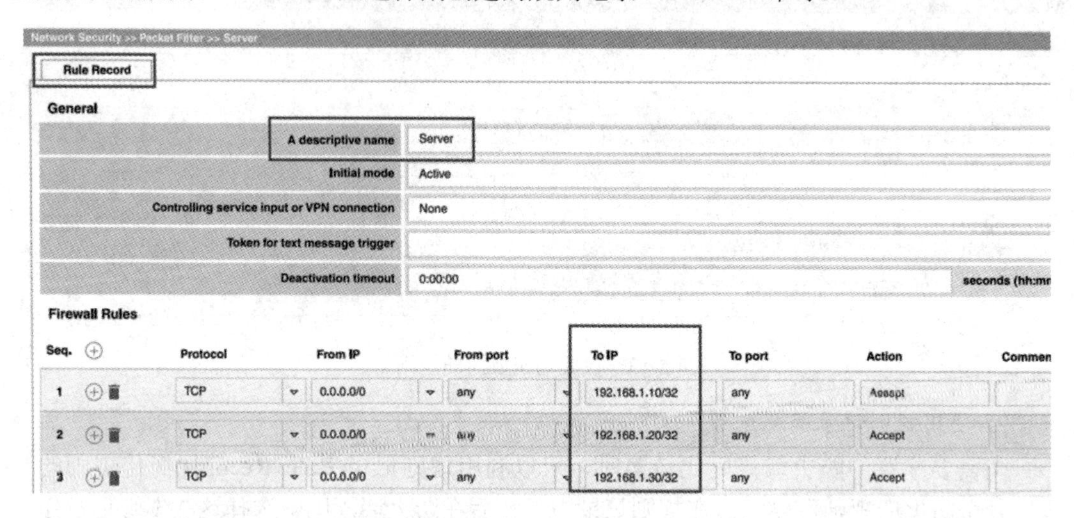

图 5-15　创建 Server 规则记录

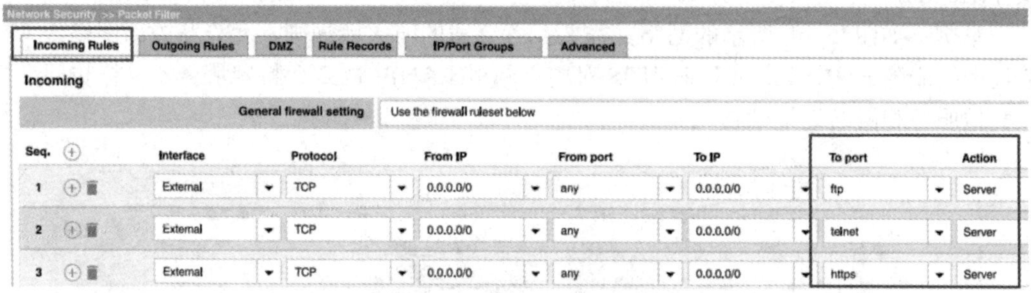

Network Security >> Packet Filter
Incoming Rules
Outgoing Rules
DMZ
Rule Records
IP/Port Groups
Advanced
Incoming
General firewall setting
Use the firewall ruleset below
Seq.
Interface
Protocol
From IP
From port
To IP
To port
Action
1
External
TCP
0.0.0.0/0
any
0.0.0.0/0
ftp
Server
2
External
TCP
0.0.0.0/0
any
0.0.0.0/0
telnet
Server
3
External
TCP
0.0.0.0/0
any
0.0.0.0/0
https
Server

图 5-16　使用 Server 规则记录

(2) 利用规则记录对服务进行汇总。

除了服务器 IP 地址外，还可以在规则记录中汇总网络服务，并在防火墙规则中使用它们，如图 5-17 和图 5-18 所示。

Network Security >> Packet Filter >> Service
Rule Record
General
A descriptive name
Service
Initial mode
Active
Controlling service input or VPN connection
None
Token for text message trigger
Deactivation timeout
0:00:00
seconds (hh:mm:ss)
Firewall Rules
Seq.
Protocol
From IP
From port
To IP
To port
Action
Comment
1
TCP
0.0.0.0/0
any
0.0.0.0/0
ftp
Accept
2
TCP
0.0.0.0/0
any
0.0.0.0/0
telnet
Accept
3
TCP
0.0.0.0/0
any
0.0.0.0/0
https
Accept

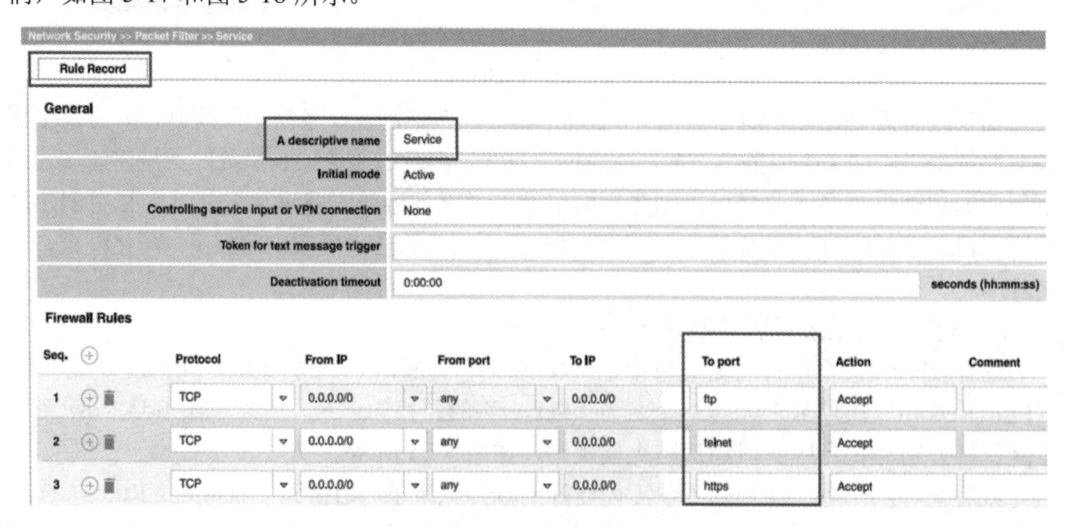

图 5-17　创建 Service 规则记录

Network Security >> Packet Filter

Incoming Rules | Outgoing Rules | DMZ | Rule Records | IP/Port Groups | Advanced

Incoming

General firewall setting: Use the firewall ruleset below

Seq.	Interface	Protocol	From IP	From port	To IP	To port	Action
1	External	TCP	0.0.0.0/0	any	192.168.1.10/32	any	Service
2	External	TCP	0.0.0.0/0	any	192.168.1.20/32	any	Service
3	External	TCP	0.0.0.0/0	any	192.168.1.30/32	any	Service

图 5-18　使用 Service 规则记录

3) 设置深度包检测功能

OPC(OLE for Process Control)是一项应用于自动化行业及其他行业的数据安全交换及互操作性的标准，由行业供应商、终端用户和软件开发者共同制定，它定义了客户端与服务器之间以及服务器与服务器之间的接口，比如访问实时数据、监控报警和事件、访问历史数据和其他应用程序等。OPC 独立于平台，在工控网络中经常使用 OPC 以确保来自多个厂商的设备之间信息的无缝传输。

OPC 通过 TCP 135 端口建立 OPC 连接，但之后进行数据交换的端口是动态变化的。这就要求工控网络中防火墙上的所有端口都必须打开才能实现 OPC 客户机和服务器的通信，但开放所有端口会造成极大的安全隐患。如果在 mGuard 上设置了 OPC 深度包检测功能，则防火墙只需开放 TCP 135 端口即可，OPC 深度包检测可动态追踪端口，自行开放相应端口。

选择 Web 配置界面左侧菜单中的“Network Security”→“Deep Packet Inspection”，设置 OPC 深度包检测功能，如图 5-19 所示。

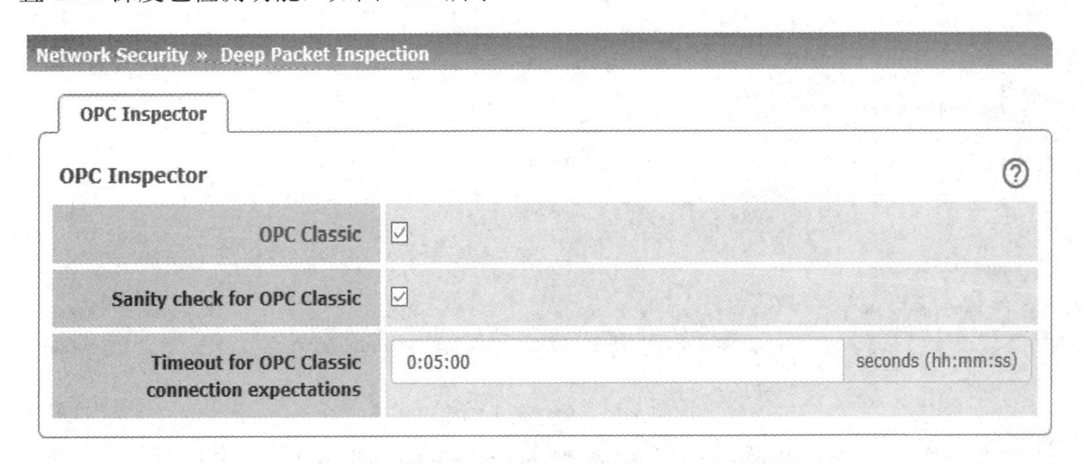

图 5-19　设置深度包检测功能

勾选图 5-19 中“OPC Classic”后面的复选框，即可激活此功能，若 mGuard 在 OPC 流量中检测到应建立新的 OPC 连接，则会创建新的动态防火墙规则开放相应端口；“Sanity check for OPC Classic”(OPC Classic 健全性检查)表示只有 OPC 包可以通过 135 端口和自动开放的端口进行传输；“Timeout for OPC Classic connection expectations”是动态防火墙规则的超时时间，默认 5 min，若超时则删除动态规则。

4. 用户防火墙

可以通过用户防火墙(User Firewall)来启用针对特定的防火墙用户(Firewall User)或用户组的防火墙规则(防火墙用户或用户组需要提前定义)。用户防火墙适用于静态配置的通用防火墙规则(如 Incoming Rules、Outgoing Rules)不允许访问目标，但允许防火墙用户登录后动态访问的情况。用户防火墙规则优先于其他位置配置的规则，并在适用时覆盖这些规则。

为了使防火墙用户能够使用用户防火墙规则，必须执行以下步骤：

(1) 选择 Web 配置界面左侧菜单中的“Authentication”→“Firewall Users”，创建所需的防火墙用户或用户组。不同用户可以采用不同的身份验证方式(Authentication method)，“Local DB”表示通过 mGuard 本地保存的用户密码对用户进行身份验证，“RADIUS”表示选择网络上的 RADIUS 服务器进行身份验证，“Access (HTTPS Authentication via)”用于指定防火墙用户可以使用哪些接口登录 mGuard，如图 5-20 所示。

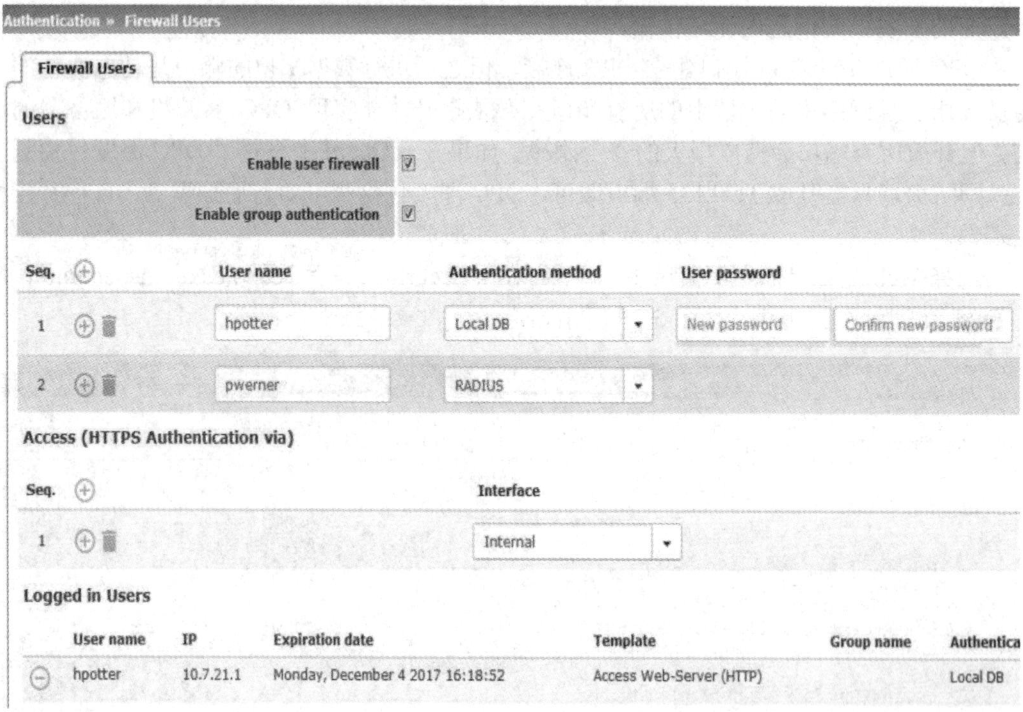

图 5-20　创建防火墙用户

(2) 选择 Web 配置界面左侧菜单中的“Network Security”→“User Firewall”，创建用户防火墙模板，再单击 Edit Row 图标“✎”编辑该模板，定义防火墙规则并分配给现有的防火墙用户。

在“General”选项卡下，为用户防火墙模板分配一个描述性名称，指定防火墙用户登录后的有效时间(请注意超时类型)，如果用户防火墙模板的规则仅对特定的 VPN 连接有效，则需要指定 VPN 连接的名字，如图 5-21 所示。

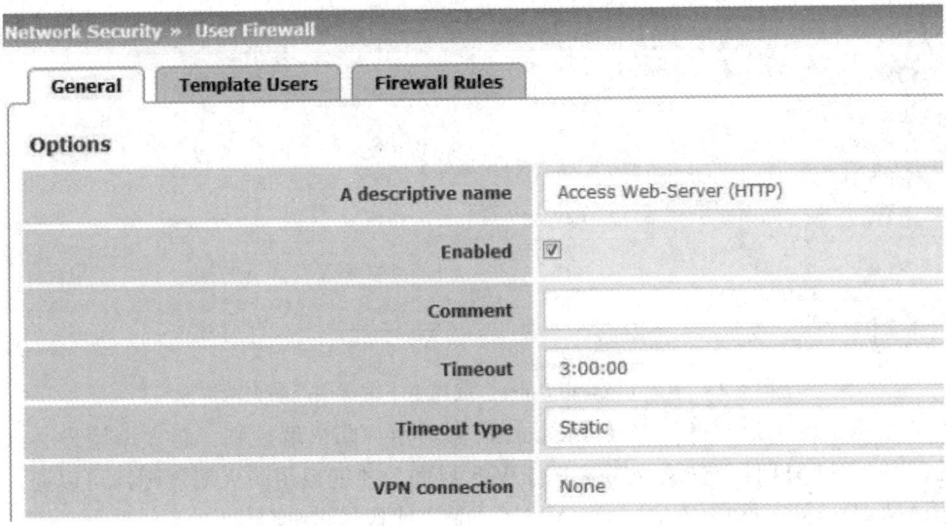

图 5-21 在“General”选项卡下编辑用户防火墙模板

在“Template Users”选项卡下，指定要应用此用户防火墙模板的防火墙用户的名称，如图 5-22 所示。注意：必须确保输入的用户名称是正确的、已经存在的防火墙用户，因为 mGuard 不会自动检查输入的用户名是否存在。一个防火墙用户可以应用一个或多个用户防火墙模板。

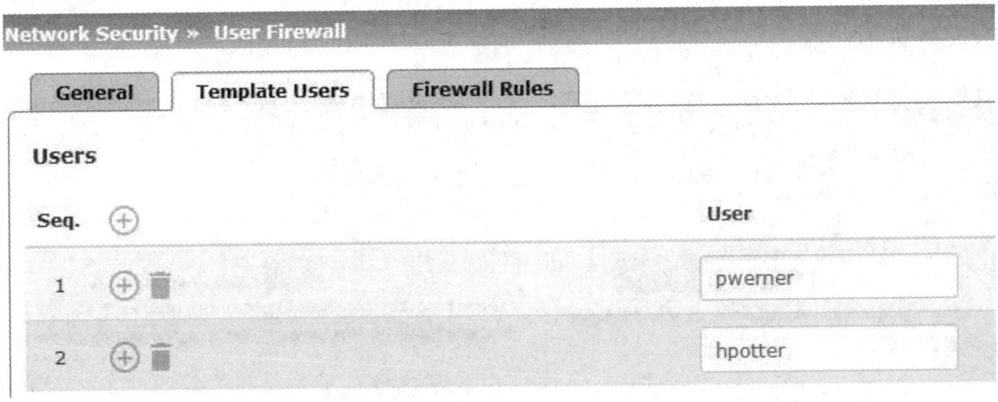

图 5-22 在“Template Users”选项卡下编辑用户防火墙模板

在“Firewall Rules”选项卡下，可为模板定义防火墙规则。mGuard 会自动识别防火墙用户登录的接口，并将用户防火墙模板应用为“传入规则”(从外部网络登录)或“传出规则”(从内部网络登录)。图 5-23 所示的规则表示可以通过 HTTP 和 HTTPS 访问任何设备。“Source IP”为“%authorized_ip”，表示防火墙规则将应用于从与当前登录的设备相同的源 IP 地址发送的数据包，源 IP 地址是其他 IP 地址的数据包将被丢弃；若“Source IP”为某个具体的 IP 地址，则表示防火墙规则将应用于从该 IP 地址发送的数据包，来自其他 IP 地址的数据包将被丢弃。如果管理员作为防火墙用户登录 mGuard，为在另一台计算机上工作的其他人员启用用户防火墙，则应将“Source IP”设置为该计算机的 IP 地址。

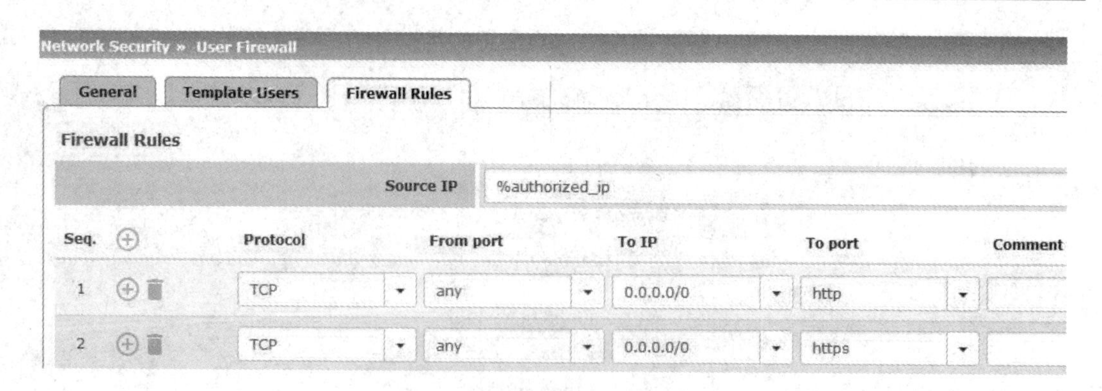

图 5-23　在“Firewall Rules”选项卡下编辑用户防火墙模板

(3) 以防火墙用户的身份登录 mGuard，激活用户防火墙规则。防火墙用户必须使用 Web 浏览器通过 HTTPS 登录 mGuard 的 Web 界面，才能启用防火墙规则，可以通过内部网络(LAN 口)、外部网络(WAN 口)、VPN、DMZ 或拨号进行登录。

提示：

要通过外部网络登录，必须在 mGuard 上启用 HTTPS 远程访问(可单击图 5-7 中左侧菜单的“Management”→“Web Settings”→“Access”进行设置)。

在网络连通的前提下，打开 Web 浏览器，输入 mGuard 的 IP 地址，打开 mGuard 的登录页面，选择“Access type”(访问类型)为“User firewall”，输入防火墙用户的用户名和密码，即可以防火墙用户身份登录。如果登录成功，那么登录状态将显示在登录窗口中，如图 5-24 所示。

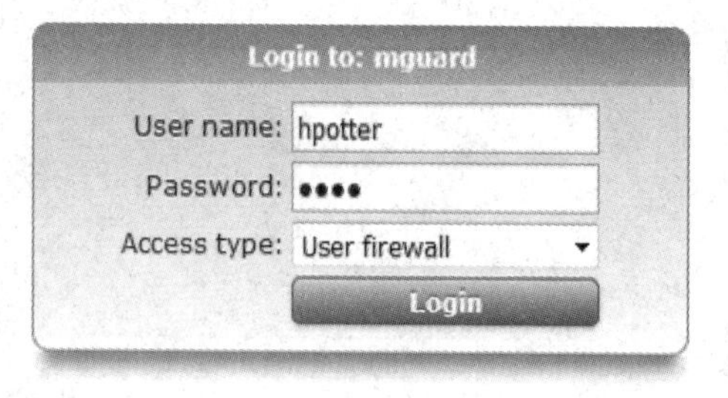

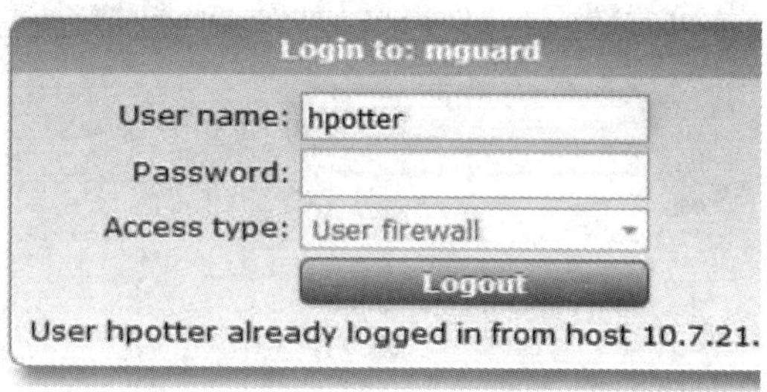

图 5-24　以防火墙用户身份登录

当防火墙用户的操作完成后，可再次输入密码注销该防火墙用户，或等待连接超时 mGuard 自动断开防火墙用户的连接。

5.4　本 章 实 训

为了更好地理解防火墙技术以及菲尼克斯 mGuard 的功能，本章设计了基于潜行模式的防火墙、从公司网络访问内部生产网络、使用用户防火墙启用对外部网络的访问、使用用户防火墙限制对内网设备的访问 4 个实训任务。

1. 实训目的

(1) 掌握 mGuard 的网络配置及路由配置。

(2) 掌握潜行模式的防火墙配置。

(3) 掌握路由器模式的防火墙配置。

(4) 掌握用户防火墙的配置。

2. 实训准备

(1) 复习本章内容。

(2) 熟悉 mGuard 的基本配置及网络连接。

(3) 熟悉静态路由的配置。

(4) 熟悉防火墙规则集的配置。

(5) 熟悉用户防火墙的作用。

3. 实训设备

本章实训所需要的设备有：3 台安装有 PLCNext Engineer、IPAssign、Wireshark、ArpSpoof 软件的计算机、1 台 AXC F 2152 PLC、1 台 PROFINET 工业交换机、2 台安全路由器和防火墙 mGuard 及网线若干。

5.4.1　基于潜行模式的防火墙

将 mGuard 设置为潜行(Stealth)模式，需要保护的 PC1 连接到 mGuard 的 LAN 口，安装抓包软件 Wireshark，PC2 为模拟攻击方，连接到 mGuard 的 WAN 口，安装 ARP 攻击软件 ArpSpoof，对 mGuard 进行配置，避免 PC1 受到 PC2 的 ARP 攻击，网络拓扑如图 5-25 所示。

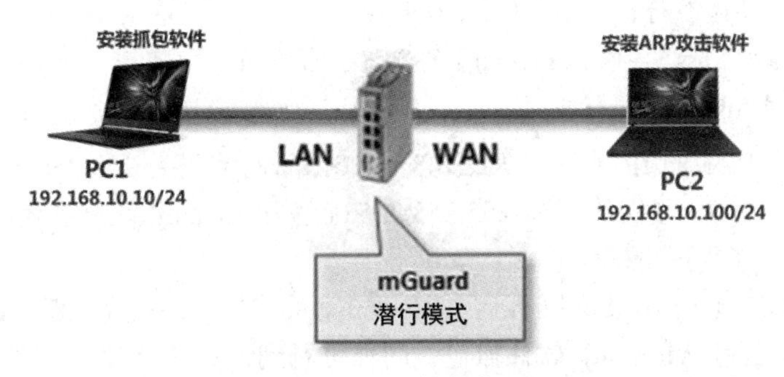

图 5-25　网络拓扑 1

具体实训步骤如下：

步骤 1：按照图 5-25 所示进行网络连接，并对 mGuard 进行重置。

步骤 2：配置 PC1 的 IP 地址为 192.168.1.10，子网掩码为 255.255.255.0，再打开浏览器，用 mGuard 的 LAN 口地址 192.168.1.1、用户名 admin、密码 mGuard 进入 mGuard 的 Web 配置界面。

步骤 3：单击左侧菜单中的“Network”→“Interfaces”，将“Network Mode”设置成“Stealth”，即为潜行模式，如图 5-26 所示。切换至“Stealth”选项卡，设置潜行模式的管理 IP 地址为 192.168.10.1，子网掩码为 255.255.255.0，如图 5-27 所示。单击界面右上角的保存按钮，保存所做的修改。

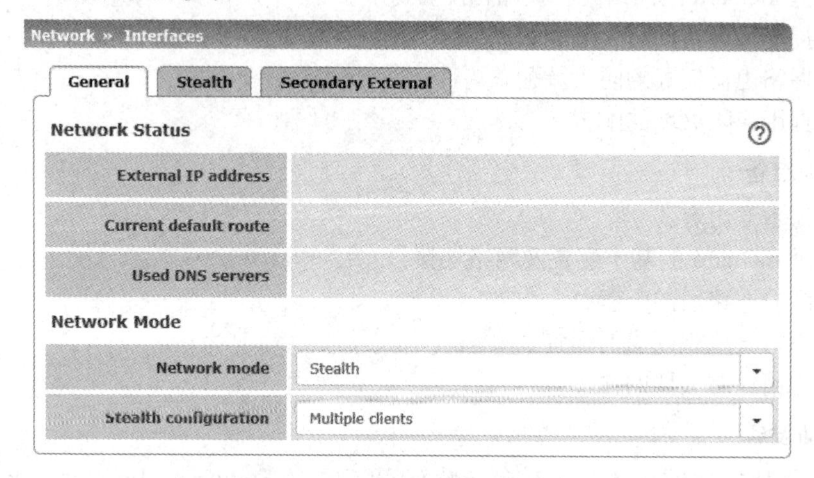

图 5-26　将 mGuard 设置为潜行模式

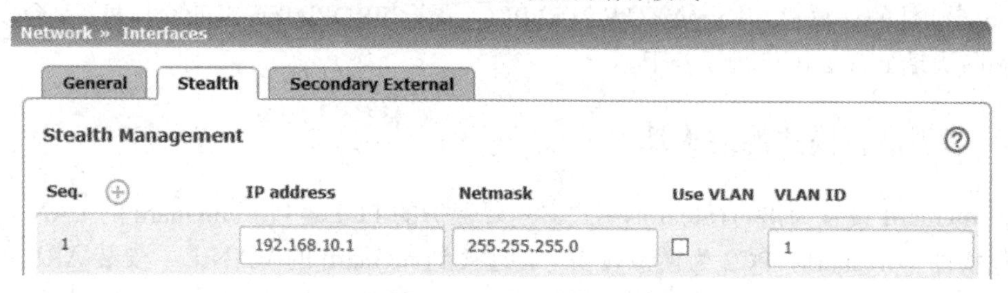

图 5-27　设置潜行模式的管理 IP 地址

提示：

将 mGuard 设置为潜行模式后，LAN 口和 WAN 口就不再有 IP 地址，此时必须先设置潜行模式的管理 IP 地址，再保存 mGuard 的配置，否则将无法再进入 mGuard 的 Web 配置界面，除非重新对 mGuard 进行重置。

步骤 4：配置 PC1 的 IP 地址为 192.168.10.10，子网掩码为 255.255.255.0；PC2 的 IP 地址为 192.168.10.100，子网掩码为 255.255.255.0(因为 mGuard 工作在潜行模式，所以两台计算机的 IP 地址在同一网段)。

步骤 5：在 PC2 上用 ArpSpoof 开启 ARP 攻击，用 Wireshark 软件抓包，可以看到大量 ARP 包。在 PC1 上用 Wireshark 软件抓包，同样可看到大量从 PC2 发出的 ARP 攻击包，如图 5-28 所示，注意 ARP 包的目的地址。

No.	Time	Source	Destination	Protocol
592	51.417368	PhoenixC_85:7b:e2	Broadcast	ARP
593	51.430381	9c:5a:44:25:e8:7f	cc:cc:cc:cc:cc:cc	ARP
594	51.481113	9c:5a:44:25:e8:7f	cc:cc:cc:cc:cc:cc	ARP
595	51.532502	9c:5a:44:25:e8:7f	cc:cc:cc:cc:cc:cc	ARP
596	51.584494	9c:5a:44:25:e8:7f	cc:cc:cc:cc:cc:cc	ARP
597	51.636291	9c:5a:44:25:e8:7f	cc:cc:cc:cc:cc:cc	ARP

图 5-28　用 Wireshark 软件看到的 ARP 攻击包

步骤 6：关闭 ARP 攻击。登录 mGuard，进入“Network Security”→“Packet Filter”，

切换至“MAC Filtering”选项卡，点击“Incoming”下方 Seq. 后面的加号“⊕”，添加一条防火墙规则，“Source MAC”用默认的“xx:xx:xx:xx:xx:xx”，表示任意地址，“Destination MAC”处输入步骤 5 查看到 ARP 包的目的地址，“Action”处选择“Drop”，如图 5-29 所示。

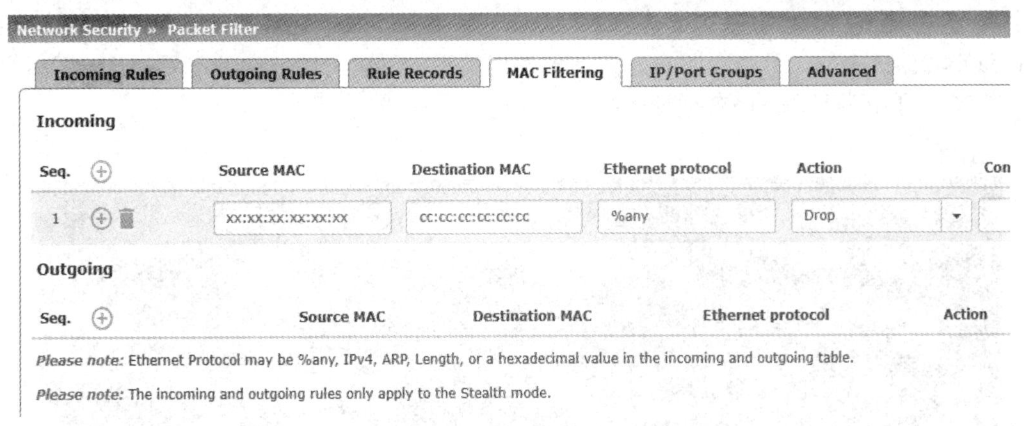

图 5-29　关闭 ARP 攻击

提示：

一般情况下，ARP 攻击包的目的地址为 ff:ff:ff:ff:ff:ff，而 ArpSpoof 软件模拟的 ARP 攻击包的目的地址为 cc:cc:cc:cc:cc:cc，在设置防火墙规则时应根据实际抓到的包的地址进行过滤。

步骤 7：在 PC2 上重新用 ArpSpoof 开启 ARP 攻击，用 Wireshark 软件抓包，可看到大量的 ARP 包存在，同时在 PC1 上用 Wireshark 软件抓包，发现不再有 ARP 攻击包存在，因为 ARP 攻击包已经被 mGuard 丢弃了。

另外需要注意的是，在配置 MAC Filtering 时，若过滤的目的 MAC 地址是 ff:ff:ff:ff:ff:ff，则 ARP 协议将无法正常工作，无法在 ARP 缓存中自动添加 IP 地址与 MAC 的地址映射关系，PC1 与 PC2 将无法正常通信，此时需要在 PC2 上手动添加 IP 地址与 MAC 的地址映射关系，设置方式如下：

(1) 在 PC1 上，运行 cmd 命令打开 DOS 命令提示符，输入“ipconfig/all”，查看 IP 地址与 MAC 地址，此处分别为 192.168.10.10 和 9c-5a-44-25-e8-7f。

(2) 在 PC2 上，以管理员身份运行 cmd 命令打开 DOS 命令提示符。输入“arp -a”查看 ARP 缓存，如果还有 PC1 的记录，则输入“arp -d *”删除，如图 5-30 所示。

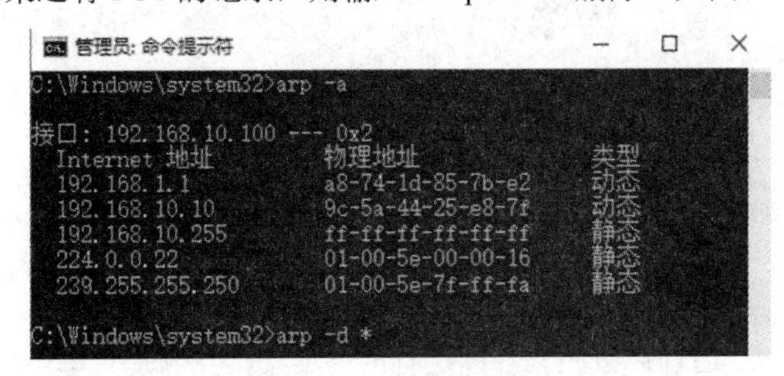

图 5-30　删除 ARP 缓存

(3) 在 PC2 上尝试连通 PC1，结果不通，因为 ARP 缓存被清空了，且 ARP 协议无法正常工作，无法通过 PC1 的 IP 地址解析 PC1 的 MAC 地址，故 PC2 无法访问 PC1。此时需要在 PC2 上手动添加 PC1 的 IP 地址与 MAC 地址的映射关系。

(4) 输入“netsh i i show in”，查看与 PC1 通信的网卡(此处名称为以太网)对应的 Idx 号，可以看到 Idx 号为 2；输入“netsh -c ″i i ″ add neighbors 2 192.168.10.10 9c-5a-44-25-e8-7f”，手动添加 PC1 的静态映射关系；再输入“arp -a”查看 ARP 表，可以看到 PC1 的 IP 地址与 MAC 地址的静态映射已经添加成功，如图 5-31 所示。

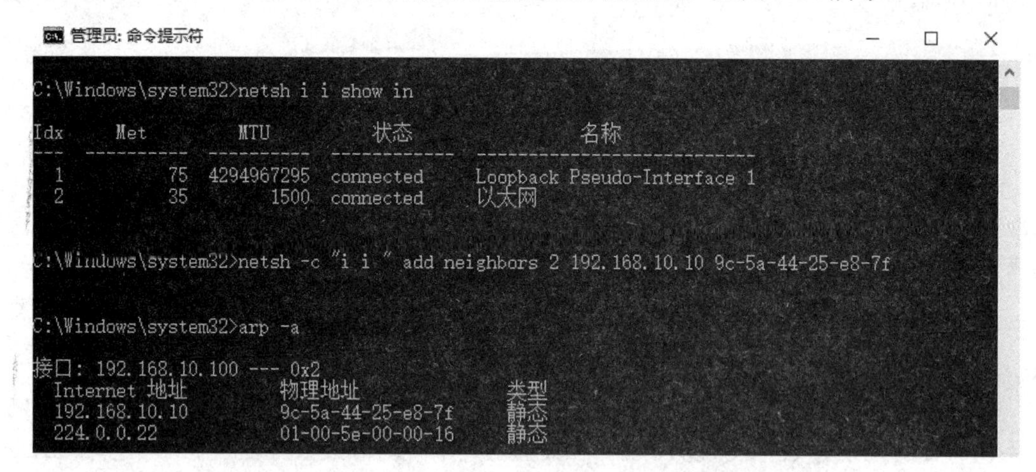

图 5-31　手动添加 PC1 的 IP 地址与 MAC 地址的映射关系

(5) 再次在 PC2 上尝试连通 PC1，可以看到能够连通了，即 PC2 可以与 PC1 正常通信。

5.4.2　从公司网络访问内部生产网络

生产网络(内部网络)和公司网络(外部网络)通过 mGuard 路由器连接，并接入 Internet，网络拓扑如图 5-32 所示。要求配置防火墙规则，只允许 PC1 从公司网络 PING 生产网络中的 PLC，并访问 PLC 的 Web 配置界面，其他设备的访问均不允许。

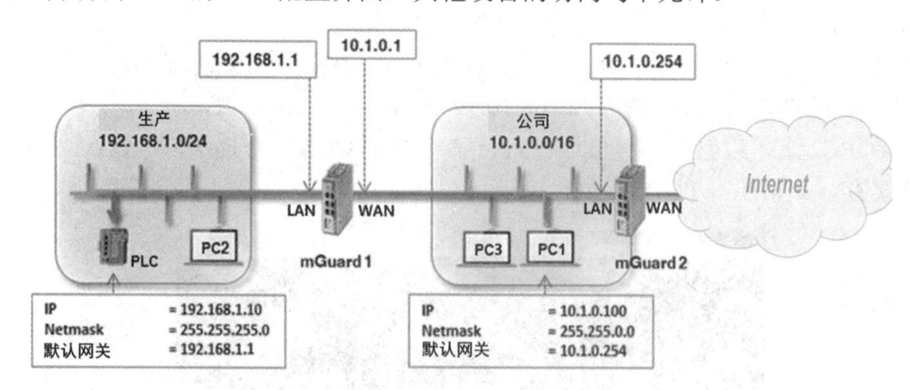

图 5-32　网络拓扑 2

本实训可以分解为以下两个子任务：

(1) 实现网络的连通性：按照拓扑图进行网络连接，并分别对每个设备进行必要的配置，实现整个网络的连通性，即公司网络的所有 PC 可以 PING 生产网络中的所有设备，并能访问 PLC 的 Web 配置界面。

(2) 配置防火墙规则：在全网连通的基础上，配置防火墙规则，按要求对设备进行过滤。

1. 实现网络的连通性

具体实训步骤如下：

步骤 1：按照图 5-32 所示进行网络连接。

步骤 2：利用 PLCNext Engineer 软件将 PLC 的 IP 地址配置为 192.168.1.10，子网掩码为 255.255.255.0，默认网关为 192.168.1.1，如图 5-33 所示。

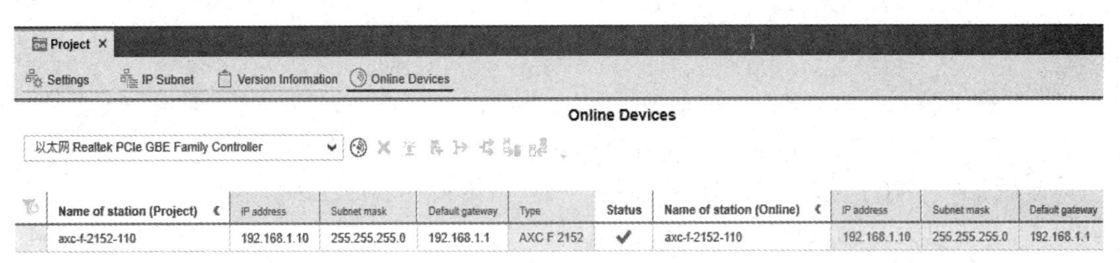

图 5-33　配置 PLC 的 IP 地址

步骤 3：对 mGuard1 进行重置，mGuard 的“Network Mode”默认为“Router”，连接到 mGuard1，按照图 5-32 所示将 mGuard1 的 LAN 口地址配置为 192.168.1.1，子网掩码为 255.255.255.0，将 WAN 口地址配置为 10.1.0.1，子网掩码为 255.255.0.0，默认网关为 10.1.0.254，如图 5-34 所示。

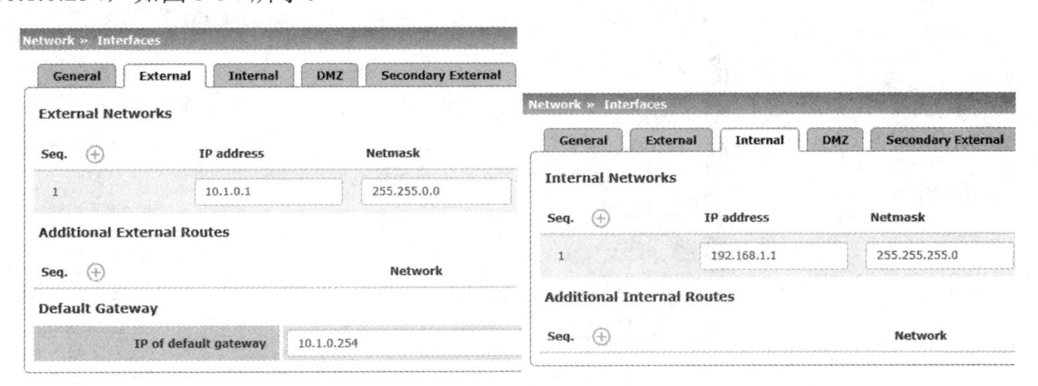

图 5-34　配置 mGuard1 的 LAN 口和 WAN 口地址

步骤 4：将 mGuard1 的“Incoming Rules”和“Outgoing Rules”防火墙规则均设置为“Accept all connections”；默认情况下 mGuard 是丢弃所有 WAN 口的 PING 数据包的，这样就无法用 PING 命令验证连通性，所以需要在“Advanced”选项卡下将“ICMP via primary external interface for the mGuard”设置为“Allow all ICMPS”，允许接受所有的 PING 数据包。

步骤 5：对 mGuard2 进行重置，连接到 mGuard2，按照图 5-32 所示将 mGuard2 的 LAN 口地址配置为 10.1.0.254，子网掩码为 255.255.0.0，并单击“Additional Internal Routes”下 Seq.后面的加号“⊕”，添加新的静态路由项目，设置子网掩码为 192.168.1.0/24，默认网关为 10.1.0.1，如图 5-35 所示。

步骤 6：将 mGuard2 的 WAN 口地址配置为由 ISP 分配的公有 IP 地址，假设为 210.20.0.1，子网掩码为 255.255.255.0。

Network » Interfaces

General | External | Internal | DMZ | Secondary External

Internal Networks

Seq.	IP address	Netmask	Use VLAN	VLAN ID
1	10.1.0.254	255.255.0.0	☐	1

Additional Internal Routes

Seq.	Network	Gateway
1	192.168.1.0/24	10.1.0.1

图 5-35　配置 mGuard2 的 LAN 口地址及路由

步骤 7：在 PC1 上，选择“控制面板”→“网络和 Internet”→“网络连接”，禁用无线网卡，并将以太网的 IP 地址设置为 10.1.0.100，子网掩码为 255.255.0.0，网关为 10.1.0.254；选择“控制面板”→“系统和安全”，单击“启用或关闭 Windows Defender 防火墙”，关闭 Windows 防火墙，如图 5-36 所示。

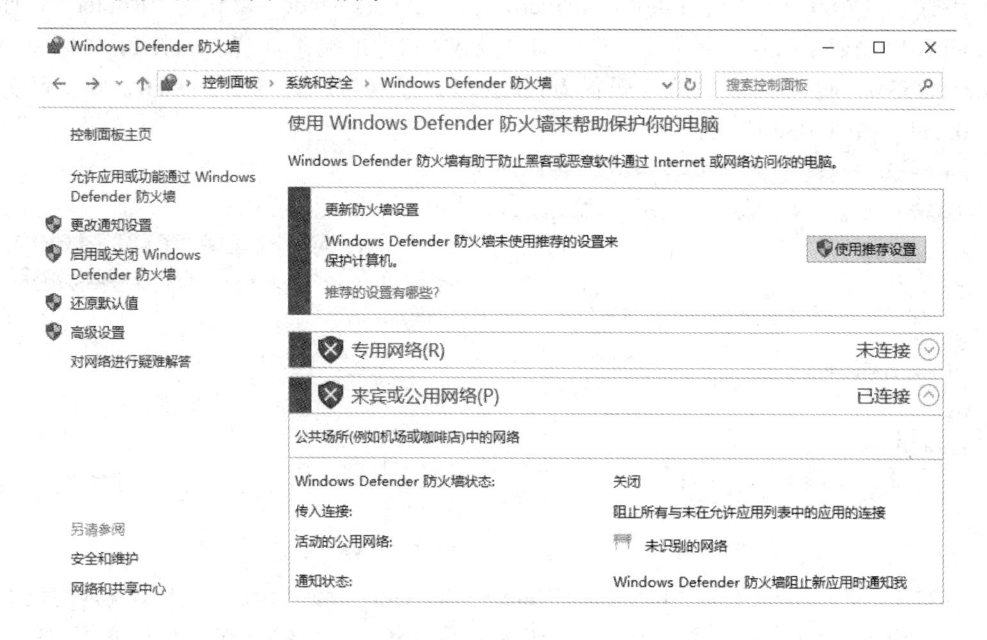

图 5-36　关闭 Windows 防火墙

提示：

必须禁用无线网卡并关闭 Windows 防火墙，否则将影响 PING 命令验证连通性的结果。

步骤 8：分别给 PC2 和 PC3 配置相应网段的 IP 地址、子网掩码及网关。

步骤 9：验证连通性。在 PC1 和 PC3 上可以访问 PLC 的 Web 界面，并且能连通 PLC 和 PC2。

2. 配置防火墙规则

实现网络连通之后，就可以进行防火墙规则的配置了，具体步骤如下：

步骤 1：登录到 mGuard1 的 Web 配置界面，单击左侧菜单中的“Network Security”→

“Packet Filter”，切换到“Incoming Rules”选项卡。

步骤 2：单击 Seq.后面的加号“⊕”，添加两条防火墙规则，允许 PC1 从公司网络访问生产网络中 PLC 的 Web 界面，允许 PC1 从公司网络 PING 生产网络中的 PLC，如图 5-37 所示。

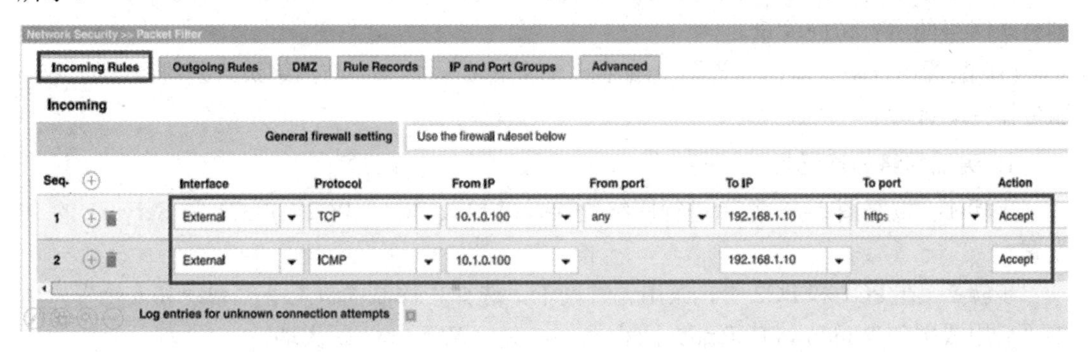

图 5-37　添加两条防火墙规则

步骤 3：验证实训结果。

(1) 公司网络的 PC1 可以 PING 生产网络中的 PLC，但不能 PING 生产网络中的其他设备(如 PC2)。

(2) 公司网络的 PC1 可以访问生产网络中 PLC 的 Web 配置界面，但不能访问生产网络中其他设备的 Web 界面。

(3) 公司网络的其他设备(如 PC3)不能访问生产网络中的任何设备。

5.4.3　使用用户防火墙启用对外部网络的访问

生产网络(内部网络)和公司网络(外部网络)通过 mGuard 路由器连接，网络拓扑如图 5-38 所示。配置通用防火墙传出规则(Outgoing Rules)，禁止从生产网络到公司网络的所有访问流量；再配置用户防火墙，使防火墙用户 USERA 可以从内部生产网络用 HTTPS 访问公司网络的 Web 服务器 Server1。

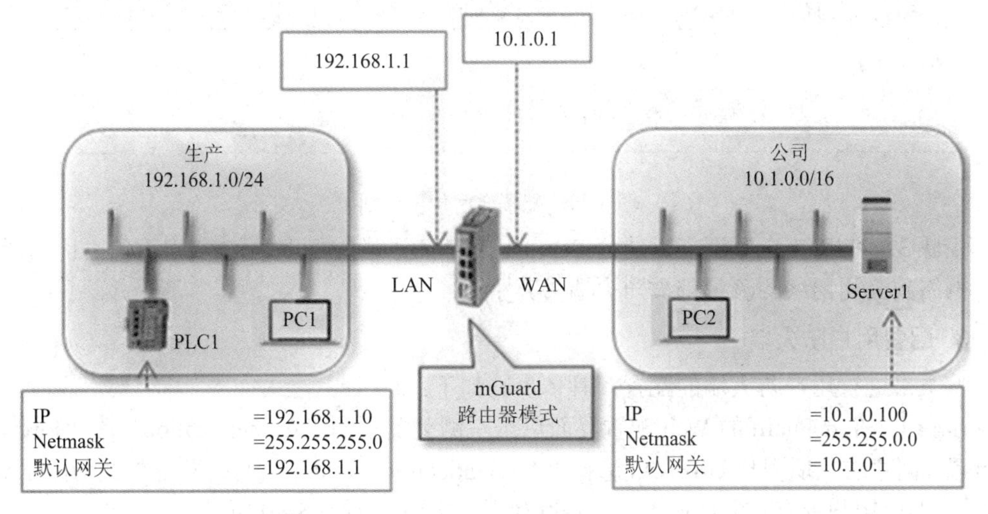

图 5-38　网络拓扑 3

本实训可以分解为以下 3 个子任务：

(1) 实现网络的连通性：按照拓扑图进行网络连接，并分别对每个设备进行必要的配置，实现整个网络的连通性，即公司网络的所有设备可以和生产网络中的所有设备相互访问。

(2) 配置防火墙规则：在全网连通的基础上，配置防火墙传出规则，禁止从生产网络到公司网络的所有访问流量。

(3) 配置用户防火墙：允许防火墙用户 USERA 从内部生产网络访问公司网络的 Web 服务器 Server1。

1. 实现网络的连通性

步骤 1：按照图 5-38 所示进行网络连接，并更改 PC1、PC2、PLC1 和 Server1 的 IP 设置。

步骤 2：在 PC1 和 PC2 上，禁用无线网卡，选择“控制面板”→“系统和安全”，单击“启用或关闭 Windows Defender 防火墙”，关闭 Windows 防火墙。

步骤 3：对 mGuard 进行重置操作，并登录到 mGuard 的 Web 配置界面，按照图 5-38 所示配置 mGuard 的 LAN 口和 WAN 口的地址。

步骤 4：将 mGuard 的“Incoming Rules”和“Outgoing Rules”防火墙规则均设置为“Accept all connections”。

步骤 5：验证网络的连通性。此时生产网络和公司网络的所有设备应该都能相互通信。

2. 配置防火墙规则

网络连通之后，再进行防火墙规则的配置，具体步骤如下：

步骤 1：在 mGuard 的 Web 配置界面单击左侧菜单中的“Network Security”→“Packet Filter”，切换到“Outgoing Rules”选项卡。

步骤 2：将“General firewall setting”设置为“Drop all connections”，禁止从生产网络到公司网络的所有访问流量，如图 5-39 所示。

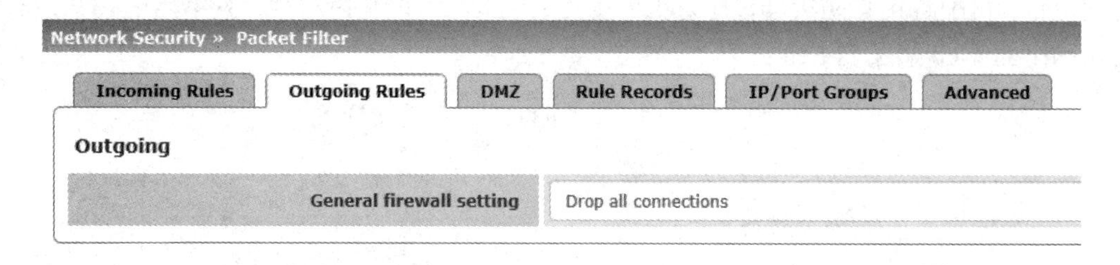

图 5-39　配置通用传出规则

步骤 3：在 PC1 上验证能否访问 Server1 的 Web 页面。此时无法实现访问，因为所有生产网络到公司网络的流量都被防火墙丢弃了。

3. 配置用户防火墙

接下来进行用户防火墙的配置，具体步骤如下：

步骤 1：在 mGuard 的 Web 配置界面单击左侧菜单中的“Authentication”→“Firewall Users”，创建防火墙用户 USERA，选择“Authentication method”(身份验证方式)为“Local DB”，即此用户保存在 mGuard 上，并设置用户密码，如图 5-40 所示。

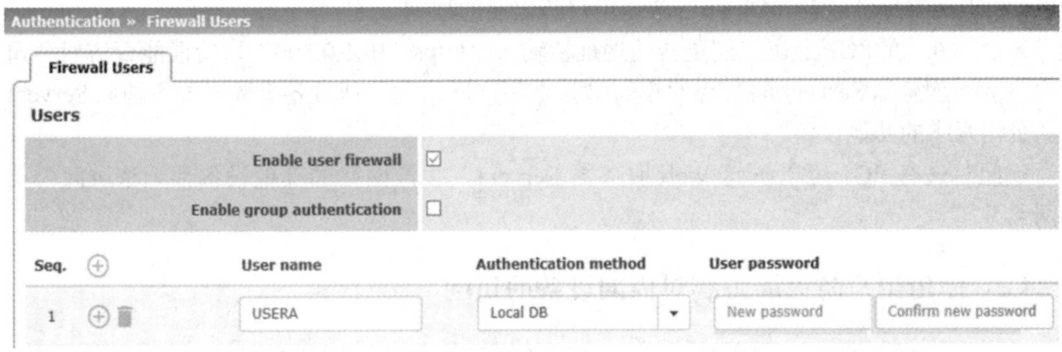

Authentication » Firewall Users
Firewall Users
Users
Enable user firewall ☑
Enable group authentication ☐
Seq. ⊕ User name Authentication method User password
1 ⊕ USERA Local DB New password Confirm new password

图 5-40　创建防火墙用户 USERA

步骤 2：单击 Web 配置界面左侧菜单中的“Network Security”→“User Firewall”，创建一个用户防火墙模板，并单击 Edit Row 图标“✎”，编辑该模板。

步骤 3：切换到“Template Users”选项卡，单击 Seq.后面的加号“⊕”，添加一个用户，输入之前创建的防火墙用户名“USERA”，如图 5-41 所示。

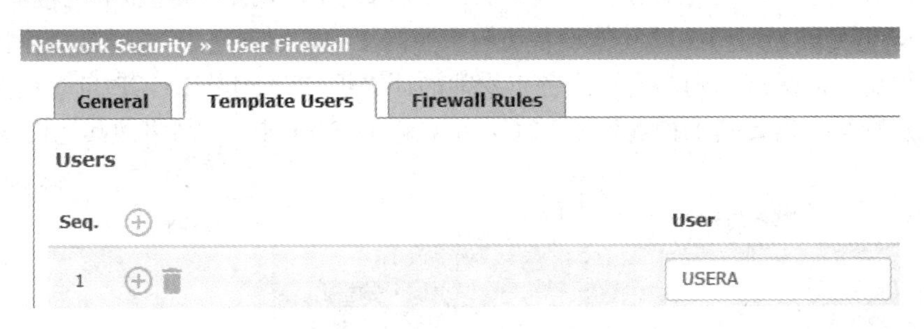

图 5-41　在模板中添加 USERA

步骤 4：切换到“Firewall Rules”选项卡，单击 Seq.后面的加号“⊕”，添加一条防火墙规则，允许防火墙用户 USERA 在当前登录的设备上用 HTTPS 访问 Server1，如图 5-42 所示。

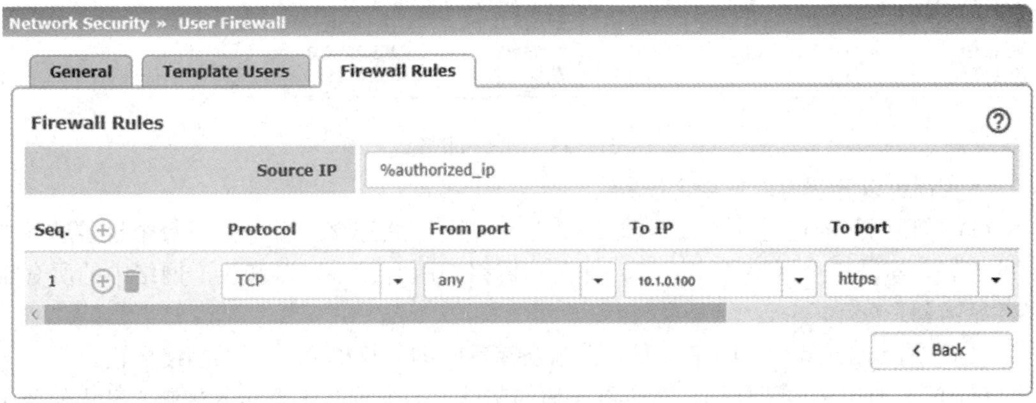

Network Security » User Firewall
General Template Users Firewall Rules
Firewall Rules
Source IP %authorized_ip
Seq. ⊕ Protocol From port To IP To port
1 ⊕ TCP any 10.1.0.100 https
‹ Back

图 5-42　在模板中定义防火墙规则

步骤 5：在 PC1 上，打开浏览器，在地址栏输入“https://192.168.1.1”，打开 mGuard 的登录页面，输入防火墙用户 USERA 的用户名和密码，“Access type”为“User firewall”，

以 USERA 的身份登录 mGuard，激活用户防火墙的规则。

步骤 6：在 PC1 上，在浏览器的地址栏输入“https://10.1.0.100”，验证能否访问公司网络 Web 服务器 Server1 的 Web 页面；同时，在生产网络的其他设备上验证能否访问 Server1 和公司网络的其他设备。

此时只有 PC1 可以访问 Web 服务器 Server1，生产网络的其他设备都无法访问公司网络！

5.4.4 使用用户防火墙限制对内网设备的访问

可以使用用户防火墙限制第三方的服务工程师对内部网络的访问，使服务工程师只能在获得网络管理员许可的情况下访问需要其维护的设备，同时限制其对其他设备的访问。

网络拓扑如图 5-43 所示，要求配置 mGuard 的 DHCP 功能，使服务工程师的计算机 PC3 连接到公司网络后，可以自动获得特定的 IP 配置(10.1.0.111/16)；同时，对通用防火墙进行配置，禁止这个特定的 IP 地址 10.1.0.111/16 访问生产网络(避免服务工程师私自访问生产网络)，但允许公司网络的其他设备访问生产网络；再配置用户防火墙，由网络管理员登录防火墙用户后激活规则，允许服务工程师的计算机 PC3 用从 DHCP 自动获得的 IP 地址访问生产网络中需要其维护的设备 PLC，不允许 PC3 访问生产网络的其他设备。

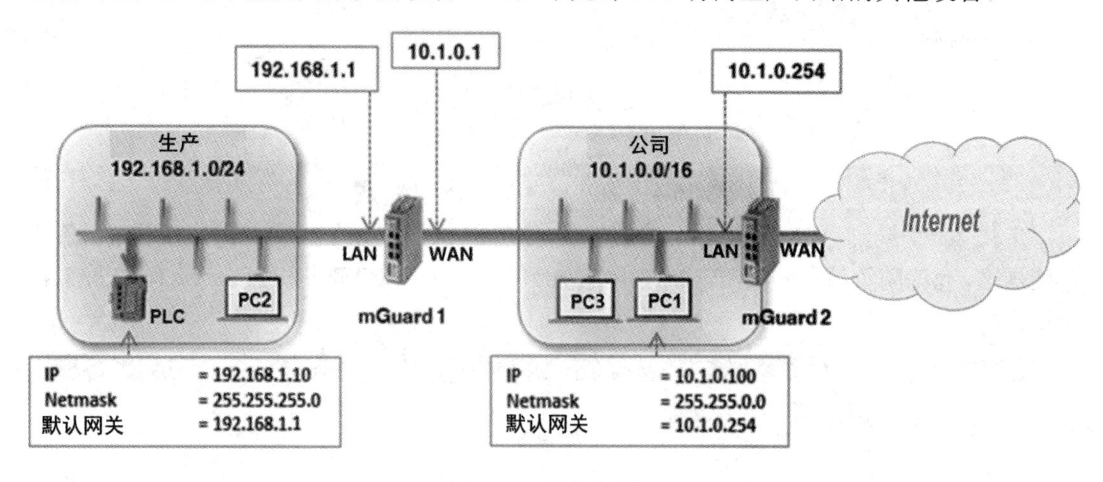

图 5-43 网络拓扑 4

本实训可以分解为以下 4 个任务：

(1) 实现网络的连通性：按照图 5-43 所示进行网络连接，并分别对每个设备进行必要的配置，实现整个网络的连通性，即公司网络的所有设备可以和生产网络中的所有设备相互访问。

(2) 配置 mGuard 的 DHCP 功能：为服务工程师的计算机 PC3 提供网络配置。

(3) 配置通用防火墙规则：在全网连通的基础上，配置防火墙传入规则，禁止从公司网络到生产网络的所有访问流量。

(4) 配置用户防火墙：只允许服务工程师的计算机 PC3 用从 DHCP 自动获得的 IP 地址访问其所维护的设备 PLC，不允许 PC3 访问其他任何设备。

1. 实现网络的连通性

根据网络拓扑图 5-43 对 mGuard 和其他设备进行配置，使生产网络和公司网络能够相互通信，配置过程与 5.4.2 完全相同，在此不再赘述。

2. 配置 mGuard 的 DHCP 功能

将 mGuard 配置为 DHCP 服务器，并配置相关选项，为服务工程师的计算机 PC3 提供网络配置，使 PC3 能够与生产网络和公司网络进行通信，具体步骤如下：

步骤 1：登录到 mGuard2 的 Web 配置界面，单击左侧菜单中的“Network”→“DHCP”进入 DHCP 功能配置界面。

步骤 2：在“Internal DHCP”选项卡下，选择“DHCP mode”为“Server”，设置“DHCP range start”和“DHCP range end”为 10.1.0.111，即 DHCP 服务器的地址池中只提供一个可用地址，“Local netmask”(本地掩码)为 255.255.0.0，“Broadcast address”(广播地址)为 10.1.255.255，“Default gateway”(默认网关)为 10.1.0.1，如图 5-44 所示。

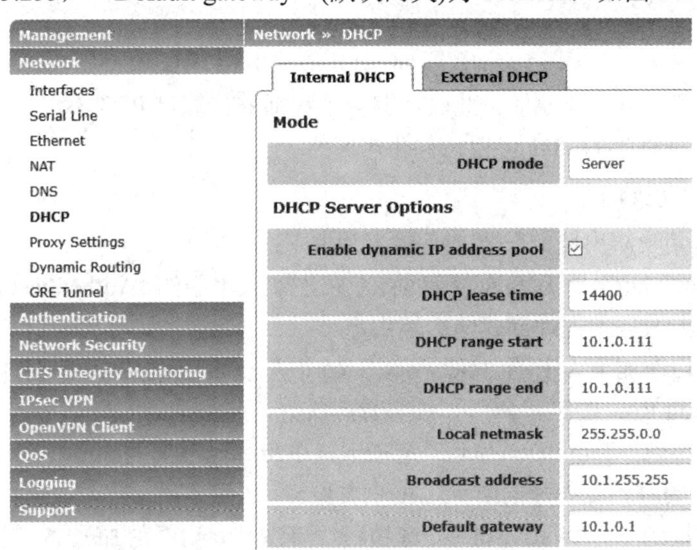

图 5-44　配置 mGuard 的 DHCP 功能

提示：

因为 PC3 与 mGuard2 的 LAN 口、mGuard2 的 WAN 口直接相连，所以 DHCP 功能既可以由 mGuard 2 提供，也可以由 mGuard 1 提供。若由 mGuard 2 提供，则需通过“Internal DHCP”选项卡进行设置；若由 mGuard 1 提供，则需通过“External DHCP”选项卡进行设置。

步骤 3：将 PC3 接入公司网络，设置其 TCP/IP 属性为自动获取 IP 地址。

此时，如果网络连接正常，则 mGuard 的 DHCP 功能设置正确，PC3 将自动获得 IP 地址 10.1.0.111、子网掩码 255.255.0.0、默认网关 10.1.0.1，可以在命令提示符下用 ipconfig/all 命令进行验证。

3. 配置通用防火墙规则

网络连通之后，再进行通用防火墙规则的配置，具体步骤如下：

步骤 1：在 mGuard1 的 Web 配置界面，单击左侧菜单中的“Network Security”→“Packet

Filter”，切换到“Incoming Rules”选项卡。

步骤 2：单击 Seq.后面的加号“⊕”，添加两条防火墙规则，禁止 PC3(10.1.0.111)访问生产网络 192.168.1.0/24，允许公司网络的 PC1(10.1.0.100)访问，如图 5-45 所示。若公司网络还有其他设备需要访问生产网络，可以将第二条规则的“From IP”改成“10.1.0.0/16”。

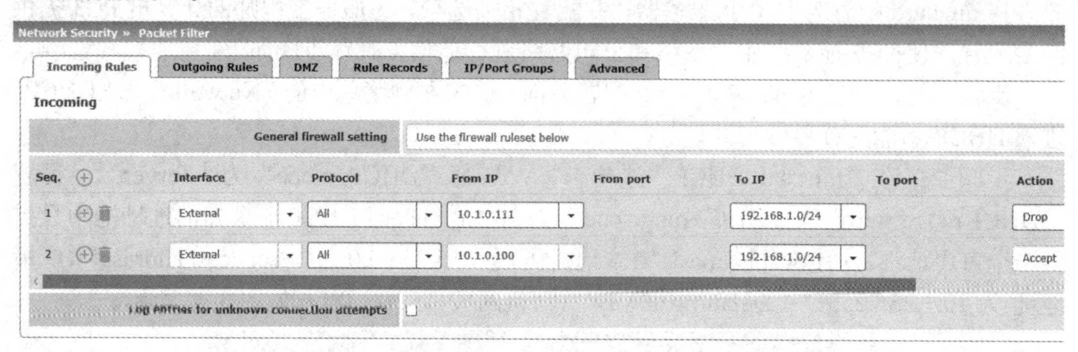

图 5-45　配置 mGuard1 的通用防火墙规则

步骤 3：验证网络的连通性。此时，服务工程师的计算机 PC3 不能访问生产网络的任何设备，但公司网络中的 PC1 可以访问生产网络。

4. 配置用户防火墙

接下来进行用户防火墙的配置，具体步骤如下：

步骤 1：在 mGuard1 的 Web 配置界面，单击左侧菜单中的“Authentication”→“Firewall Users”，为第三方服务工程师创建防火墙用户。

步骤 2：单击左侧菜单中的“Network Security”→“User Firewall”，创建用户防火墙模板，并单击 Edit Row 图标“✎”，编辑该模板。

步骤 3：切换到“Template Users”选项卡，单击 Seq.后面的加号“⊕”，添加一个用户，输入刚创建的服务工程师的防火墙用户名称。

步骤 4：切换到“Firewall Rules”选项卡，单击 Seq.后面的加号“⊕”，添加一条防火墙规则，允许特定的 IP 地址(10.1.0.111)用 HTTPS(端口号 443)访问 PLC(192.168.1.10)，如图 5-46 所示。

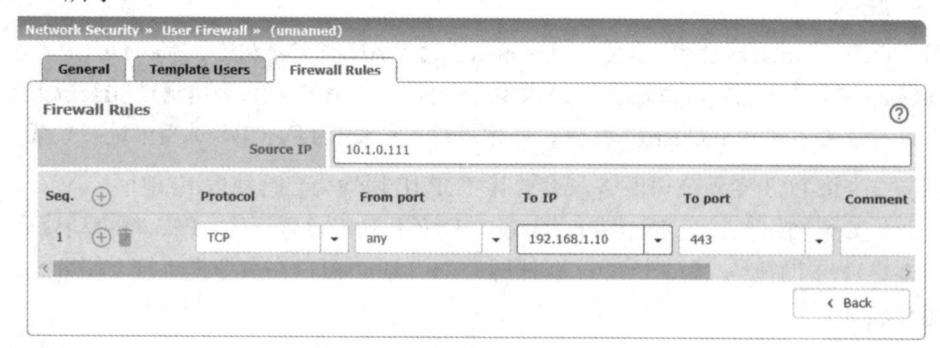

图 5-46　配置用户防火墙规则

步骤 5：在 PC2 上，以刚创建的防火墙用户的身份登录到 mGuard1，激活用户防火墙规则。

步骤 6：在 PC3 上，验证能否用 https://192.168.1.10 访问 PLC 的 Web 界面，能否访问

生产网络的其他设备。此时，第三方服务工程师的计算机 PC3 只能访问 PLC 的 Web 界面，无法访问生产网络的其他设备！

本 章 习 题

1. 简述防火墙规则的作用及组成。
2. 简述防火墙规则的应用流程。
3. 简述白名单机制和黑名单机制的区别。
4. 简述潜行模式与路由器模式的区别。
5. 如何对 mGuard 进行重置?
6. 如何才能对 mGuard 进行配置?
7. 简述用户防火墙的功能。
8. 简述用户防火墙的创建过程。
9. 简述通用防火墙规则与用户防火墙规则的区别。
10. 为何传统 IT 防火墙无法替代工业防火墙?

第 6 章　NAT 技术

NAT(Network Address Translation，网络地址转换)是一种广域网(WAN)的技术，用于将私有(保留)地址转换为合法 IP 地址，它被广泛应用于各种 Internet 接入方式和各种类型的网络中。NAT 不仅能够有效地隐藏并保护网络内部的计算机，避免外部网络攻击，还能够在 IP 地址分配不理想、不足的时候，有效、合理地分配 IP 地址，从而能够进行互联网访问。

6.1　NAT 原理

为了发送和接收流量以及远程管理，使用 TCP/IP 的网络要求每个设备都要有独一无二的 IP 地址。Internet 是使用 TCP/IP 的公共网络，网络中每个设备使用的合法 IP 地址称为公有 IP 地址(也叫全局地址)，必须到地区 Internet 注册管理机构(RIR)进行注册，只有已注册的公有 IP 地址持有者才可以将该地址分配给网络设备，这样保证公有 IP 地址是全球统一的可寻址的地址。

随着个人计算机的激增和万维网的出现，接入 Internet 的设备越来越多，很快 43 亿个 IPv4 地址就不够用了。公有 IP 地址的短缺，会导致一些需要接入 Internet 的设备无法接入 Internet。这个问题的长期解决方案是 IPv6，但从 IPv4 转换到 IPv6 要花费大量的人力和财力。现在迫切需要更快的解决地址耗尽的方案。

IETF 实施了两个标准作为短期的解决方案，包括 RFC1918 标准定义的专用私有 IPv4 地址和网络地址转换(NAT)。RFC1918 标准定义了专用私有 IP 地址范围，并允许任何人使用它们；当数据离开公司网络时，可使用 NAT 将这些地址转换到公有地址，这样可以节省并更有效地使用 IPv4 地址，从而让各种规模的网络访问 Internet。

6.1.1　专用私有地址

RFC1918 标准定义了专用私有 IP 地址的范围，包括 1 个 A 类地址、16 个 B 类地址和 256 个 C 类地址，共有 1700 多万个地址，如表 6-1 所示。

表 6-1　RFC1918 定义的专用私有地址

类	地 址 范 围
A	10.0.0.0～10.255.255.255
B	172.16.0.0～172.31.255.255
C	192.168.0.0～192.168.255.255

任何公司或企业都可以在内部网络中使用这些私有地址，实现内部网络设备的本地通信。由于这些地址不属于任何一个公司或企业，因此任何公司或企业都可以使用相同的私有地址，私有地址是不能通过 Internet 路由的。

假设公司 A 和公司 B 都在使用网络 10.0.0.0/8。在公司 A 中，一个内部用户 A 想访问公司 B 的一台服务器 C，此时就会出现问题：两个网络都在使用网络 10.0.0.0/8，并都使用了相同的地址 10.0.0.2，这两个网络不能彼此通信，如图 6-1 所示。

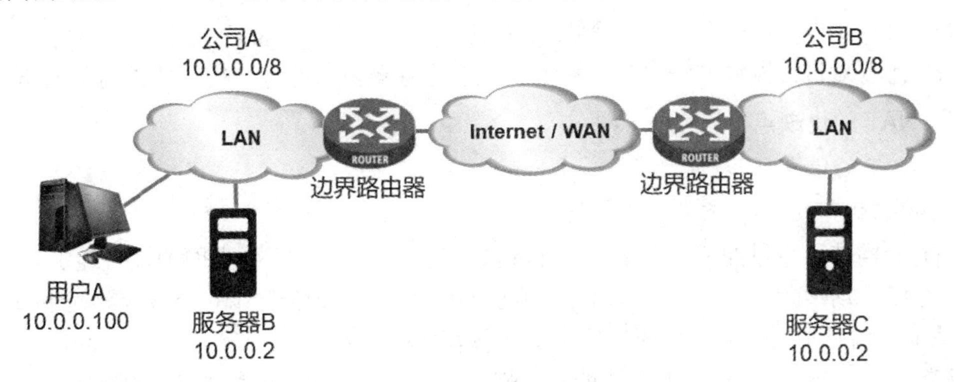

图 6-1　两个网络使用了相同的地址

有两种方法可以解决这个问题：

(1) 将两个网络中的一个(或两个)重新分配地址；

(2) 使用地址转换。

用第一种方法显然工作量和影响范围都比较大，不到万不得已不能这么做，而且有的现场环境根本不允许这么做(见后续标准机器的案例)。

第二种方法的地址转换可以解决这个问题。比如，连接公司 A 的路由器将本地 IP 地址转换为 170.16.0.0/16 网络中的一个地址。公司 B 的路由器将它的内部本地地址转换为 170.17.0.0/16 网络中的地址。所以，从两个公司的角度来看，网络地址分别是 170.16.0.0/16 和 170.17.0.0/16。

6.1.2　网络地址转换

网络地址转换(即 NAT)是 IETF(Internet Engineering Task Force，Internet 工程任务组)提出的 RFC1631 标准，可以将数据包中的地址信息从一个地址转换为另一个地址。

有了 NAT，就可以在局域网内部为每个设备配置唯一的专用私有 IP 地址，当局域网内部的设备要与外部网络进行通信时，通过安装在网络边界的 NAT 设备，将局域网内部的多个私有 IP 地址转换为一个或多个合法的公有 IP 地址，使整个内部网络数百甚至数千台设备通过一个或多个公有 IP 地址访问外部网络。而这个转换由 NAT 设备自动完成，局域网内部的用户不会意识到 NAT 的存在，同时局域网内部的节点对于外部网络来说也是不可见的。

NAT 一般用来将专用的私有 IP 地址转换为公有 IP 地址，反之亦可。

如果没有 NAT，可能在 2000 年之前 IPv4 地址空间就耗尽了。NAT 与专用私有 IP 地址相结合，是节约公有 IP 地址的有效方法，同时还屏蔽了局域网内部网络的结构，在一定程度上提高了网络安全性。

1. 需要使用 NAT 的情况

以下情况可能需要使用 NAT：

(1) 申请的公有 IP 地址数量不足以分配给所有的设备。

(2) 正在更换服务提供商，新服务提供商不再支持旧的公有地址空间。

(3) 需要连接两个使用相同地址空间的网络。

(4) 正在使用给别人分配的公有 IP 地址。

(5) 想要实现负载平衡，用一个虚拟 IP 地址来代表多个设备。

(6) 想要对进出网络的流量进行更好的控制，隐藏内部网络结构，保护内部网络。

2. NAT 的优缺点

1) NAT 的优点

NAT 有以下优点：

(1) 只需使用少量的公有 IP 地址，就可以让整个企业所有需要上网的设备连上互联网，而企业内部网络可以使用专用的私有 IP 地址，即 1 个 A 类地址、16 个 B 类地址和 256 个 C 类地址，而且不同网络可以同时使用这些私有地址。

(2) 只需改变 NAT 设备上的地址转换规则，无须改变内部网络各个设备的地址，即可改变与外部网络的连接，使内部网络与外部网络的连接更加灵活。

(3) NAT 自动将数据包中内部网络的地址转换成 NAT 设备对外的地址，可以对外部隐藏网络的内部结构，提高了网络安全性。

2) NAT 的缺点

通过 NAT，使外部网络上的设备看起来是直接与启用 NAT 的设备进行通信，而不是与内部网络的实际设备通信，这一事实会造成以下几个问题：

(1) 地址转换会更改数据包的地址信息，并重新计算校验和，这样增加了延迟，影响网络性能，对实时协议的影响比较大。

(2) 网络上需要转换的设备越多，NAT 设备的负担越大，可能会产生扩展性问题。

(3) 一些复杂的网络环境，可能经过多次 NAT 转换，数据包地址也改变多次，导致追溯数据包更加困难，故障的排除也更具挑战性。

(4) NAT 可以提高网络安全性，但同时也隐藏了被转换设备的身份，导致跟踪攻击源更困难。

(5) 一些互联网协议和应用程序需要从源到目的地的端到端寻址，不能与 NAT 配合使用，如数字签名。

(6) 使用 NAT 会干扰 IPsec 等隧道协议执行完整性检查，使隧道协议更加复杂。

以上是 NAT 的缺点，在使用时必须注意。

为了彻底解决 IPv4 地址耗尽的问题以及 NAT 的局限性，使用 IPv6 地址才是最终的解决方案。

6.2　利用菲尼克斯 mGuard 实现 NAT

NAT 功能通常被集成到路由器、防火墙或者单独的 NAT 设备中，也可以通过软件来实现。菲尼克斯的智能路由器和防火墙 FL mGuard 就集成了 NAT 的功能，它有 3 种工作模式：IP 伪装、端口转发、1∶1 NAT。

(1) IP 伪装可以用一个 IP 地址隐藏整个网络，或者实现内部网络的多台设备利用一个公有 IP 地址连接互联网。如图 6-2(a)所示，所有来自 192.168.10.0/24 网段的数据包经 mGuard 转发后，数据包的原地址被替换为 mGuard 的地址 10.3.0.10，这样就用一个 IP 地址 10.3.0.10 隐藏了整个 192.168.10.0/24 的网络。

(2) 端口转发可以将发送到一个内部 IP 地址或端口的流量转发到另一个地址或端口。如图 6-2(b)所示，任何发送到 10.3.0.10 的 8080 端口的流量，都会被 mGuard 转发到内部网络中 192.168.10.1 的 80 端口，也就是访问这个设备的 Web 服务。

(3) 1∶1 NAT 可以用 mGuard 上的虚拟 IP 地址转换目的 IP 地址。如图 6-2(c)所示，可以在 mGurad 上设置虚拟 IP 地址 10.3.10.1，用来代替内部网络中的 192.168.10.1。这样右边网络的设备就可以 10.3.10.1 这个虚拟 IP 地址访问内部网络中的 192.168.10.1 了。

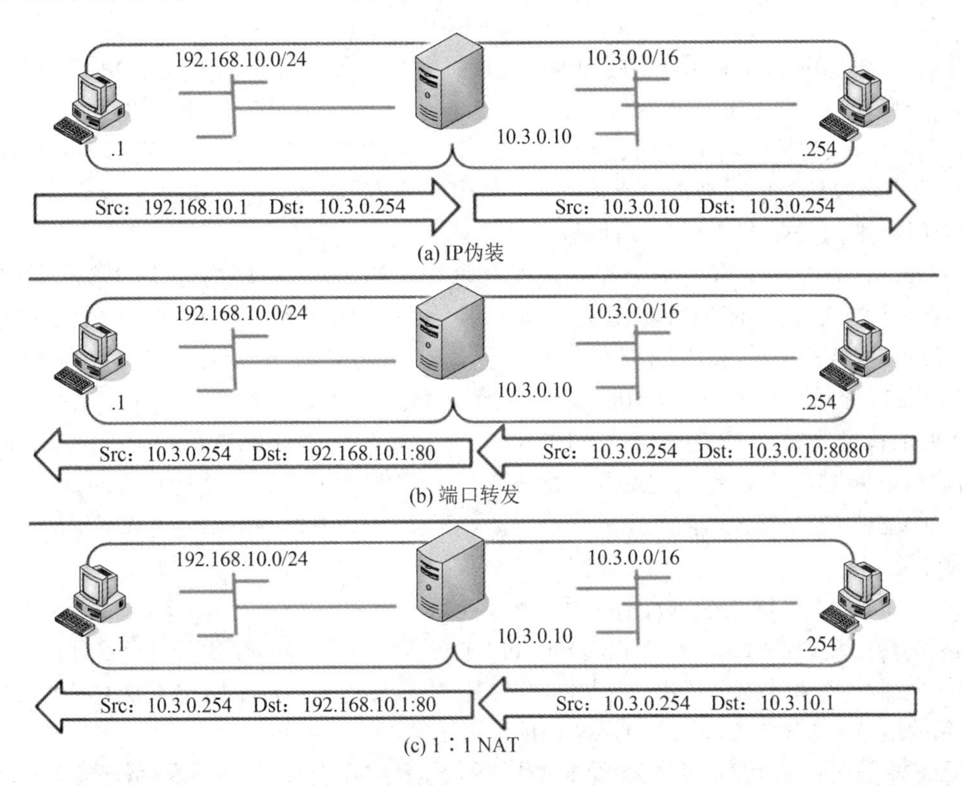

图 6-2 mGuard 实现 NAT 的 3 种工作模式

6.2.1 IP 伪装

IP 伪装(IP Masquerading，也叫地址重载)可将内部网络的所有地址映射成公有 IP 地址(这个地址可以动态获得)，让内部网络的多个设备使用一个和多个公有 IP 地址来连接 Internet。

下面通过一个例子来看 IP 伪装是如何工作的。如图 6-3 所示，内部网络 192.168.0.0/24 使用 IP 伪装将私有 IP 地址转换为公有 IP 地址 217.1.100.1 来连接 Internet。

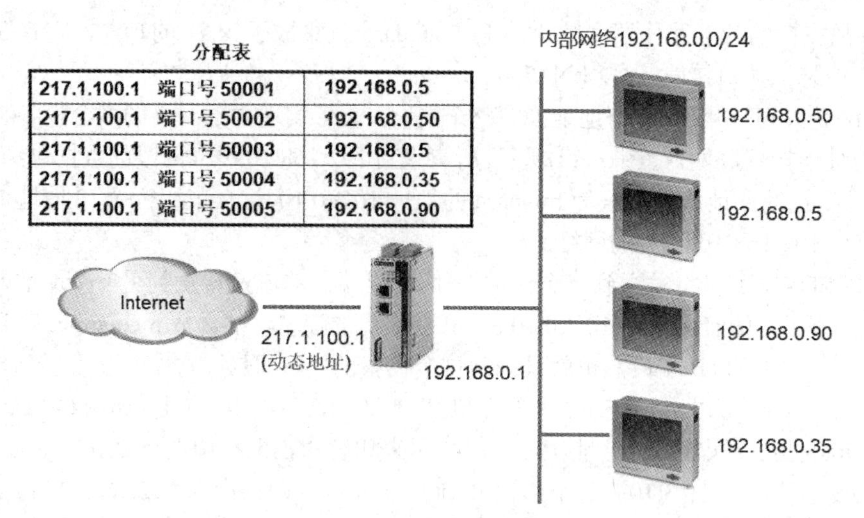

图 6-3　IP 伪装案例网络拓扑

IP 伪装使用端口号来区分不同的内部连接。为此，必须确保 TCP 或 UDP 报头中的源端口号是唯一的。理论上，IP 伪装能映射 65 536 个地址到一个地址，因为 TCP 或 UDP 报头的源端口号域的长度是 16 位的。但实际上，只有大约 4000 台设备能共用一个公有 IP 地址，因为有些端口号已经被占用或者不建议使用。所以，如果有超过 4000 台设备需要进行外部访问，则需要两个公有 IP 地址进行转换。

mGurad 的内存中有一个分配表来保存每一次的地址转换信息。对于第一个设备 192.168.0.5 的连接，mGuard 将源 IP 地址转换为公有 IP 地址 217.1.100.1，源端口号转换为 50001；第二个设备 192.168.0.50 的连接，mGuard 将源 IP 地址转换为公有 IP 地址 217.1.100.1，源端口号转换为 50002；第三个还是设备 192.168.0.5 的连接，mGuard 将源 IP 地址转换为公有 IP 地址 217.1.100.1，源端口号转换为 50003；以此类推。当 Internet 上的数据返回时，mGuard 通过这个分配表很容易就能确定该如何进行反方向地址转换。

采用这种方式，整个内部专用网络仅需要一个公有 IP 地址就可以使内部网络的设备连接互联网。

在 mGuard 上，IP 伪装的配置界面如图 6-4 所示。其中“Outgoing on interface”表示 IP 伪装的转出接口，“External”代表 mGuard 的 WAN 口，“From IP”表示要进行转发的数据的来源，“192.168.0.0/24”代表内部网络，表示要把来自内部网络 192.168.0.0/24 的数据包的地址转换为 mGuard 的 WAN 口地址再转发出去。

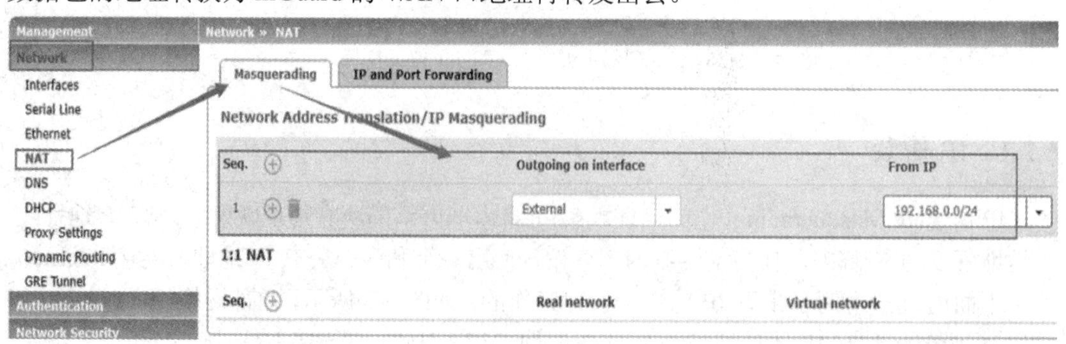

图 6-4　配置 IP 伪装

这种功能模式的缺点是互联网上的主机无法主动访问内部网络上的计算机。

6.2.2　端口转发

端口转发可以让用户通过 Internet 访问内部网络上使用私有 IP 地址的专门设备，而且可以使用不同的端口号。

以图 6-5 为例，内部网络上有一个 Web Sever，IP 地址为 192.168.1.100，连接到 mGurad 的 LAN 口，mGurad 的 LAN 口地址为 192.168.1.1，mGurad 的 WAN 口地址为 141.16.82.74，用户想通过 Internet 访问内部网络上的这个 Web 服务器。

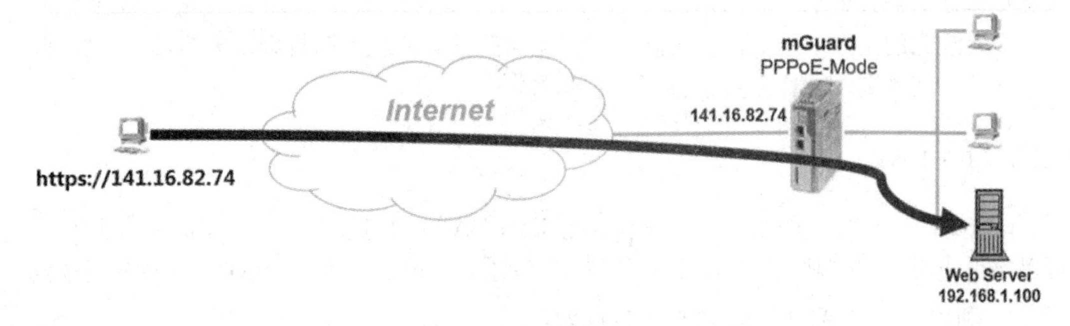

图 6-5　端口转发案例网络拓扑

由于 Web 服务器的 IP 地址 192.168.1.100 是私有 IP 地址，Internet 上的用户是无法直接访问的，此时可以在 mGuard 上配置端口转发(IP and Port Forwarding)，配置界面如图 6-6 所示。

Network » NAT

Masquerading　IP and Port Forwarding

IP and Port Forwarding

Seq.	Protocol	From IP	From port	Incoming on IP	Incoming on port	Redirect to IP	Redirect to port
1	TCP	0.0.0.0/0	any	%extern	https	192.168.1.100	https

图 6-6　配置端口转发

图 6-6 中：“Protocol”表示协议，访问 Web 服务器需要用到 TCP；“From IP”表示数据来源，“0.0.0.0/0”代表任何网络；“From port”表示源端口，“any”代表任意端口；“Incoming on IP”表示转入数据包的 IP，“%extern”代表 mGurad 的 WAN 口地址；“Incoming on port”表示转入数据包的端口，“https”表示 HTTPS 服务，也可以用 443 代替；“Redirect to IP”表示重定向到哪个 IP 地址，“192.168.1.100”是内部网络的 Web 服务器的 IP 地址；“Redirect to port”表示重定向到哪个端口，“https”表示 HTTPS 服务，也可以用 443 代替。

这样，当 Internet 上的用户想访问内部网络的 Web 服务器时，它仅需知道 mGuard 的 WAN 口的 IP 地址即可，在本例中，Internet 上的用户可以通过 https://141.16.82.74 访问内部网络的 Web 服务器。

当 mGuard 收到来自 Internet 的 HTTPS 访问请求的数据包时，会自动修改该数据包的目的 IP 地址为 192.168.1.100，目的端口不变，再将它转发给内部网络的 Web 服务器；Web 服务器根据用户的需要生成相应的响应数据，将数据发送到 mGuard；mGuard 再修改数据包的源 IP 地址为 WAN 口地址，再将数据包转发回 Internet 上的用户。

在整个过程中，mGuard 只是起到了地址转换的作用，但在外部网络上看，好像是 mGuard 提供了 Web 服务。而内部的 Web 服务器可以使用 80 端口，也可以使用别的端口。

因为使用了 NAT，使局域网内的计算机具有像 Internet 上的服务器的功能，通过一个特殊端口使他们具有唯一的可访问性。

需要注意的是，使用端口转发功能时，无需配置其他防火墙规则，因为端口转发规则会取代防火墙规则，就算配置了也不会起作用。

6.2.3　1∶1 NAT

mGuard 实现 NAT 的第 3 种工作模式是 1∶1 NAT。使用 1∶1 NAT 来实现地址转换，可以实现一对一的映射，也可以实现多对多的映射。下面介绍 1∶1 NAT 常见的应用场景。

1. 利用 1∶1 NAT 解决标准机器的问题

在工业控制系统中，有很多标准机器，它们使用相同的网络配置。这样当它们需要与上层的公司网络通信时，比如与 ERP 系统进行通信，可能会产生重叠 IP 的问题。

例如：标准机器正在使用 192.168.2.0/24 的子网，该子网必须被路由到上一层的网络；如果第二个相同标准机器也需要和上一层相同的网络进行通信，那么除非采取其他措施，否则地址冲突将是不可避免的。

此时，可在标准机器网络和上一层网络的连接处安装 FL mGuard。通过设置 1∶1 NAT 的功能，不需要更改标准机器的 IP 配置，只需将不同的机器地址转换成不同的虚拟地址，就可以实现相同系统与上一层网络的通信，如图 6-7 所示。

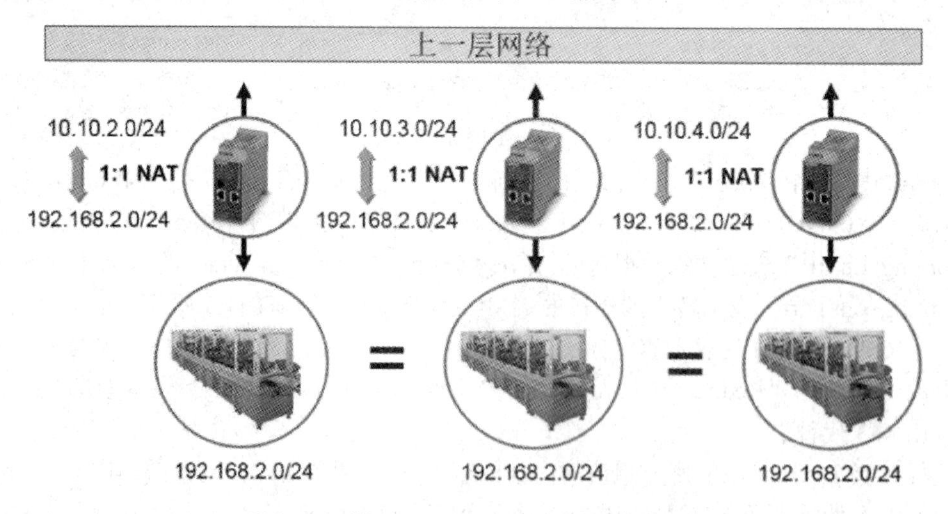

图 6-7　利用 1∶1 NAT 解决标准机器的问题

1∶1 NAT 可以进行网络与网络的转换，即多对多的地址转换，也可以进行具体 IP 地址与 IP 地址的转换，即一对一的地址转换。

1∶1 NAT 实现多对多地址转换的配置界面如图 6-8 所示，将第一个标准机器使用的子网 192.168.2.0/24 转换成子网 10.10.2.0/24，即 192.168.2.1 转换成 10.10.2.1，192.168.2.2 转换成 10.10.2.2，192.168.2.3 转换成 10.10.2.3，依次类推。图 6-8 中“Real network”表示实际的网络地址；“Virtual network”表示要转换的虚拟地址；“Netmask”表示要匹配的掩码位数，“24”代表 IP 地址的前 24 位必须匹配。

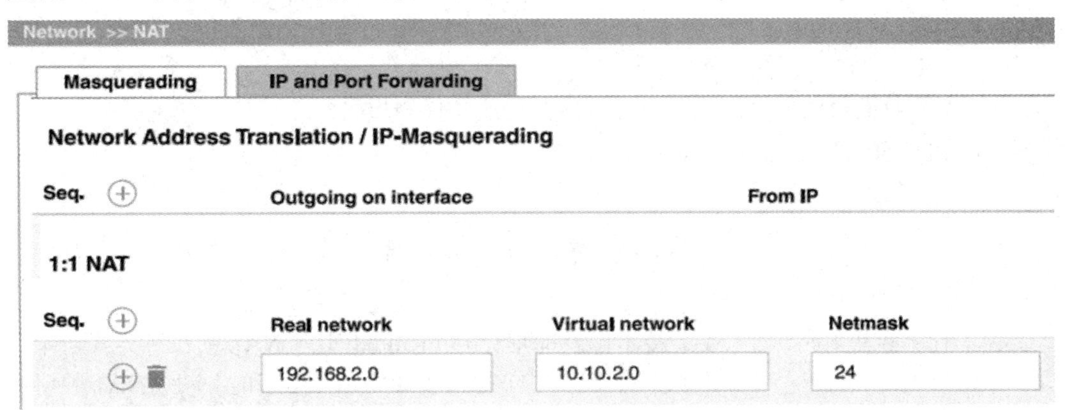

图 6-8　利用 1∶1 NAT 实现多对多地址转换

若是一对一的地址转换，则将“Real network”设置为实际的 IP 地址，“Virtual network”设置为要转换的虚拟 IP 地址，“Netmask”为 32，表示 IP 地址的每一位都必须完全匹配。

2. 使用 1∶1 NAT 映射公有 IP

将内部专用网络中需要被互联网用户访问的设备的地址一对一映射到指定的公有 IP 地址，不需要被互联网用户访问的设备则不需要公有 IP 地址，mGuard 负责维护一对一的映射表，并将专用网络连接到 Internet，如图 6-9 所示。

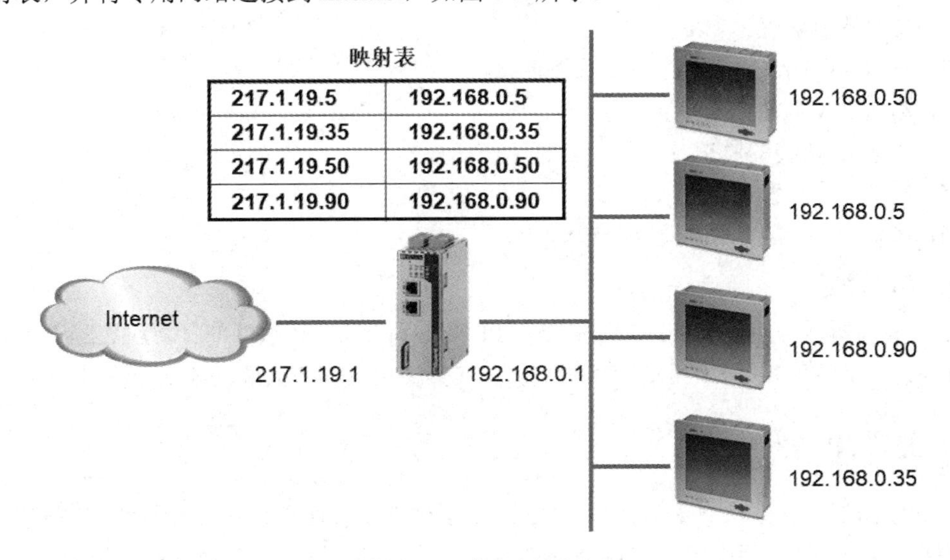

图 6-9　一对一映射公有 IP

一对一的映射意味着内部网络的计算机不仅能和 Internet 上的主机建立连接，还能直接被 Internet 上的用户访问。而这些公有 IP 地址并不是被访问的内部主机的真正地址，内部网络的结构对外界仍保持隐藏，这样可以在一定程度上提高内部网络的安全性。

配置界面同图 6-8 所示，只需为每个一对一的映射关系添加一条映射记录，将 Real network 设置为实际的 IP 地址，设置 Virtual network 为要转换的虚拟 IP 地址，设置 Netmask 为 32。

设置了 1∶1 NAT 之后，各个设备之间就可以用转换后的虚拟地址进行通信。虚拟地址具有以下优越性：

(1) 只需在 mGuard 上添加实际地址与虚拟地址的映射关系，无需为每个设备进行单独配置。

(2) 无需对机器做任何修改，不会造成制造商的保修损失。

(3) 让网络配置更加灵活，提高有效性。

6.3　本章实训

为了让大家更好地理解 NAT 技术以及菲尼克斯 mGurad 实现 NAT 的三种方式，本章设计了配置 IP 伪装、配置端口转发、用 1∶1 NAT 映射单个 IP 地址和用 1∶1 NAT 映射整个网络共 4 个实训任务。

1. 实训目的

(1) 掌握利用 mGuard 实现 NAT 的方法。

(2) 掌握 IP 伪装的配置方法。

(3) 掌握端口转发的配置方法。

(4) 掌握 1∶1 NAT 的配置方法。

2. 实训准备

(1) 复习本章内容。

(2) 熟悉 mGuard 的基本配置及网络连接。

(3) 熟悉 PLC 的基本配置。

(4) 熟悉 IP 伪装的原理及配置。

(5) 熟悉端口转发的原理及配置。

(6) 熟悉 1∶1 NAT 的原理及配置。

3. 实训设备

本章实训所需要的设备有：3 台安装有 PLCNext Engineer 软件的计算机、2 台 AXC F 2152 PLC、1 台 PROFINET 工业交换机、2 台安全路由器和防火墙 mGuard 及网线若干。

6.3.1　配置 IP 伪装

在 mGuard 上配置 IP 伪装，用一个 IP 地址 10.0.0.1 隐藏整个 192.168.1.0 的内部网络，所有来自 192.168.1.0 网段的数据包经 mGuard 转发后，数据包的原地址被替换为 mGuard 对外接口的地址 10.0.0.1。

网络拓扑如图 6-10 所示。

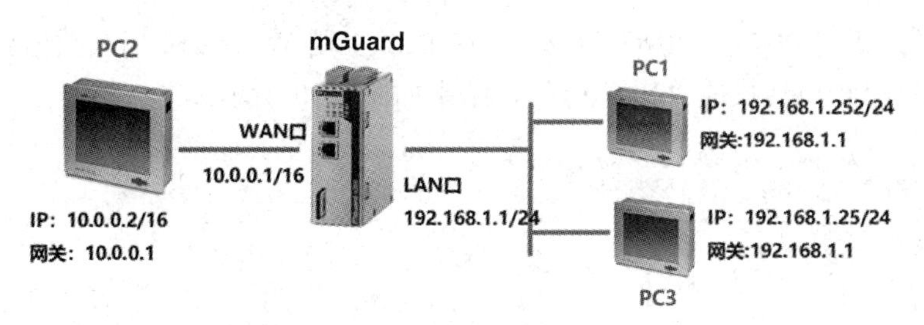

图 6-10　配置 IP 伪装的网络拓扑

具体实训步骤如下：

步骤 1：按照图 6-10 所示进行网络连接，并更改 PC1、PC2 和 PC3 的 TCP/IP 设置。

步骤 2：禁用无线网卡。

步骤 3：选择“控制面板”→“系统和安全”，点击“启用或关闭 Windows Defender 防火墙”，关闭 Windows 防火墙。

步骤 4：对 mGuard 进行复位操作，之后连接到 mGuard，按照图 6-10 所示配置 mGuard 的 LAN 口和 WAN 口地址。将 mGuard 的“Incoming Rules”和“Outgoing Rules”防火墙规则设置为“Accept all connections”，并在“Advanced”选项卡下将 ICMP via primary external interface for the mGuard 设置为“Allow all ICMPS”，允许接受所有的 PING 数据包。

步骤 5：在 PC3 上 PING PC2，并在 PC2 上用 Wireshark 捕获数据包，可以看到“Source”和“Destination”分别是 PC3 和 PC2 的 IP 地址“192.168.1.25”和“10.0.0.2”，结果如图 6-11 所示。

正在捕获 以太网

文件(F)　编辑(E)　视图(V)　跳转(G)　捕获(C)　分析(A)　统计(S)　电话(Y)　无线(W)　工具(T)　帮助(H)

应用显示过滤器 … <Ctrl-/>

No.	Time	Source	Destination	Protocol	Length	Info
1	0.000000	PhoenixC_85:7b:e2	Broadcast	ARP	60	Who has 10.0.0.2? Tell 10.0.0.1
2	0.000025	9c:5a:44:25:e8:7f	PhoenixC_85:7b:e2	ARP	42	10.0.0.2 is at 9c:5a:44:25:e8:7f
3	0.000294	192.168.1.25	10.0.0.2	ICMP	74	Echo (ping) request id=0x0001, seq=39/9984, ttl=127 (reply in 4)
4	0.000434	10.0.0.2	192.168.1.25	ICMP	74	Echo (ping) reply id=0x0001, seq=39/9984, ttl=128 (request in 3)
5	0.375015	10.0.0.2	224.0.0.22	IGMPv3	54	Membership Report / Leave group 224.3.7.141
6	0.389195	10.0.0.2	224.0.0.22	IGMPv3	54	Membership Report / Join group 224.3.7.141 for any sources
7	0.768703	10.0.0.2	224.0.0.22	IGMPv3	54	Membership Report / Join group 224.3.7.141 for any sources
8	1.002272	192.168.1.25	10.0.0.2	ICMP	74	Echo (ping) request id=0x0001, seq=40/10240, ttl=127 (reply in 9)
9	1.002411	10.0.0.2	192.168.1.25	ICMP	74	Echo (ping) reply id=0x0001, seq=40/10240, ttl=128 (request in 8)
10	2.007976	192.168.1.25	10.0.0.2	ICMP	74	Echo (ping) request id=0x0001, seq=41/10496, ttl=127 (no response found!)
11	2.008119	10.0.0.2	192.168.1.25	ICMP	74	Echo (ping) reply id=0x0001, seq=41/10496, ttl=128 (request in 10)
12	3.011928	192.168.1.25	10.0.0.2	ICMP	74	Echo (ping) request id=0x0001, seq=42/10752, ttl=127 (reply in 13)
13	3.012070	10.0.0.2	192.168.1.25	ICMP	74	Echo (ping) reply id=0x0001, seq=42/10752, ttl=128 (request in 12)
14	4.767918	9c:5a:44:25:e8:7f	PhoenixC_85:7b:e2	ARP	42	Who has 10.0.0.1? Tell 10.0.0.2

图 6-11　Wireshark 捕获的数据包 1

步骤 6：在 mGuard 上配置 IP 伪装，界面如图 6-12 所示。

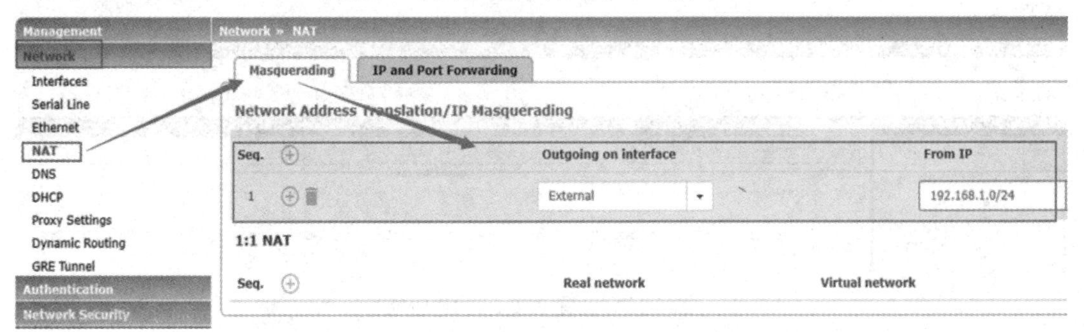

图 6-12　配置 IP 伪装

步骤 7：重新在 PC3 上 PING PC2，并在 PC2 上用 Wireshark 捕获数据包，可以看到 PC3 的 IP 地址已经被转换成“10.0.0.1”，结果如图 6-13 所示。

正在捕获 以太网

文件(F) 编辑(E) 视图(V) 跳转(G) 捕获(C) 分析(A) 统计(S) 电话(Y) 无线(W) 工具(T) 帮助(H)

应用显示过滤器 … <Ctrl-/>

No.	Time	Source	Destination	Protocol	Length	Info
1	0.000000	PhoenixC_85:7b:e2	Broadcast	ARP	60	Who has 10.0.0.2? Tell 10.0.0.1
2	0.000025	9c:5a:44:25:e8:7f	PhoenixC_85:7b:e2	ARP	42	10.0.0.2 is at 9c:5a:44:25:e8:7f
3	0.000252	10.0.0.1	10.0.0.2	ICMP	74	Echo (ping) request id=0x0000, seq=31/7936, ttl=127 (reply in 4)
4	0.000404	10.0.0.2	10.0.0.1	ICMP	74	Echo (ping) reply id=0x0000, seq=31/7936, ttl=128 (request in 3)
5	1.002975	10.0.0.1	10.0.0.2	ICMP	74	Echo (ping) request id=0x0000, seq=32/8192, ttl=127 (reply in 6)
6	1.003112	10.0.0.2	10.0.0.1	ICMP	74	Echo (ping) reply id=0x0000, seq=32/8192, ttl=128 (request in 5)
7	2.008873	10.0.0.1	10.0.0.2	ICMP	74	Echo (ping) request id=0x0000, seq=33/8448, ttl=127 (no response found!)
8	2.009011	10.0.0.2	10.0.0.1	ICMP	74	Echo (ping) reply id=0x0000, seq=33/8448, ttl=128 (request in 7)
9	2.834184	10.0.0.2	224.0.0.22	IGMPv3	54	Membership Report / Leave group 224.3.7.141
10	2.854825	10.0.0.2	224.0.0.22	IGMPv3	54	Membership Report / Join group 224.3.7.141 for any sources
11	3.015931	10.0.0.1	10.0.0.2	ICMP	74	Echo (ping) request id=0x0000, seq=34/8704, ttl=127 (reply in 12)
12	3.015985	10.0.0.2	10.0.0.1	ICMP	74	Echo (ping) reply id=0x0000, seq=34/8704, ttl=128 (request in 11)
13	3.101518	10.0.0.2	224.0.0.22	IGMPv3	54	Membership Report / Join group 224.3.7.141 for any sources
14	4.601819	9c:5a:44:25:e8:7f	PhoenixC_85:7b:e2	ARP	42	Who has 10.0.0.1? Tell 10.0.0.2

图 6-13　Wireshark 捕获的数据包 2

6.3.2　配置端口转发

假设 PC2 为 Internet 上的主机，要求在 mGuard 上配置端口转发，使 PC2 能通过 mGuard 的 WAN 口地址 10.1.0.1 访问内网的 Web 服务器，为了方便，Web 服务器用 PLC 来代替，也就是说，使 PC2 能用地址 https://10.1.0.1 访问 PLC1。

网络拓扑如图 6-14 所示。

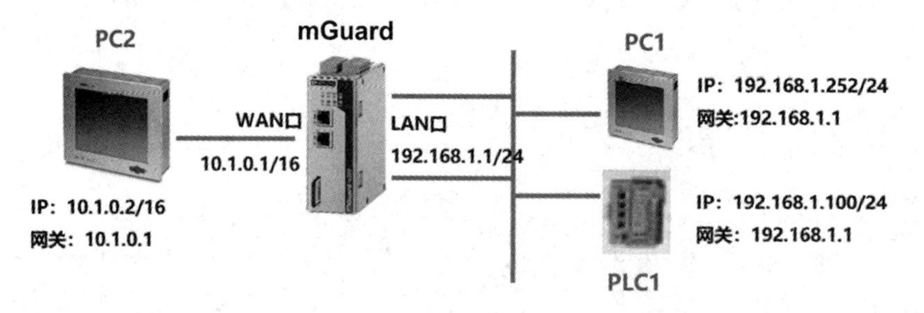

图 6-14　配置端口转发的网络拓扑

具体实训步骤如下：

步骤 1：按照图 6-14 所示进行网络连接，并更改 PC1 和 PC2 的 TCP/IP 设置。

步骤 2：设置 PLC1 的 IP 地址为 192.168.1.100/24，网关为 192.168.1.1，如图 6-15 所示。此时，在 PC1 上打开浏览器，输入“https://192.168.1.100”，可以打开 PLC1 的欢迎页。

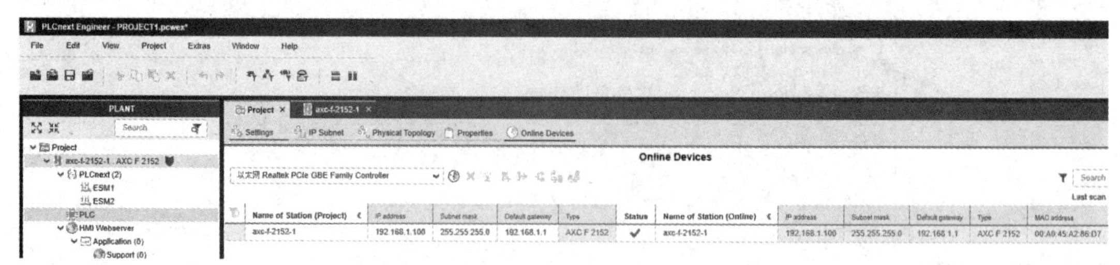

图 6-15　设置 PLC1 的 IP 地址

步骤 3：对 mGuard 进行复位操作，之后再在 PC1 上打开浏览器，输入

“https://192.168.1.1”，连接到 mGuard，用户名为 admin，密码为 mGuard。

步骤 4：按照图 6-14 所示配置 mGuard 的 LAN 口地址(192.168.1.1/24)和 WAN 口地址(10.1.0.1/16)。

步骤 5：在 mGuard 的 Web 配置界面选择“Network”→“NAT”，在“IP and Port Forwarding”下进行配置，如图 6-16 所示。配置完成并保存后，PC2 就可以通过 mGuard 的 WAN 口地址 10.1.0.1 访问 PLC1 了。

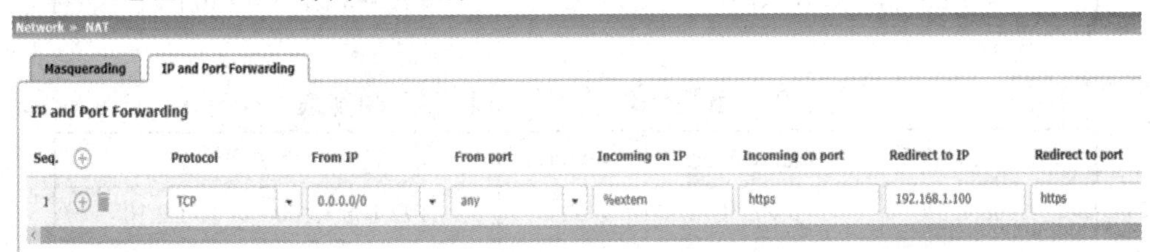

图 6-16　配置端口转发

步骤 6：在 PC2 上打开浏览器，输入“https://10.1.0.1”，可以打开 PLC1 的欢迎页。

注意：此处无需配置其他的防火墙规则，因为端口转发规则会取代防火墙规则。

6.3.3　用 1∶1 NAT 映射单个 IP 地址

某工控网络有两个生产网络，即生产网络 1 和生产网络 2，其中的指定设备 PLC1 和 PLC2 有相同的 IP 配置，要求使用 1∶1 NAT 映射 IP 地址，将两个生产网络中 PLC1 和 PLC2 的真实 IP 地址映射为公司网络中的虚拟 IP 地址，使公司网络中的设备 PC3 可以通过此虚拟 IP 地址直接访问生产网络 1 和生产网络 2 中的 PLC1 和 PLC2。

网络拓扑如图 6-17 所示。

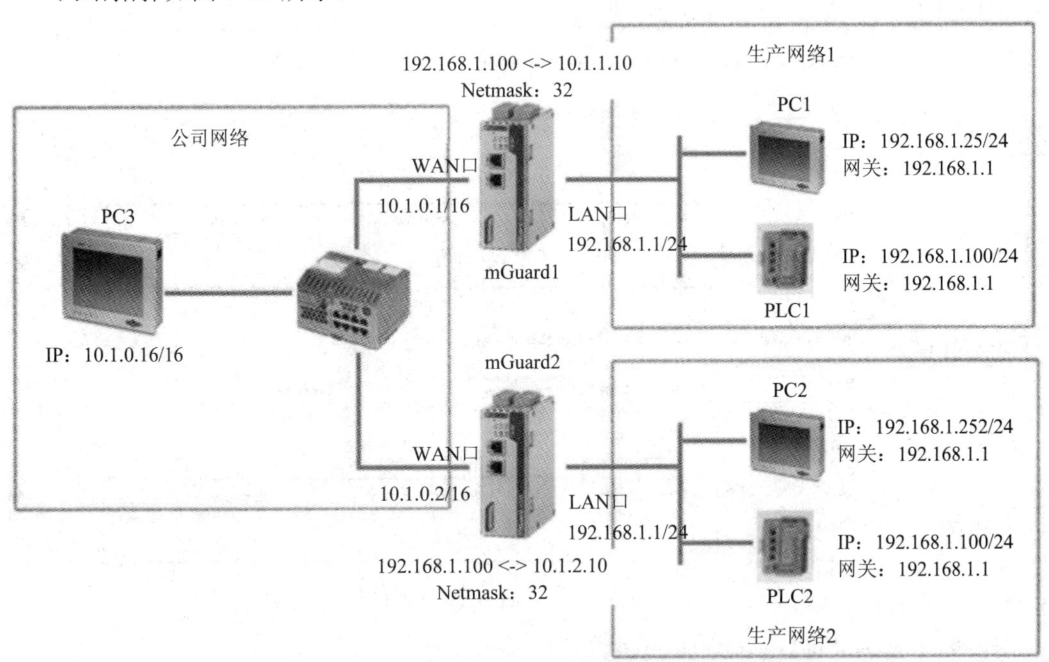

图 6-17　1∶1 NAT 映射单个 IP 地址的网络拓扑

可在 mGuard1 和 mGuard2 上分别配置如表 6-2 和表 6-3 所示的 1∶1 NAT 映射表。Real network 是 PLC 的真实 IP 地址，Virtual network 是公司网络的虚拟 IP 地址，因为是映射单个地址，所以 Netmask 的值为 32。

表 6-2　mGuard1 上的 1∶1 NAT 映射表

Real network	Virtual network	Netmask	映射关系
192.168.1.100	10.1.1.10	32	192.168.1.100 <-> 10.1.1.10

表 6-3　mGuard2 上的 1∶1 NAT 映射表

Real network	Virtual network	Netmask	映射关系
192.168.1.100	10.1.2.10	32	192.168.1.100 <-> 10.1.2.10

具体实训步骤如下：

步骤 1：按照图 6-17 所示进行网络连接，并更改 PC1、PC2、PC3、PLC1、PLC2 的 IP 设置。

步骤 2：对 mGuard1 和 mGuard2 进行复位操作。

步骤 3：分别在 PC1 和 PC2 上打开浏览器，输入“https://192.168.1.1”，分别连接到 mGuard1 和 mGuard2，用户名为 admin，密码为 mGuard；按图 6-17 所示更改 mGuard1 和 mGuard2 的 LAN 口和 WAN 口的地址。

步骤 4：分别修改 mGuard1 和 mGuard2 的 NAT 设置，配置如表 6-2 和表 6-3 所示的 1∶1 NAT 映射表，配置界面如图 6-18 所示。

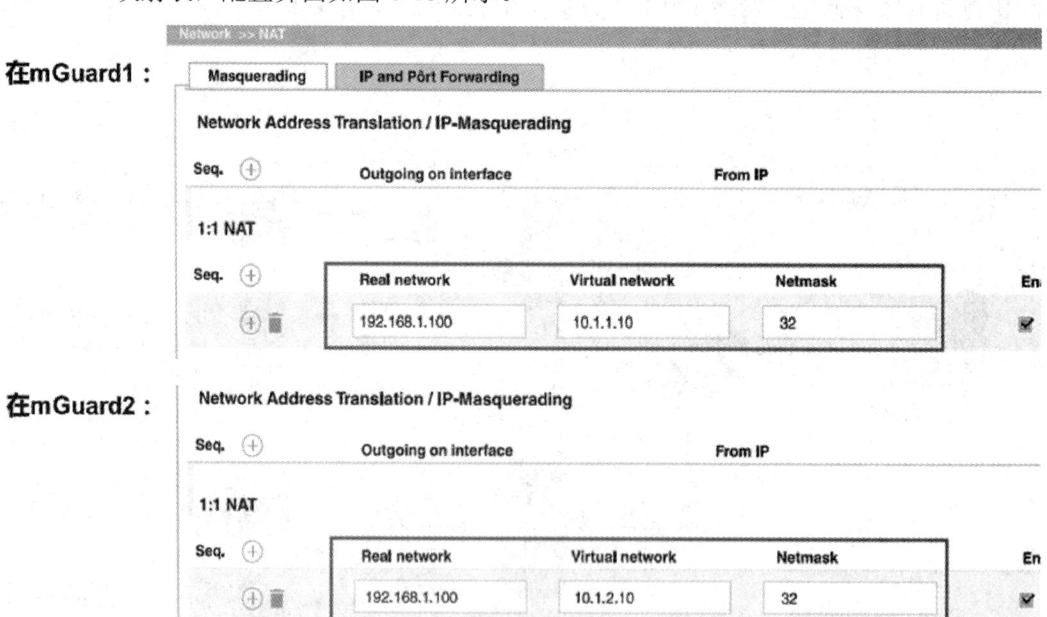

图 6-18　1∶1 NAT 的配置界面

步骤 5：通过 PING 命令验证配置完成的效果。

(1) 在公司网络 PC3 上，用虚拟 IP 地址 10.1.1.10 能访问生产网络 1 中的实际 IP 地址为 192.168.1.100 的设备，即 PING 10.1.1.10 能通。

(2) 在公司网络 PC3 上，用虚拟 IP 地址 10.1.2.10 能访问生产网络 2 中的实际 IP 地址为 192.168.1.100 的设备，即 PING 10.1.2.10 能通。

注意：如果要限制访问，则必须创建相应的防火墙规则，在上面的实训步骤中并没有涉及防火墙规则的设置。

6.3.4　用 1∶1 NAT 映射整个网络

用 1∶1 NAT 除了可以映射单个地址，也可以映射整个网络。在下面的案例中，工控网络有两个具有相同网络设置的生产网络，即生产网络 1 和生产网络 2，其中的设备也有相同的 IP 配置，如 PLC1 和 PLC2、PC1 和 PC2，要求使用 1∶1 NAT 映射 IP 地址，将两个生产网络的真实 IP 地址映射为公司网络中的虚拟 IP 地址，使公司网络中的设备 PC3 可以通过虚拟 IP 地址访问生产网络 1 和生产网络 2 中的所有设备。网络拓扑如图 6-19 所示。

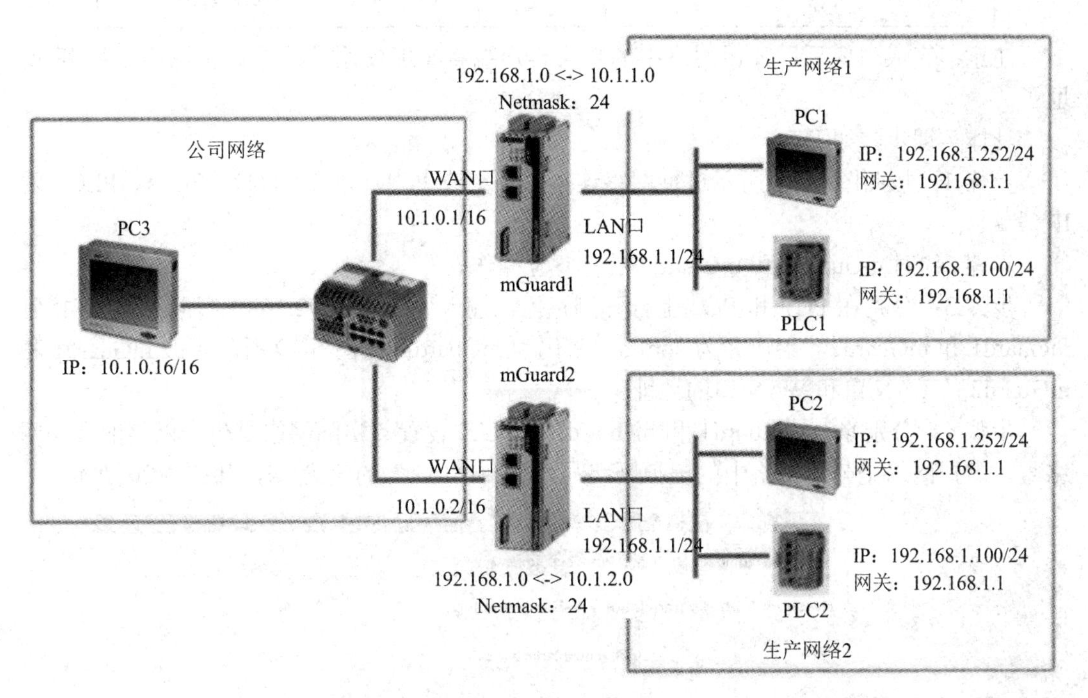

图 6-19　1∶1 NAT 映射整个网络的网络拓扑

图 6-19 中的两个 mGuard 设备具有属于公司网络的 IP 地址(10.1.0.1 和 10.1.0.2)。利用 mGuard 可以进行 1∶1 NAT 网络映射，在 mGuard1 上，将实际网络 192.168.1.0 映射到虚拟网络 10.1.1.0，Netmask 为 24；在 mGuard2 上，将实际网络 192.168.1.0 映射到虚拟网络 10.1.2.0，Netmask 为 24。

这样生产网络 1 的设备就可以通过虚拟网络 10.1.1.0/24 从公司网络进行访问，生产网络 2 的设备可以通过虚拟网络 10.1.2.0/24 访问。mGuard1 和 mGuard2 上维护的 1∶1 NAT 映射表如表 6-4 和表 6-5 所示。

表 6-4　mGuard1 上的 1∶1 NAT 映射表

Real network	Virtual network	Netmask	映射关系
192.168.1.0	10.1.1.0	24	192.168.1.0<->10.1.1.0 192.168.1.1<->10.1.1.1 ⋮ 192.168.1.254<->10.1.1.254 192.168.1.255<->10.1.1.255

表 6-5　mGuard2 上的 1∶1 NAT 映射表

Real network	Virtual network	Netmask	映射关系
192.168.1.0	10.1.2.0	24	192.168.1.0<->10.1.2.0 192.168.1.1<->10.1.2.1 ⋮ 192.168.1.254<->10.1.2.254 192.168.1.255<->10.1.2.255

注意：完成映射后，公司网络中的真实客户端就不能使用这两个虚拟网络中的 IP 地址了。

具体实训步骤如下：

步骤 1：按照图 6-19 所示进行网络连接，并更改 PC1、PC2、PC3、PLC1、PLC2 的 IP 设置。

步骤 2：对 mGuard1 和 mGuard2 进行复位操作。

步骤 3：分别在 PC1 和 PC2 上打开浏览器，输入“https://192.168.1.1”，分别连接到 mGuard1 和 mGuard2，用户名为 admin，密码为 mGuard；按图 6-19 所示更改 mGuard1 和 mGuard2 的 LAN 口和 WAN 口的地址。

步骤 4：分别修改 mGuard1 和 mGuard2 的 NAT 设置。实际网络是生产网络的真实网络号，虚拟网络是公司网络中的虚拟网络号，“Netmask”的值为 24，如图 6-20 所示。

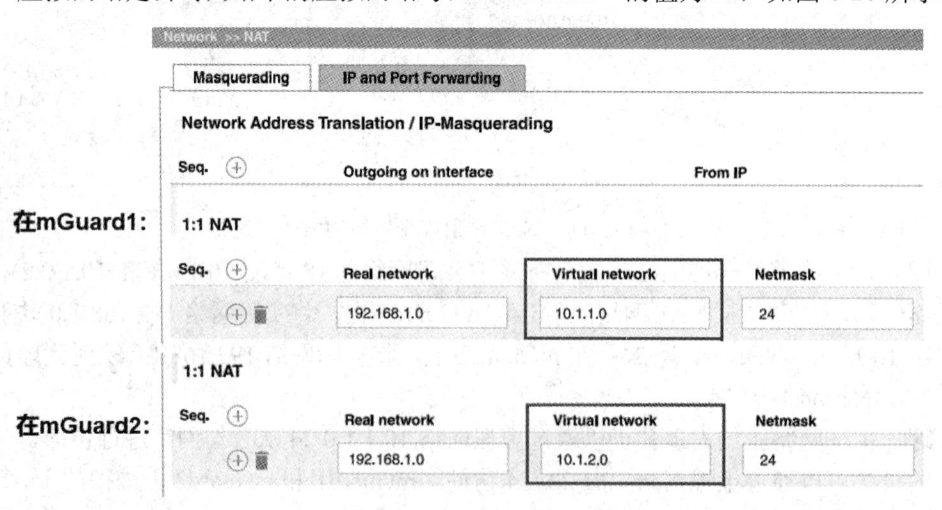

图 6-20　1∶1 NAT 的配置界面

步骤 5：通过 PING 命令验证配置完成的效果。

(1) 可在公司网络或生产网络 2 中通过虚拟地址 10.1.1.X 访问生产网络 1 上的各个设备，即在 PC2 和 PC3 上可用 10.1.1.252 访问 PC1，用 10.1.1.100 访问 PLC1。

(2) 可在公司网络或生产网络 1 中通过虚拟地址 10.1.2.X 访问生产网络 2 上的各个设备，即在 PC1 和 PC3 上可用 10.1.2.252 访问 PC2，用 10.1.2.100 访问 PLC2。

(3) 可在生产网络的设备(如 PC1 或 PC2)上访问公司网络的各个设备。

注意：如果要限制访问，则必须创建相应的防火墙规则，在上面的实训步骤中并没有涉及防火墙规则的设置。

本 章 习 题

1. 什么是 NAT？简述 NAT 的功能。

2. 专用的私有 IP 地址有哪些？

3. 简述 NAT 的优缺点。

4. 什么是 IP 伪装？

5. 什么是端口转发？

6. 什么是 1∶1 NAT？

7. 用于 1∶1 NAT 映射的虚拟 IP 地址还可以被其他设备使用吗？

8. 假设在 mGuard 上用 1∶1 NAT 进行网络映射，将实际网络 192.168.1.0 映射为虚拟网络 10.1.1.0，Netmask 的值为 28，请写出实际地址与虚拟地址的映射关系。

第7章 数据加密技术及应用

使用加密技术对隐私数据或机密文件进行处理，防止这些数据被窃取或篡改的过程称为数据加密。狭义上，数据加密可以防止数据被有意或恶意查看及修改，或在原本不安全的信道上提供安全信道。广义上，数据加密可实现以下功能：

(1) 保密性：防止数据被读取。

(2) 完整性：防止数据被篡改。

(3) 身份验证：确保数据发自特定的一方。

(4) 抗抵赖：防止接收方收到了数据却不承认。

7.1 数据加密技术

密码技术的发展历史漫长。早在古巴比伦时代，就出现了简单的人工加密和消息破译的方法。随着工业革命的兴起，密码学也进入了机器和电子时代，加密技术被广泛应用于军事、运输、制造等各个领域。20 世纪 70 年代初，电子技术进入微电子时代，大规模集成电路和微型处理器被引入密码通信中，进一步加快了密码和密码机的发展进程。用程序实现编码的计算机密码也是在这个时期出现的。如今，密码学的应用已经深入人们生活的各个方面，如数字证书、网上银行、身份证、社保卡、税务管理等，密码技术在其中都发挥了关键作用。

一个现代密码系统包括：明文/消息、密文、加/解密算法、加/解密密钥。

(1) 明文/消息(Plaintext/Message)：作为加密输入的原始消息，即消息的原始形式，一般用 M 表示。

(2) 密文(Cyphertext)：明文变换后的一种隐蔽形式，一般用 C 表示。

(3) 加/解密算法(Encryption/Decryption Algorithm)：将明文变换为密文的一组规则称为加密算法；将密文变换为明文的一组规则称为解密算法。加密算法可以用函数 $E(\ )$表示；解密算法可以用函数 $D(\ )$表示。

(4) 加/解密密钥(Key)：控制加密或解密过程的数据，用 K 表示(加密密钥用 K_e 表示，解密密钥用 K_d 表示)。使用相同的加密算法，通过变换不同的密钥可以得到不同的密文。

图 7-1 所示是密码系统中各个要素之间的关系。加/解密的过程可以用下述公式描述：

加密：
$$C = E_{K_e}(M)$$

解密：
$$M = D_{K_d}(C)$$

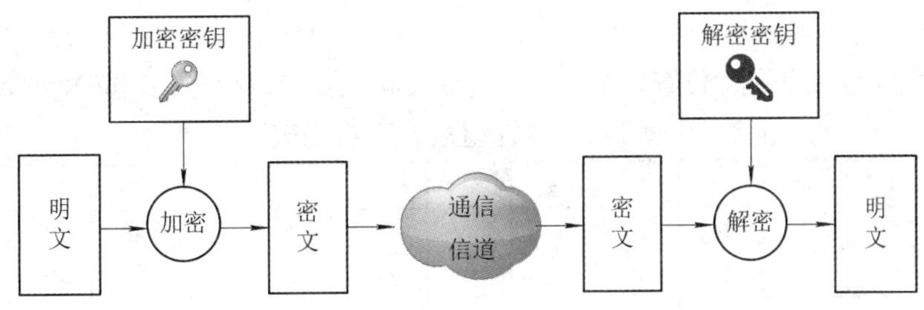

图 7-1　密码系统中各个要素之间的关系

7.1.1　对称加密算法

对称加密算法有时又被称为传统加密算法，是指加密时使用的密钥与解密时使用的密钥相同(即 $K_e = K_d$)或者可以相互推算出来的加密算法。

由于加密算法是公开的，因此被加密数据的安全性取决于密钥。首先，通信双方需要保证密钥在安全的通信介质上传递，不被攻击者获取。另外，在对称加密算法中，加/解密密钥相同或者可以相互推算，所以通信双方都必须保证密钥不被泄露，否则加密数据的安全性就不能得到保障。

对称加密算法可以分为两类：流密码算法和分组加密算法。流密码算法是指一次只对明文中的一个比特或一个字节运算的加密算法，有时也称为序列算法或序列密码，常用的算法包括 RC4、SEAL、ZUC(祖冲之算法)等。分组加密算法是指一次对明文中的一组比特进行运算的加密算法，这组比特称为分组(现代计算机加密算法的典型分组大小为 64 bit 或 128 bit)，常用的算法包括 DES、IDEA、AES、SM4 等。

1. DES 算法原理

DES 是 Data Encryption Standard(数据加密标准)的缩写。它是由 IBM 公司研制的一种加密算法。美国国家标准局于 1977 年公布将其作为非机要部门使用的数据加密标准。

DES 是分组加密算法，分组大小为 64 bit，密钥长度为 64 bit，但是因为密钥的每 8 bit 中有 1 bit 作为奇偶校验位，所以真正有效的密钥是 56 bit。

1) 密钥处理

(1) 取得种子密钥：从用户处获得 64 bit 种子密钥，如表 7-1 所示。其中第 8、16、24、32、40、48、56、64 位是奇偶校验位，除去这些位以后剩下的 56 bit 是有效密钥。

表 7-1　种子密钥

1	1	0	1	1	0	1	—	8
1	0	1	1	1	1	0	—	16
1	1	1	1	0	0	0	—	24
0	0	0	0	1	1	1	—	32
0	1	0	1	1	0	1	—	40
1	0	1	0	0	1	0	—	48
0	0	0	1	1	0	0	—	56
1	1	1	0	0	0	1	—	64

(2) 密钥初始置换(压缩型换位 1)：按照表 7-2 压缩型换位 1 置换表所示(A 和 B)将 64 bit 密钥剔除奇偶校验位并进行位置调整后，分为各 28 bit 的左右两部分 C 和 D，如表 7-3 所示。

表 7-2　压缩型换位 1 置换表

57	49	41	33	25	17	9
1	58	50	42	34	26	18
10	2	59	51	43	35	27
19	11	3	60	52	44	36

A

63	55	47	39	31	23	15
7	62	54	46	38	30	22
14	6	61	53	45	37	29
21	13	5	28	20	12	4

B

表 7-3　压缩换位后的种子密钥

1	0	1	0	0	1	1
1	1	0	0	1	0	1
0	1	1	0	1	0	0
1	1	0	0	1	0	1

C

1	0	0	1	1	0	0
1	0	0	1	0	1	0
1	0	0	1	0	1	1
0	1	1	0	1	1	1

D

(3) 密钥循环移位：DES 算法经过 16 次迭代完成，每次迭代使用的子密钥是将上一轮的子密钥的 C、D 两部分分别循环左移得到的。表 7-4 是循环左移表，第 1 次迭代的子密钥经过循环左移后的结果如表 7-5 所示。

表 7-4　循 环 左 移 表

迭代次数	1	2	3	4	5	6	7	8	9	10	11	12	13	14	15	16
左移次数	1	1	2	2	2	2	2	2	1	2	2	2	2	2	2	1

表 7-5　第 1 次迭代的子密钥循环左移后的结果

0	1	0	0	1	1	1
1	0	0	1	0	1	0
1	1	0	1	0	0	1
1	0	0	1	0	1	1

C

0	0	1	1	0	0	1
0	0	1	0	1	0	1
0	0	1	0	1	1	0
1	1	0	1	1	1	1

D

(4) 密钥压缩选取(压缩型换位 2)：将两个 28 bit 的密钥串联得到 56 bit 的密钥，然后按照表 7-6 压缩型换位 2 置换表所示得到 48 bit 的迭代子密钥。第 1 次迭代的迭代子密钥如表 7-7 所示。

表 7-6　压缩型换位 2 置换表

14	17	11	24	1	5
3	28	15	6	21	10
23	19	12	4	26	8
16	7	27	20	13	2
41	52	31	37	47	55
30	40	51	45	33	48
44	49	39	56	34	53
46	42	50	36	29	32

表 7-7　第 1 次迭代的迭代子密钥

0	0	1	0	0	1
0	1	1	1	1	0
0	0	0	0	0	1
1	1	1	0	1	1
0	0	1	0	1	1
0	1	1	1	0	1
0	0	0	1	0	1
0	1	1	0	0	1

2) 加密过程

将数据分为 64 bit 的数据块。对于长度大于 64 bit 的明文，按每 64 bit 一组分组；对于长度小于 64 bit 的明文，在后面适当填充(通常补 0)。表 7-8 所示是 64 bit 的数据分组。

将输入的 64 bit 数据按照表 7-9 DES 的初始置换表所示转换成新的 64 bit 数据块，如表 7-10 所示。

表 7-8　1 个数据分组

0	0	1	0	0	1	1	1
1	1	0	0	0	1	0	1
1	0	0	0	0	1	0	0
1	1	1	0	1	1	0	1
0	0	1	0	0	1	1	1
0	1	1	1	0	1	1	0
1	1	1	1	0	0	0	0
0	1	1	0	0	1	1	1

表 7-9　DES 的初始置换表

58	50	42	34	26	18	10	2
60	52	44	36	28	20	12	4
62	54	46	38	30	22	14	6
64	56	48	40	32	24	16	8
57	49	41	33	25	17	9	1
59	51	43	35	27	19	11	3
61	53	45	37	29	21	13	5
63	55	47	39	31	23	15	7

表 7-10　经过初始置换表转换成的新的 64 bit 数据块

1	1	1	0	1	0	1	0	0	1	0	0	1	1	1	0
0	1	1	0	0	0	0	0	1	1	1	1	1	0	0	1
1	0	1	1	1	1	1	1	0	0	0	0	1	0	0	0
1	0	0	1	1	0	1	1	1	0	1	1	0	0	0	1

左　　右

对整理好的数据块进行 16 次迭代加密，DES 的一轮加密过程如图 7-2 所示。

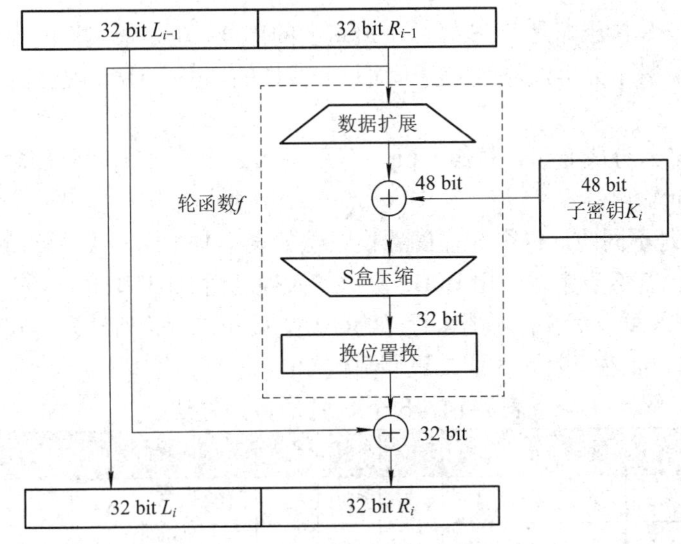

图 7-2　DES 的一轮加密过程

(1) 数据扩展。将 32 bit 数据按照表 7-11 DES 的数据扩展表所示扩展为 48 bit。右边数据扩展结果如表 7-12 所示。

表 7-11　DES 的数据扩展表

32	1	2	3	4	5
4	5	6	7	8	9
8	9	10	11	12	13
12	13	14	15	16	17
16	17	18	19	20	21
20	21	22	23	24	25
24	25	26	27	28	29
28	29	30	31	32	1

表 7-12　右边数据扩展结果

1	0	1	0	0	1
0	1	1	1	0	1
0	1	1	1	1	1
1	1	0	0	1	0
1	0	0	0	0	1
0	1	0	0	0	1
0	1	0	1	1	0
1	0	0	0	1	0

(2) 异或加密。把扩展后的 48 bit 右值与 48 bit 子密钥按位异或形成一个新的 48 bit 右值，如表 7 13 所示。

表 7-13　异或后的右值

1	0	0	0	0	0
0	0	0	0	1	1
0	1	1	1	1	0
0	0	1	0	0	1
1	0	1	0	1	0
0	0	1	1	0	0
0	1	0	0	1	1
1	1	1	0	1	1

(3) S 盒压缩。S 盒压缩是 DES 算法中最重要的部分，也是最关键的步骤，因为其他的运算都是线性的，易于分析，只有 S 盒压缩是非线性的，它比 DES 中任何一步都具备更好的安全性。

将 48 bit 的输入分成 8 组，每组 6 bit，分别进入 8 个 S 盒。每个 S 盒有 4 bit 输出，8 个 S 盒共有 32 bit 输出。

这 8 个 S 盒是不同的，每个 S 盒的置换方法如表 7-14 所示。将每组的 6 bit 输入记为 B0B1B2B3B4B5，那么表中行号由 B0B5 决定，而列号由 B1B2B3B4 决定。例如，第一个分组 111000 要进入第一个 S 盒，那么行号为$(10)_2$，即第二行，列号为$(1100)_2$，即第 12 列，所以这个 S 盒的 4 bit 输出就是 3 的二进制数值 0011。

表 7-14　8 个 S 盒的置换方法

S1	0	1	2	3	4	5	6	7	8	9	10	11	12	13	14	15
0	14	4	13	1	2	15	11	8	3	10	6	12	5	9	0	7
1	0	15	7	4	14	2	13	1	10	6	12	11	9	5	3	8
2	4	1	14	8	13	6	2	11	15	12	9	7	3	10	5	0
3	5	12	8	2	4	9	1	7	5	11	3	14	10	0	6	13

续表

S2	0	1	2	3	4	5	6	7	8	9	10	11	12	13	14	15
0	15	1	8	14	6	11	3	4	9	7	2	13	12	0	5	10
1	3	13	4	7	15	2	8	14	12	0	1	10	6	9	11	5
2	0	14	7	11	10	4	13	1	5	8	12	6	9	3	2	15
3	13	8	10	1	3	15	4	2	11	6	7	12	0	5	14	9
S3	0	1	2	3	4	5	6	7	8	9	10	11	12	13	14	15
0	10	0	9	14	6	3	15	5	1	13	12	7	11	4	2	8
1	13	7	0	9	3	4	6	10	2	8	5	14	12	11	15	1
2	13	6	4	9	8	15	3	0	11	1	2	12	5	10	14	7
3	1	10	13	0	6	9	8	7	4	15	14	3	11	5	2	12
S4	0	1	2	3	4	5	6	7	8	9	10	11	12	13	14	15
0	7	13	14	3	0	6	9	10	1	2	8	5	11	12	4	15
1	13	8	11	5	6	15	0	3	4	7	2	12	1	10	14	9
2	10	6	9	0	12	11	7	13	15	1	3	14	5	2	8	4
3	3	15	0	6	10	1	13	8	9	4	5	11	12	7	2	14
S5	0	1	2	3	4	5	6	7	8	9	10	11	12	13	14	15
0	2	12	4	1	7	10	11	6	8	4	3	15	13	0	14	9
1	14	11	2	12	4	7	13	1	5	0	15	10	3	9	8	6
2	4	2	1	11	10	13	7	8	15	9	12	5	6	3	0	14
3	11	8	12	7	1	14	2	13	6	15	0	9	10	4	5	3
S6	0	1	2	3	4	5	6	7	8	9	10	11	12	13	14	15
0	12	1	10	15	9	2	6	8	0	13	3	4	14	7	5	11
1	10	15	4	2	7	12	9	5	6	1	13	14	0	11	3	8
2	9	14	15	5	2	8	12	3	7	0	4	10	1	13	11	6
3	4	3	2	12	9	5	15	10	11	14	1	7	6	0	8	13
S7	0	1	2	3	4	5	6	7	8	9	10	11	12	13	14	15
0	4	11	2	14	15	0	8	13	3	12	9	7	5	10	6	1
1	13	0	11	7	4	9	1	10	14	3	5	12	2	15	8	6
2	1	4	11	13	12	3	7	14	10	15	6	8	0	5	9	2
3	6	11	13	8	1	4	10	7	9	5	0	15	14	2	3	12
S8	0	1	2	3	4	5	6	7	8	9	10	11	12	13	14	15
0	13	2	8	4	6	15	11	1	10	9	3	14	5	0	12	7
1	1	15	13	8	10	3	7	4	12	5	6	11	0	14	9	2
2	7	11	4	1	9	12	14	2	0	6	10	13	15	3	5	8
3	2	1	14	7	4	10	8	13	15	12	9	0	3	5	6	11

表 7-13 中的 48 bit 右值经过 S 盒压缩后的结果如表 7-15 所示。

(4) 换位置换。将 S 盒压缩形成的 32 bit 右值根据表 7-16 进行转换，最后得到新的 32 bit 右值，如表 7-17 所示。

表 7-15　S 盒压缩后的右值

0	1	0	0
1	1	0	1
1	0	0	0
0	1	1	0
1	1	0	1
0	1	1	0
0	0	1	1
0	1	0	1

表 7-16　换位置换表

16	7	20	21
29	12	28	17
1	15	23	26
5	18	31	10
2	8	24	14
32	27	3	9
19	13	30	6
22	11	4	25

表 7-17　换位置换后的右值

0	0	1	0
0	0	1	1
0	1	1	0
1	1	0	0
1	1	0	1
1	1	0	1
0	0	1	1
1	0	0	0

(5) 左右交换。将换位置换后的右值与上一轮的左值按位异或运算作为下一轮的右值。将上一轮的原始右值作为新一轮的左值。DES 算法要完成 16 次迭代。

为了保证加密和解密的对称性，DES 算法的前 15 次迭代每完成 1 次迭代都要交换左值和右值，第 16 次迭代不交换两者的数值。到此将 32 bit 的左值和右值合并为 64 bit 的数据。根据表 7-18 DES 的末置换表所示重新调整数据的位置，最后得到新的 64 bit 数据，即密文。

表 7-18　DES 的末置换表

40	8	48	16	56	24	64	32
39	7	47	15	55	23	63	31
38	6	46	14	54	22	62	30
37	5	45	13	53	21	61	29
36	4	44	12	52	20	60	28
35	3	43	11	51	19	59	27
34	2	42	10	50	18	58	26
33	1	41	9	49	17	57	25

3) 解密过程

DES 算法加密和解密使用相同的算法，但密钥的次序相反。如果各轮加密子密钥分别是 K_1，K_2，K_3，…，K_{16}，那么解密子密钥就是 K_{16}，K_{15}，K_{14}，…，K_1。

2. DES 算法分析

对称加密算法使用“位运算”方式对数据进行加密和解密操作，数据处理效率相对较高，是加密系统中对消息进行加密的通用方式。

DES 算法属于对称加密算法，加/解密密钥相同，所以通信双方首先要保证在安全的传输介质上分发密钥，另外，通信双方也要同时安全存储密钥。

DES 算法的一个主要缺陷是密钥长度较短，有效密钥仅 56 bit，密钥空间是 2^{56}。针对这个缺陷的攻击主要是穷举攻击，即利用一个已知明文和密文消息对，直到找到正确的密钥，也称蛮力攻击(Brute Force Attack)。

但是到目前为止，除了用穷举攻击对 DES 算法进行攻击以外，还没有发现更有效的方法，这也证明了 DES 算法具有极高的抗密码分析能力。

克服短密钥缺陷的一个方案是：使用不同的密钥，多次运行 DES 算法，从而达到增加密钥长度的效果。此方案称为 3 重 DES 方案(3DES)。这个方案的加/解密过程如下：

加密：　$$C = E_{K_1}\{D_{K_2}[E_{K_1}(M)]\}$$

解密：　$$M = D_{K_1}\{E_{K_2}[D_{K_1}(C)]\}$$

3 重 DES 加/解密过程中分别进行了 3 次 DES 算法，并且使用了两个不同的密钥，这个方案不仅能够扩大密钥空间，而且可以与单密钥 DES 加密系统兼容，使用户在升级加密系统的过程中可以减少投入的成本。

3. 其他对称加密算法

DES 算法的最大缺陷是密钥长度较短，这也促使人们开发了其他算法，以增加密钥长度及算法安全性。其他对称加密算法有以下几个：

(1) IDEA。IDEA 是 International Data Encryption Algorithm(国际数据加密算法)的缩写，是 1990 年由瑞士联邦技术学院的中国学者莱学嘉(X. J. Lai)博士和著名的密码学家马西(Massey)联合提出的建议标准算法。莱学嘉和马西在 1992 年对该算法进行了改进，强化了抗差分分析的能力。IDEA 是对 64 bit 大小的数据块加密的分组加密算法，密钥长度为 128 bit。该算法用硬件和软件实现都很容易，并且效率高。IDEA 自问世以来经历了大量的详细审查，对密码分析具有很强的抵抗能力，在多种商业产品中被使用。

(2) AES 算法。1997 年 1 月，美国国家标准和技术研究所(NIST)宣布征集新的加密算法。2000 年 10 月 2 日，由比利时设计者 Joan Deameen 和 Vincent Rijmen 设计的 Rijndeal 算法以其优秀的性能和抗攻击能力，最终赢得了胜利，成为新一代的加密标准 AES(Advanced Encryption Standard)。AES 加密算法是分组加密算法，分组大小为 128 bit。AES 的密钥长度与轮数相关：轮数为 10，密钥长度为 128 bit；轮数为 12，密钥长度为 192 bit；轮数为 14，密钥长度为 256 bit。

(3) SM1、SM4、SM7 算法。SM1、SM4、SM7 算法是我国研发的国家商用密码算法。SM1 算法的分组长度、密钥长度都是 128 bit，算法安全保密强度跟 AES 相当，但是算法不公开，仅以 IP 核的形式存在于芯片中，需要通过加密芯片的接口进行调用。采用该算法研制的有系列芯片、智能 IC 卡、智能密码钥匙、加密卡、加密机等安全产品，广泛应用于电子政务、电子商务及国民经济的各个应用领域(包括国家政务通、警务通等重要领域)。与 SM1 类似，SM4 算法是我国自主设计的分组对称密码算法，于 2012 年 3 月 21 日发布，用于替代 DES、AES 等国际算法。SM4 算法与 AES 算法具有相同的密钥长度、分组长度，都是 128 bit。SM7 算法没有公开，它适用于非接触式 IC 卡应用，包括身份识别类应用(如门禁卡、工作证、参赛证等)、票务类应用(如大型赛事门票、展会门票等)、支付与通卡类应用(如积分消费卡、校园一卡通、企业一卡通、公交一卡通等)。

4. 分组密码工作模式

利用基本的分组密码算法处理长消息的工作方式称为分组密码的工作模式。其主要有以下几种：

(1) 电码本模式。电码本模式简称 ECB(Electronic Code Book)模式。在这种模式下，将需要加密的消息按照块密码的块大小分为数个块，并对每个块进行独立加密。电码本模式的优点是实施简单，有利于并行计算，误差不会被传送；其缺点是不能隐藏明文，容易使明文受到主动攻击。

(2) 密码分组链模式。密码分组链模式简称 CBC(Cipher-Block Chaining)模式。在 CBC 模式中，每个明文块先与前一个密文块进行异或，再进行加密。每个密文块都依赖于它前面的所有明文块。同时，为了保证每条消息的唯一性，在第一个块中需要使用初始化向量(Initialization Vector，IV)。初始化向量是许多工作模式中用于随机化加密的一块数据，因此可以由相同的明文和相同的密钥产生不同的密文，而无须重新产生密钥。CBC 是最为常用的工作模式，其优点是不容易被主动攻击，安全性好于 ECB，适合传输长度长的报文，是 SSL、IPSec 的标准；缺点是加密过程中误差会向后传递，加密过程不能并行计算(但是解密过程是可以并行化的)。

(3) 密码反馈模式。密码反馈模式简称 CFB(Cipher Feedback)模式。在 CFB 模式中，先加密前一个分组，然后将得到的结果与明文相结合产生当前分组，从而有效地改变用于加密当前分组的密钥。与 CBC 模式一样，这里要使用一个初始化向量作为加密过程的种子。CFB 模式类似于 CBC 模式，可以将分组密码变为自同步的流密码，工作过程亦非常相似，CFB 模式的解密过程几乎就是颠倒的 CBC 模式的加密过程。

(4) 输出反馈模式。输出反馈模式简称 OFB(Output Feedback)模式。OFB 模式可以将分组密码变成同步的流密码。它产生密钥流的分组，然后将其与明文分组进行异或，得到密文。

(5) 计数器模式。计数器模式简称 CTR(Counter Mode)，也称为 ICM(Integer Counter Mode，整数计数模式)和 SIC(Segmented Integer Counter)模式。与 OFB 模式相似，CTR 模式将分组密码变为流密码。

7.1.2　公钥加密算法

公钥加密算法的思想是由 W. Difie 和 Hellman 在 1976 年提出的。在公钥加密算法中，加密和解密采用不同的密钥，即 $K_e \neq K_d$。用于加密的密钥称为公钥，可以公开；用于解密的密钥称为私钥，必须由接收方秘密保存。

公钥加密算法的使用过程是：由消息接收方生成一对密钥——公钥(用于加密，可以公开)和私钥(用于解密，必须由接收方秘密保存)，消息发送方利用接收方的公钥加密消息并发送给接收方，接收方利用私钥解密消息。

公钥加密算法的一对密钥具有如下两个特性：

(1) 用公钥加密的消息只能用相应的私钥解密，反之亦然。

(2) 如果想要从一个密钥推知另一个密钥，在计算上是不可行的。

公钥加密算法均基于数学难解问题。基于“大数分解”难题的公钥加密算法包括 RSA、ECDSA、Rabin 等算法；基于“离散对数”难题的公钥加密算法包括 ElGamal、ECC、ECDH、SM2、SM9 等算法。

1. RSA 算法原理

1978 年提出的 RSA 算法是第一个既能用于数据加密也能用于数字签名的算法。它易于理解和操作，也很流行。RSA 算法的名字是以发明者的名字——Ron Rivest、Adi Shamir 和 Leonard Adleman 命名的。

RSA 算法的公钥和私钥都是两个大素数(大于 100 个十进制位)的函数。据猜测，从一个密钥和密文推断出明文的难度等同于分解两个大素数的乘积。

1) 密钥对的产生

(1) 选择两个大素数 p 和 q。p 和 q 的值越大，RSA 越难攻破。

(2) 计算 n 和 z，其中 $n = p \times q$，$z = (p-1) \times (q-1)$。

(3) 选择小于 n 的一个数 e，并且 e 与 z 没有公因数。

(4) 找到一个数 d，使得 $e \times d - 1$ 除以 z 没有余数。

(5) 公钥是二元组(n, e)，私钥是二元组(n, d)。

2) 加密与解密

加密表示为

$$C = M^e (\bmod n)$$

解密表示为

$$M = C^d (\bmod n)$$

2. RSA 算法评价

RSA 算法的安全性依赖于大数分解，但是否等同于大数分解一直未能得到理论上的证明，不管怎样，分解模数 n 是最显而易见的攻击方法。目前，人们已经能分解 150 多个十进制位的大素数。因此，模数 n 必须选大一些。

RSA 算法的主要缺点体现在以下两个方面：

(1) 密钥的产生方法烦琐。由于受到素数产生技术的限制，难以做到一次一密。

(2) 加密/解密运算效率低。为保证安全性，n 至少为 600 bit，但这样分组长度太长，运算代价很高。由于进行的都是大数计算，无论是软件还是硬件实现，RSA 最快的运算速度也要比 DES 慢，因此，速度一直是 RSA 最主要的缺陷，一般来说 RSA 只用于少量数据加密。目前，SET 协议中要求数据证书认证中心采用 2048 bit 的密钥，其他实体采用 1024 bit 的密钥。

使用 RSA 算法(也包括其他公钥加密算法)进行安全通信，有以下优点：

(1) 通信双方事先不需要通过保密信息交换密钥。

(2) 密钥持有量大大减小。一个安全通信系统中有 m 个用户，如果使用公钥加密算法进行通信，那么每个用户只需要持有自己的私钥，而公钥可以放置在公共数据库上供其他用户取用，这样整个系统仅需要 m 对密钥就可以满足相互之间进行安全通信的需要。如果使用对称加密算法进行通信，则每个用户需要拥有 $m-1$ 个密钥，系统总的密钥数量是 $m \times (m-1)/2$。这还仅是只考虑了用户之间使用一个会话密钥的情况，可见如此庞大数量密钥的生成、管理、分发确实是一个难以处理的问题。

(3) 公钥加密算法提供了对称加密算法无法或很难提供的服务，如与散列函数联合运用组成数字签名等。公钥加密技术的产生可以说是信息安全领域中的一个里程碑，是 PKI(Public Key Infrastructure，公钥基础设施)技术的重要支撑。

3. 其他公钥加密算法

(1) ECC算法。同RSA算法一样，椭圆曲线加密(Elliptic Curves Cryptography, ECC)算法也属于公钥加密算法，其安全性依赖于计算“椭圆曲线上的离散对数”难题。ECC算法优于RSA算法的地方表现在：安全性能高，计算量小，处理速度快，存储空间小，带宽要求低。基于以上优点，ECC算法在移动通信和无线通信领域被广泛应用。

(2) SM2、SM9算法。SM2、SM9算法是我国研发的国家商用密码算法。SM2算法是基于椭圆曲线密码的公钥密码算法标准，其密钥长度为256 bit，包含数字签名、密钥交换和公钥加密，用于替换RSA、DH、ECDSA、ECDH等国际算法，可以满足电子认证服务系统等应用需求，由国家密码管理局于2010年12月17日发布。SM2算法采用的是ECC 256位的一种，其安全强度比RSA 2048位高，且运算速度快于RSA算法。SM9算法是基于标识的公钥加密算法，可以实现基于标识的数字签名、密钥交换协议、密钥封装机制和公钥加密与解密。SM9算法可以替代基于数字证书的PKI/CA体系，于2016年3月28日发布。SM9算法主要用于用户的身份认证。据公开报道，SM9算法的加密强度等同于3072位密钥的RSA加密算法。

7.1.3 数字信封

与对称加密算法相比，公钥加密算法的优点是能够很好地解决密钥分发问题，而缺点是加密效率低。目前的加密系统通常都综合应用对称和公钥加密算法，在保证加密运算的效率的同时解决密钥分发问题，这一应用方式称为数字信封。

如图7-3所示，使用对称加密算法加密数据，使用公钥加密算法加密对称加密算法的密钥。

(1) 发送方生成一个随机对称密钥K，即会话密钥；
(2) 发送方用会话密钥加密明文，得到密文；
(3) 发送方用接收方的公钥加密会话密钥K，形成数字信封；
(4) 发送方将数字信封和密文发送给接收方；
(5) 接收方用自己的私钥解密数字信封得到会话密钥K；
(6) 接收方用会话密钥K解密密文得到明文。

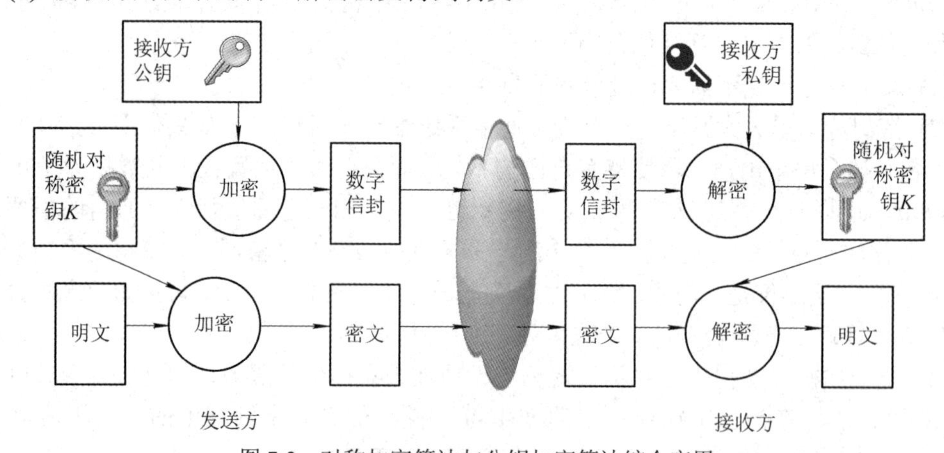

图7-3 对称加密算法与公钥加密算法综合应用

7.2　数字签名与验证

网络环境下，数字签名与验证技术是信息完整性和不可否认性的重要保障。信息的发送方可以对电子文档生成数字签名，信息的接收方收到文档及其数字签名后，可以验证签名的真实性。身份认证则基于数字签名技术为网络世界中实体的身份提供验证。

7.2.1　散列算法

散列算法(也称为散列函数)提供了这样一种服务：它对不同长度的输入消息产生固定长度的输出，这个固定长度的输出称为原输入消息的“散列”或“消息摘要”(Message Digest)。对于一个安全的散列算法，这个消息摘要通常可以直接作为消息的认证标签。所以这个消息摘要又被称为消息的数字指纹。散列函数表示为 Hash(x)，音译为“哈希”函数。

通过 MD5 散列算法分别计算出的字符串以及一份文件的散列值(128 bit)如下：

MD5(www.zdtj.cn) = C50E7667F83F34D1197EB5405702D69C

MD5(file-1.txt) = 3222C661B778BF214E5A28F06889FF99

1. 散列算法的性质

一个安全的散列算法必须具有以下属性：

1) 压缩性

散列函数的压缩性体现在以下两个方面：

(1) 散列函数的输入长度是任意的。也就是说，散列函数可以应用到大小不一的数据上。

(2) 散列函数的输出长度是固定的。根据目前的计算技术，散列函数的输出长度应至少取 128 bit。

2) 单向性

散列函数的单向性体现在以下两个方面：

(1) 对于任意给定的消息 x，计算其散列值 Hash(x)是很容易的。

(2) 对于任意给定的散列值 h，要发现一个满足 Hash(x) = h 的 x，在计算上是不可行的。

3) 抗碰撞性

散列函数的抗碰撞性体现在以下两个方面：

(1) 对于任意给定的消息 x，要发现一个满足 Hash(y) = Hash(x)的消息 y，而 $y \neq x$，在计算上是不可行的。

(2) 要发现满足 Hash(x) = Hash(y)的(x, y)对，在计算上是不可行的。

目前，已研制出适合于各种用途的散列算法。这些算法都是伪随机函数，任何散列值都是等可能的；输出并不以可辨别的方式依赖于输入；任何输入串中单个比特位的变化，将会导致输出比特串中大约一半的比特位发生变化。

2. 散列函数的构造方式

事实上，构造一个可以有任意长度输入的函数是非常困难的，因此大部分散列函数的设计是从某个输入长度固定的压缩函数入手，然后采用某种结构将压缩函数扩展生成输入长度为任意值的散列函数。最常用的散列函数的构造方式是 Merkle-Damgard 加强式迭代结构，简称 MD 方式。

如图 7-4 所示，MD 方式首先对消息进行填充，以满足压缩函数输入长度的要求和保证其安全性。填充方式是在消息末尾首先填充一比特的“1”，然后填充足够比特的“0”，最后将消息的长度填充到末尾。填充后消息长度正好为压缩函数输入长度的整数倍。

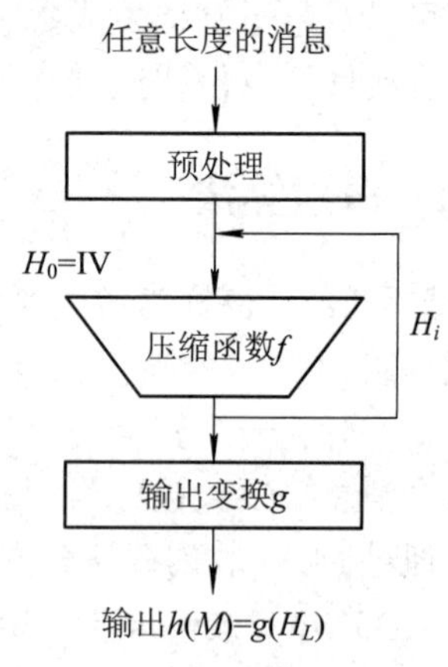

图 7-4　散列函数的迭代结构

填充好的消息被分成固定大小的消息块 M_1，M_2，…，M_L，将初始变量设成某个固定值，然后进行压缩函数的迭代处理。

设压缩函数为 f，则散列函数的处理过程为：填充原始消息并将消息分成固定长度的块 M_1，M_2，…，M_L，将初始变量 H_0 设成固定值 IV，设 i 从 1 到 L，计算 $H_i = f(H_{i-1}, M_i)$，输出 $h(M) = g(H_L)$。

3. 典型散列算法

1) MD(Message Digest)算法

MD2 算法是 Rivest 在 1989 年开发出来的。该算法在处理过程中首先对信息进行补位，使信息的长度是 16 的倍数，然后以一个 16 bit 的校验和追加到信息的末尾，并根据这个新产生的信息生成 128 bit 的散列值。

Rivest 在 1990 年开发出 MD4 算法。MD4 算法也需要信息的填充，它要求信息在填充后加上 448 能够被 512 整除。用 64 bit 表示消息的长度，放在填充比特之后生成 128 bit 的散列值。

MD5 算法是由 Rivest 在 1991 年设计的，在 FRC 1321 中作为标准描述。MD5 以 512 bit 数据块为单位来处理输入，产生 128 bit 的消息摘要。

2) SHA(Secure Hash Algorithm)

SHA 由 NIST 开发，并在 1993 年作为联邦信息处理标准公布。1995 年其改进版本 SHA-1 公布。SHA 与 MD5 的设计原理类似，同样以 512 bit 数据块为单位来处理输入，但它产生 160 bit 的消息摘要，具有比 MD5 更强的安全性。

2004 年，NIST 宣布将逐渐减少使用 SHA-1，以 SHA-2 取而代之。SHA-2 包含 SHA-224、SHA-256、SHA-384 和 SHA-512。其中 SHA-224 的分组大小是 512 bit，消息摘要长度为 224 bit；SHA-256 的分组大小是 512 bit，消息摘要长度为 256 bit；SHA-384 的分组大小是 1024 bit，消息摘要长度为 384 bit；SHA-512 的分组大小是 1024 bit，消息摘要长度为 512 bit。

3) SM3 算法

SM3 算法是我国研发的国家商用密码算法。SM3 用于替代 MD5、SHA-1、SHA-2 等国际算法，适用于数字签名和验证、消息认证码的生成与验证以及随机数的生成，可以满足电子认证服务系统等应用需求，于 2010 年 12 月 17 日发布。SM3 是在 SHA-256 基础上改进的一种算法，采用加强式迭代结构，消息分组长度为 512 bit，消息摘要长度为 256 bit。

7.2.2　数字签名与验证技术

事实上，数字签名就是用私钥进行加密，而验证就是用公钥进行正确的解密。在公钥密码体制中，由于用公钥无法推算出私钥，因此公开的公钥并不会损害私钥的安全性；公钥无须保密，可以公开传播，而私钥一定是个人秘密持有，因此某人用其私钥加密消息，能够用他的公钥正确解密就可以肯定消息是拥有这个公钥的人签署的。

使用公钥密码体制加密长消息的效率非常低，需要利用散列函数对消息进行处理，生成一个能够代表该消息的消息摘要(也称为消息指纹)。这个消息摘要非常短小，可以利用私钥对其进行加密生成数字签名，如图 7-5 所示。若摘要 1 与摘要 2 相同，则验证通过；否则，验证失败。

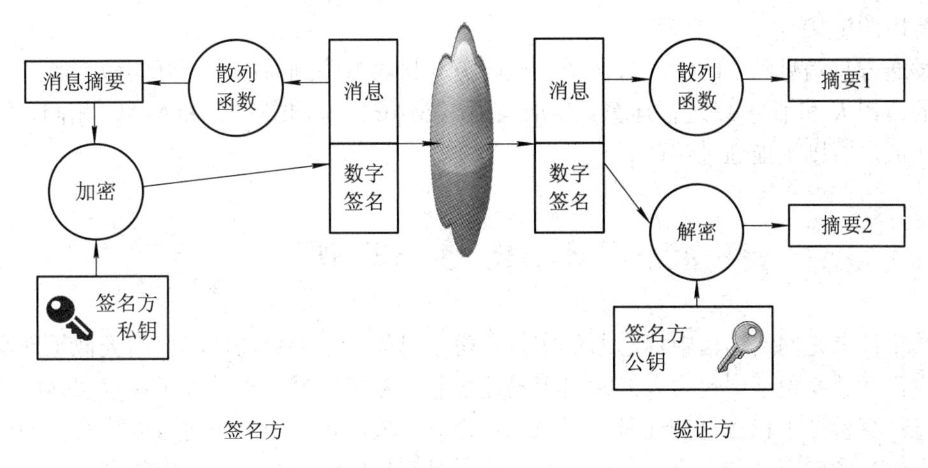

图 7-5　数字签名原理

目前常用的数字签名体制包括 RSA、ECC、ElGamal 等，另外，还包括由美国国家标准局制定的数字签名标准 DSS。

在 Diffie 和 Hellman 于 1976 年首次提出数字签名概念后，RSA 数字签名体制是第一个数字签名体制，它是由 Rivest、Shamir 和 Adleman 三人共同提出的。

例如，用户 A 向用户 B 发送信息 M 并进行签名，用户 B 收到消息及签名后进行验证的过程如下：

1. 用户 A 方的过程

(1) 确定安全散列函数；

(2) 建立密钥对，其中(n，d)是私钥，(n，e)是公钥；

(3) 向用户 B 发送散列函数和公钥(n，e)；

(4) 进行签名操作：计算消息 M 的摘要 $h = \text{Hash}(M)$，计算 $s = \text{Sign}_d(h) = h^d \pmod n$，得到消息签名对($M$，$s$)。

2. 用户 B 方的过程

用户 B 收到用户 A 发过来的消息签名对(M，s)后，做如下操作：

(1) 计算 $h' = \text{Hash}(M)$；

(2) 计算 $h'' = s^e (\text{mod } n)$；

(3) 如果 $h' = h''$，则数字签名验证有效。

7.2.3　消息完整性认证

消息认证是使消息的接收方能够检验收到的消息是否真实的认证方法。消息认证的目的有两个：一个是消息源的认证，即验证消息的来源是真实的；另一个是消息的认证，即验证消息在传输过程中未被篡改。

通过消息认证码(Message Authentication Code，MAC)可以对消息进行认证。基于密钥哈希函数的 MAC 形式如下：

$$\text{MAC} = \text{Hash}(K \| M)$$

其中：Hash( )是双方协商好的散列函数；K 是发送方和接收方共享的密钥；M 是消息；$\|$表示比特串的链接。

发送方将消息和 MAC 一起发送给接收方。接收方收到后用协商好的散列函数对双方共享的密钥 K 和消息 M 进行运算，生成认证码 MAC′。如果 MAC 和 MAC′相同，则消息通过认证，否则不能通过认证。

7.3　数字证书

数字证书是网络通信中标志通信实体身份信息的一系列数据，其作用类似于现实生活中的身份证。身份证中包含人的姓名等描述信息，数字证书中也包含了通信实体的基本描述信息；身份证中包含身份证号，用来标识每一个人，数字证书中包含通信实体的公钥；身份证中包含国家公共安全机关的签章，所以具有权威性，数字证书中包含可信任的签发机构的数字签名，这个签发机构称为 CA(Certificate Authority，证书颁发机构)。

7.3.1　数字证书的结构

1. X.509 证书

X.509 证书是广泛应用的一种数字证书，是国际电信联盟电信标准化部门(ITU-T)和国际标准化组织(ISO)的数字证书标准。X.509 证书支持身份的鉴别与识别、完整性、保密性及不可否认性等安全服务。

X.509 证书的格式如图 7-6 所示。V1 版本于 1988 年发布。1993 年，在 V1 版本基础上增加了两个额外的域，用于支持目录存取控制，从而产生了 V2 版本。为了适应新的需求，1996 年，V3 版本增加了标准扩展项。2000 年，V4 版本开始正式使用，但是 V4 格式仍为 V3，黑名单格式仍为 V2。

X.509 证书主要有两种类型：最终实体证书和 CA 证书。

(1) 最终实体证书是认证机构颁发给最终实体的一种证书，该实体不能再给其他的实体颁发证书。

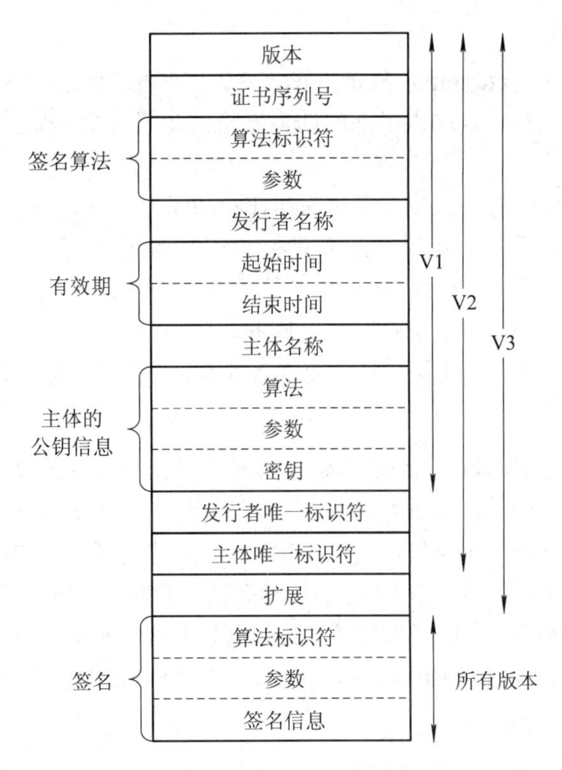

图 7-6　X.509 证书的格式

(2) CA 证书也是认证机构颁发给实体的，但该实体可以是认证机构，它可以继续颁发最终实体证书和其他类型证书。CA 证书有以下几种形式：

① 自颁发证书：颁发者名字和主体名都是颁发证书的认证机构的名字。

② 自签名证书：自颁发证书的一种特殊形式，自己给自己的证书签名；证书中的公钥与对该证书进行签名的私钥构成公/私钥对。

③ 交叉证书：主体与颁发者是不同的认证机构。交叉证书用于一个认证机构对另一个认证机构进行身份证明。

如图 7-7 所示是一张数字证书的详细信息。

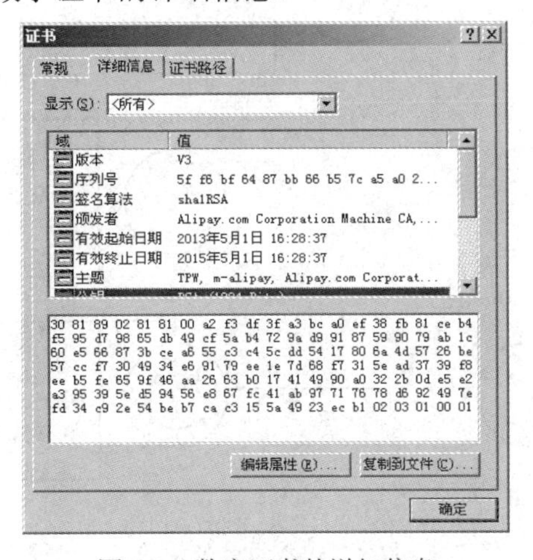

图 7-7　数字证书的详细信息

2. PKCS 12 证书

PKCS(Public-Key Cryptography Standards，公钥密码标准)是 RSA 实验室发布的一系列关于公钥技术的标准。PKCS 提供了基本的数据格式定义和算法定义，实际上是今天所有 PKI 实现的基础。

PKCS 12 是 PKCS 中的个人信息交换标准(Personal Information Exchange Syntax)。

PKCS 12 将 X.509 证书及其相关的非对称密钥对通过加密封装在一起。这使得用户可以通过 PKCS 12 证书获取自己的非对称密钥对和 X.509 证书。许多应用都使用 PKCS 12 标准作为用户私钥和 X.509 证书的封装形式。因此，有时将封装了用户非对称密钥对和 X.509 证书的 PKCS 12 文件称为“私钥证书”，而将 X.509 证书称为“公钥证书”。

3. SPKI 证书

IETF 的 SPKI(Simple Public Key Infrastructure)工作组认为 X.509 证书格式复杂而庞大。SPKI 提倡使用以公钥作为用户的相关标识符，必要时结合名字和其他身份信息。SPKI 的工作重点在于授权而不是标识身份，所以 SPKI 证书也称为授权证书。SPKI 授权证书的主要目的就是传递许可证。同时，SPKI 证书也具有授权许可证的能力。

SPKI 基于的系统结构和信任模型不再是 PKI 系统，而是简单分布式安全基础设施(Simple Distributed Security Infrastructure，SDSI)。虽然 SPKI 的标准已经成熟和稳定，但是应用还比较少。

7.3.2 数字证书的工作原理

对称加密技术可以实现消息的高效加密和解密，从而实现消息在发送方和接收方之间的秘密传递。然而，对称加密技术中的密钥交换却非常困难。公钥加密技术解决了密钥交换问题，但同时也带来了新的问题，那就是如何确认所获得的公钥确实是希望与之通信的实体的公钥。上述问题可以通过数字证书来解决。

图 7-8 所示是数字证书颁发及使用的基本过程。

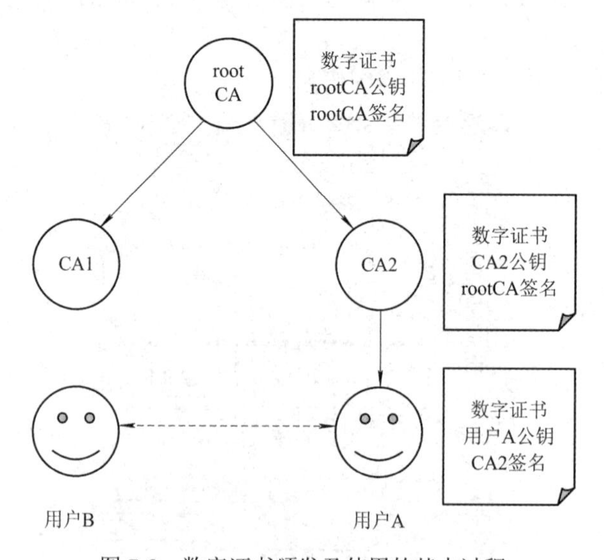

图 7-8 数字证书颁发及使用的基本过程

如果用户 B 希望得到用户 A 的正确公钥，则验证过程如下(前提条件是 rootCA 是可信的)：

(1) 用户 B 获得用户 A 的数字证书。

(2) 如果用户 B 信任 CA2，则使用 CA2 的公钥验证 CA2 的签名，从而验证用户 A 的数字证书；如果用户 B 不信任 CA2，则进入下一步。

(3) 用户 B 使用 rootCA 的公钥验证 CA2 的证书，从而判断 CA2 是否可信。

7.3.3　数字证书的管理

1. 申请

(1) 离线申请：用户持有关证件到注册中心进行书面申请，填写标准指定的表格。

(2) 在线申请：用户通过互联网到认证中心的相关网站下载申请表格，按内容提示进行填写；也可以通过电子邮件和电话呼叫中心传递申请表格的信息，但有些信息仍需要人工录入，以便进行审核。

注册中心对用户身份信息进行审核，如果通过，则向证书颁发机构提交证书申请请求；证书颁发机构为用户生成证书后，将证书返回给注册中心。如果密钥由证书颁发机构产生，则同时将用户私钥也返回给注册中心，然后由注册中心将证书和私钥返给用户。

2. 发放

1) 私下分发

私下分发是最简单的发布方式，在这种方式下，个人用户将自己的证书直接传递给其他用户，例如通过软盘或电子邮件形式传递。私下分发的方式在小范围的用户群内可以工作得很好。一般来说，私下分发是基于以用户为中心的信任模型，私下分发不适合于企业级的应用，原因如下：

(1) 私下分发不具有可扩展性。

(2) 如果有证书撤销，私下分发这些撤销信息是不可靠的。

(3) 私下分发无法完成集中式的证书/密钥管理。

2) 资料库发布

资料库发布指用户的证书或者证书撤销信息存储在用户可以方便访问的数据库中或其他形式的资料库中，例如：

(1) 轻量级目录访问服务器(Lightweight Directory Access Protocol，LDAP)；

(2) X.509 目录访问服务器；

(3) Web 服务器；

(4) FTP 服务器；

(5) 数据有效性和验证服务器(Data Validation and Certification Server，DVCS)。

3) 协议发布

证书和证书撤销信息也可以作为其他通信交换协议的一部分发布。例如，通过 S/MIME、TLS、IPSec 等协议发布。

3. 撤销

证书撤销主要有两种方式：一种是周期性地发布证书撤销列表(Certificate Revocation List，CRL)；另一种是在线撤销机制，如在线证书状态协议(Online Certificate Status Protocol，OCSP)。

1) 证书撤销列表

证书撤销列表(CRL)的格式如图 7-9 所示。CRL 是一种包含撤销证书列表的签名数据结构。CRL 的完整性和可靠性由它本身的数字签名来保证。CRL 的签发者一般也是颁发证书的签名者。CRL 的发布方式包括完全 CRL 方式、增量 CRL 方式。

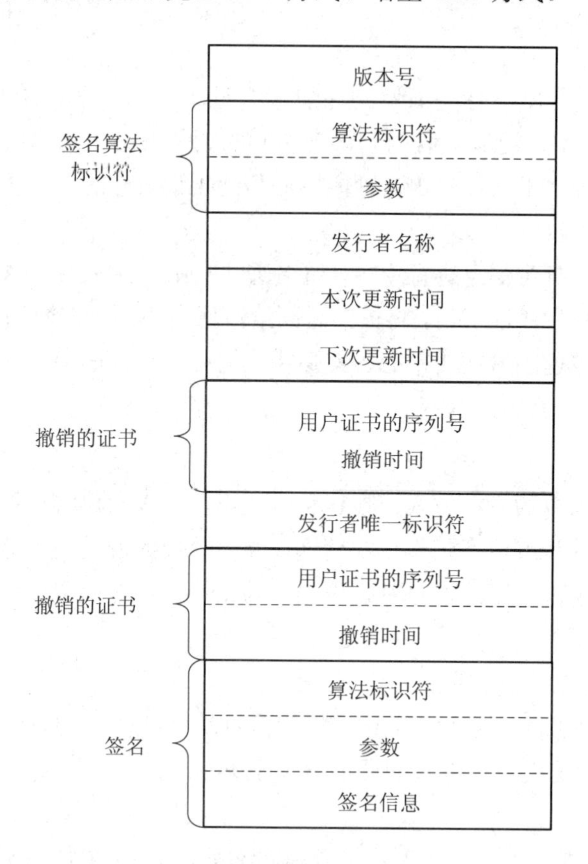

图 7-9　证书撤销列表(CRL)的格式

在 PKI 系统中，证书撤销列表是自动完成的，对用户是透明的。CRL 中并不存放撤销证书的全部内容，只是存放证书的序列号，以便提高检索速度。

2) 在线撤销机制

目前，常用的在线证书撤销机制是 OCSP(Online Certificate Status Protocol，在线证书状态协议)。OCSP 是 PKIX 工作组在 RFC2560 中提出的协议，它提供了一种从名为 OCSP 响应器的可信第三方获取在线撤销信息的手段。当用户试图访问一个服务器时，在线证书状态协议发送一个对证书状态信息的请求，服务器回复一个“有效”“过期”或“未知”的响应。OCSP 实时地向用户提供证书状态，比 CRL 处理快得多。

4. 更新

一个证书的有效期是有限的，这种规定在理论上是基于当前非对称加密算法和密钥长度的可破译性分析。在实际应用中，由于长时间使用同一个密钥有被破译的危险，因此需要定期更换证书和密钥。用户可以向系统提出更新证书的申请，系统根据用户的申请更新用户的证书。但是，通常情况下证书更新由 PKI 系统自动完成，不需要用户干预。PKI 系统会自动到目录服务器中检查证书的有效期，在有效期结束之前，PKI 会自动启动更新程序，生成一个新证书来代替旧证书。

5. 归档

由于证书更新，经过一段时间后，每个用户都会获得多个旧证书和至少一个当前新证书。这一系列旧证书和相应的密钥就组成了用户密钥和证书的历史档案，记录整个密钥历史档案是非常重要的。例如，某用户几年前使用自己的公钥加密的数据或者其他人用自己的公钥加密的数据无法用现在的私钥解密，那么该用户必须从他的密钥历史档案中查找到几年前的私钥来解密数据。

7.4　本章实训

本节将使用 XCA(X Certificate and Key management)来创建和管理数字证书。

1. 实训目的

(1) 了解 XCA 软件的基本功能。
(2) 掌握通过 XCA 创建根证书的方法。
(3) 掌握通过 XCA 创建证书模板的方法。
(4) 掌握通过 XCA 创建通信实体证书的方法。

2. 实训准备

(1) 复习本章内容。
(4) 熟悉公钥加密算法的基本工作原理。
(2) 熟悉根证书与实体证书的区别。
(3) 熟悉 X.509 证书与 PKCS 12 证书的区别。

3. 实训设备

本章实训需要安装并使用 XCA 软件。

7.4.1　实训准备步骤

XCA 是一个用于管理非对称密钥(如 RSA 或 DSA)的接口，可创建和签署证书。

实训准备步骤如下：

步骤 1：安装 XCA。从 XCA 官网下载安装程序(例如 setup_xca-1.4.1)后进行安装。安装应用程序后选择自动启动程序。

步骤 2：创建数据库。在 XCA 的“File”菜单中选择“New Database”命令，在弹出的对话框中将数据库命名为“testCA”，如图 7-10 所示。单击“保存”按钮，将弹出如图 7-11 所示的对话框，设置数据库保护口令后单击“OK”按钮。

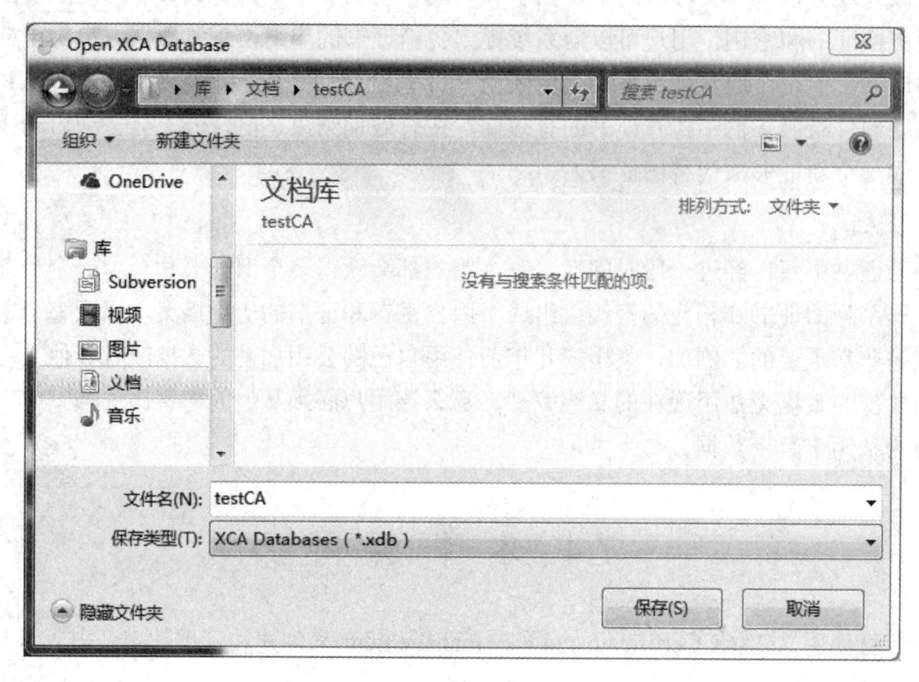

图 7-10 创建数据库

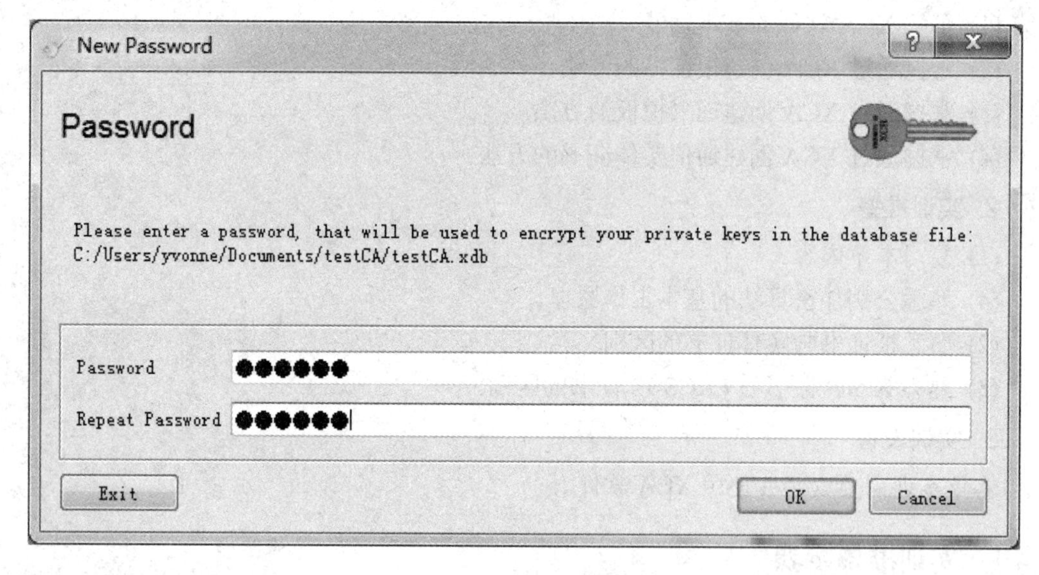

图 7-11 设置数据库保护口令

步骤 3：设置选项。在“File”菜单中单击“Options”命令，打开如图 7-12 所示的选项设置对话框。可以对“Default hash algorithm”(默认散列算法)进行设置，这里设置为“SHA 256”并将“String types”(字符串类型)设置为 UTF8。设置好以后，单击“OK”按钮，保存设置。

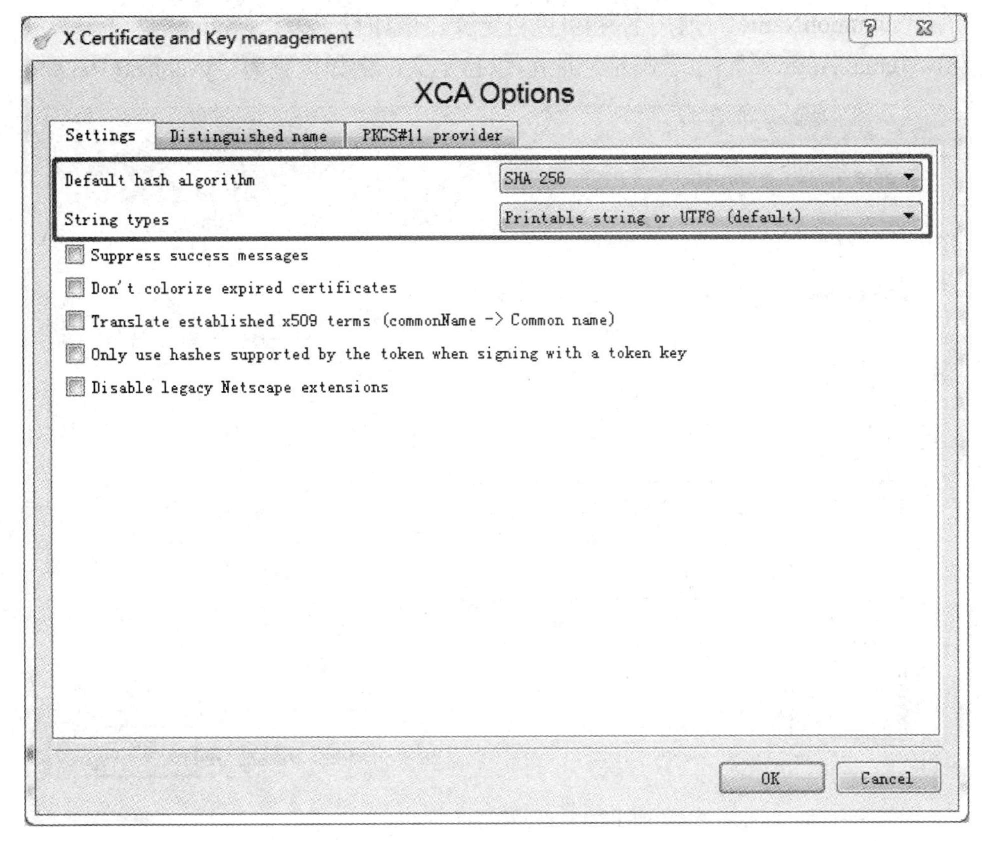

图 7-12　选项设置

7.4.2　创建 CA 根证书

创建 CA 根证书的具体实训步骤如下：

步骤 1：创建新证书。在 XCA 软件中打开“Certificates”选项页，单击“New Certificate”按钮，打开“Create x509 Certificate”(创建 X.509 证书)对话框。

步骤 2：设置根证书“源”。如图 7-13 所示，在“Signing”(签名)部分，选中“Create a self signed certificate with the serial”(创建自签名证书)单选按钮，并将序列号设置为“1”；将“Signature algorithm”(签名算法)设置为“SHA 256”；在“Template for the new certificate”(新证书模板)部分，选中“[default] CA”；单击“Apply all”按钮。

步骤 3：设置根证书“主题”。选择“Subject”(主题)选项卡，可以配置证书的“Distinguished name”(识别名称)，如图 7-14 所示，设置如下：

(1) “Internal name”(识别名)为“testCA”。

(2) “countryName”(国家代码)为“CN”。

(3) “stateOrProvinceName”(省份或州的名称)为“Tianjin”。

(4) “localityName”(地理区域或城市名称)为“Tianjin”。

(5) “organizationName”(组织机构名称)为“afz”。

(6) “organizationalUnitName”(组织机构的部门名称)为“imc”。

(7) “commonName”(通用名称)可以自定义，例如设置为“yvonne”。

(8) “emailAddress”(电子邮箱地址)可以自定义，例如设置为“yvonne@163.com”。

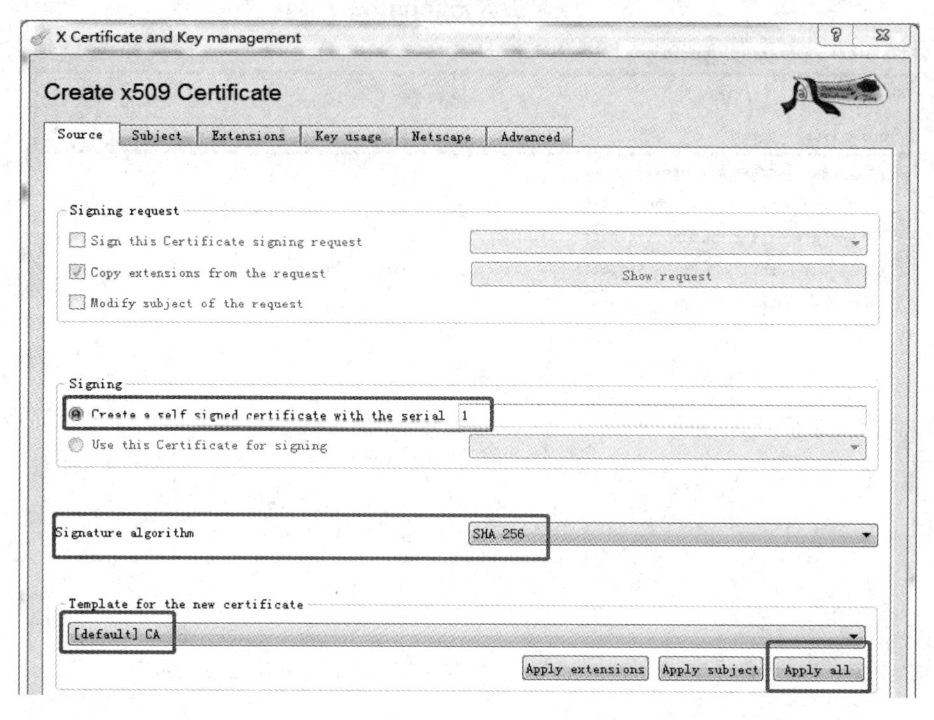

图 7-13　设置根证书“源”

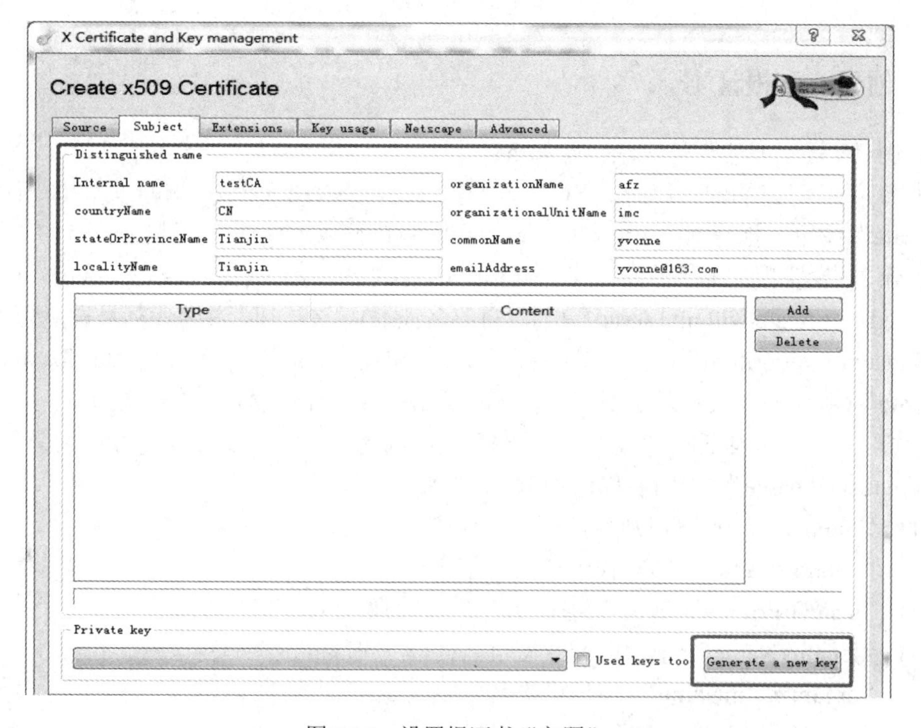

图 7-14　设置根证书“主题”

如图 7-14 所示，单击“Generate a new key”按钮，打开如图 7-15 所示的创建密钥对界面。其中“Name”是密钥对的名称，“Keytype”是创建密钥对所使用的公钥加密算法，“Keysize”是密钥长度。单击“Create”按钮创建密钥对。

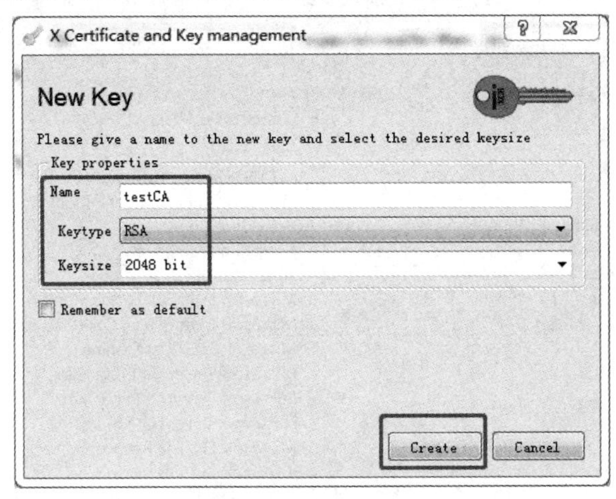

图 7-15　创建密钥对

步骤 4：设置证书“扩展项”。选择“Extensions”(扩展项)选项卡，将证书的类型设置为“Certification Authority”，将有效期设置为当前时间启用，有效期 10 年，然后单击“Apply”按钮，如图 7-16 所示。

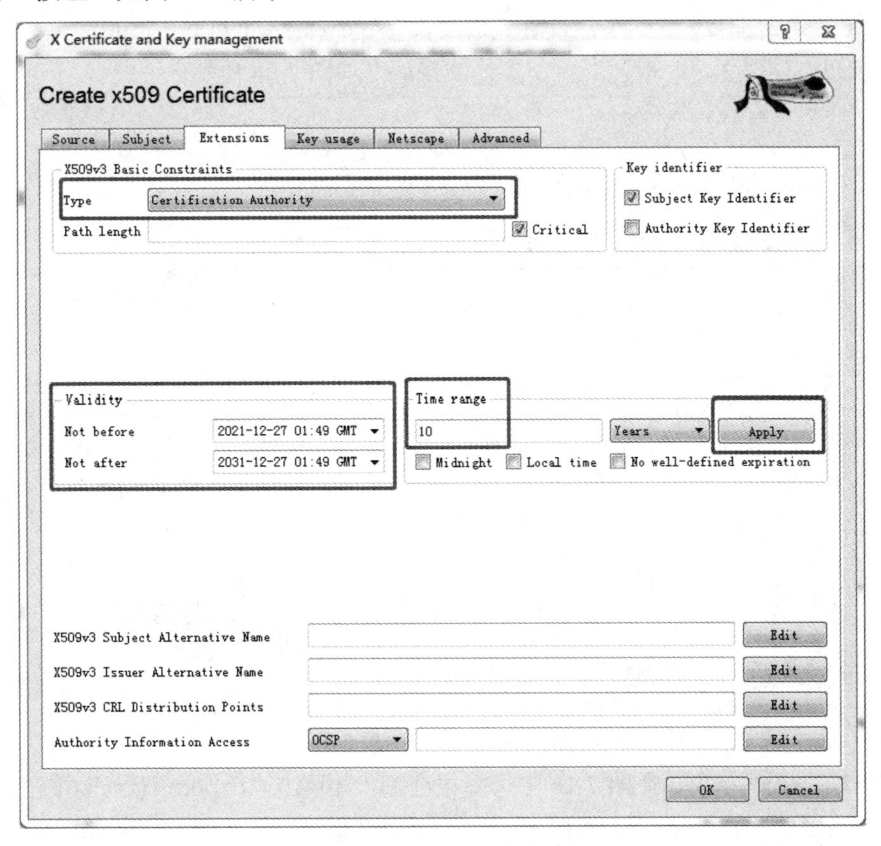

图 7-16　设置证书“扩展项”

步骤 5：设置密钥用途。选择“Key usage”(密钥用途)选项卡，选择“Certificate Sign”(证书签名)和“CRL Sign”(证书吊销列表签名)，如图 7-17 所示。

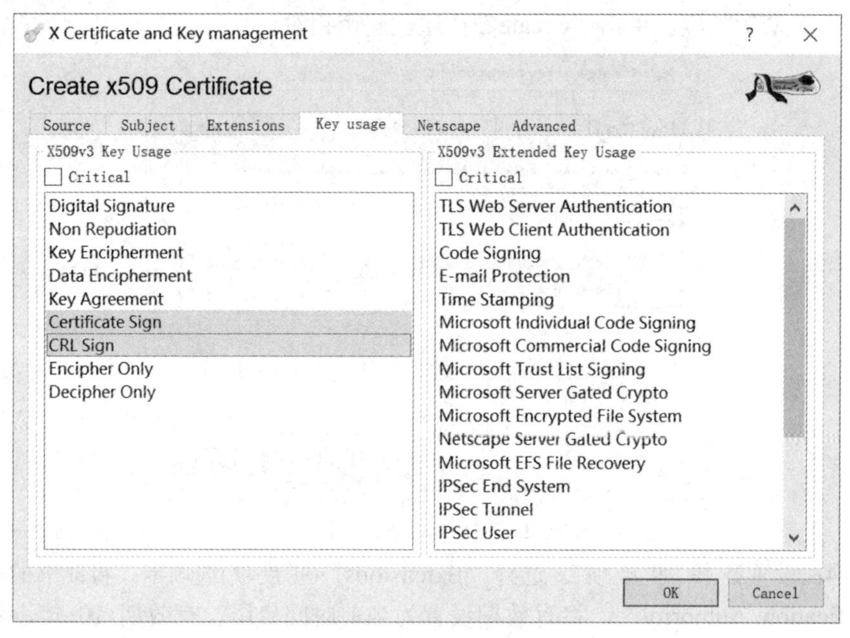

图 7-17　选择密钥用途

步骤 6：完成证书设置。全部设置完成后，在“Create x509 Certificate”对话框中单击“OK”按钮，创建 X.509 根证书。创建好的根证书如图 7-18 所示。

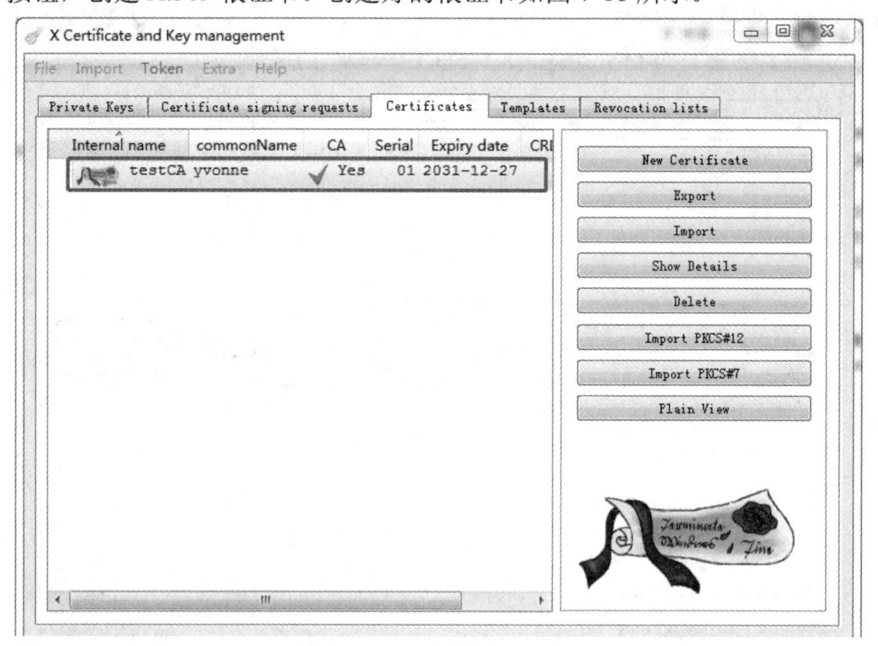

图 7-18　创建好的根证书

步骤 7：导出根证书。在图 7-18 中选择根证书，并单击“Export”(导出)按钮，弹出如图 7-19 所示的“Certificate export”(证书导出)对话框；在“Exprot Format”(导出格式)

处选择“PEM (*.crt)”，将导出只包含公钥的 X.509 证书，然后单击“OK”按钮，导出根证书。

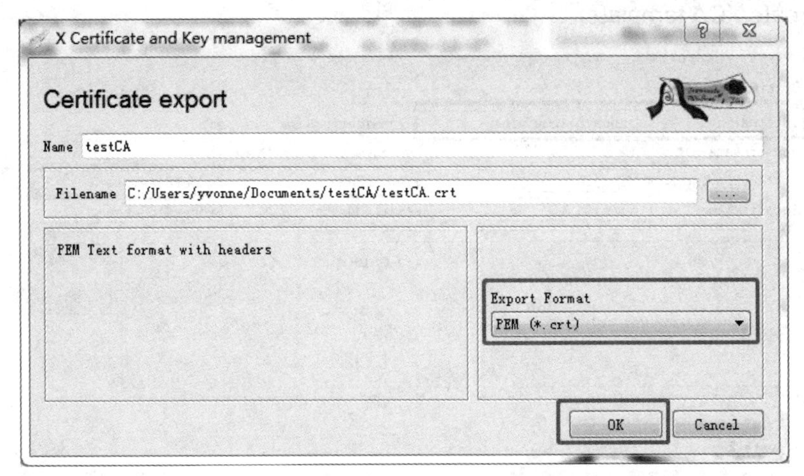

图 7-19　导出根证书

网络通信实体将该根证书作为受信任的证书颁发机构(安装该根证书)以后，就可以信任并使用由该根证书签发的实体证书或下一级 CA 证书了。

7.4.3　创建证书模板

默认情况下，XCA 软件中有以下 3 个模板：

(1) CA：用于创建 CA 根证书。

(2) HTTPS_server：用于创建基于 SSL 协议的安全 Web 服务器端证书。

(3) HTTPS_client：用于创建访问基于 SSL 协议的安全 Web 服务器的客户端证书。

现在要为工业网络中的防火墙设备创建证书，所以需要创建对应的证书新模板。具体实训步骤如下：

步骤 1：创建新模板。在 XCA 软件中打开“Templates”选项页，单击“New Template”按钮，在弹出的对话框中选择“Nothing”，如图 7-20 所示，单击“OK”按钮。

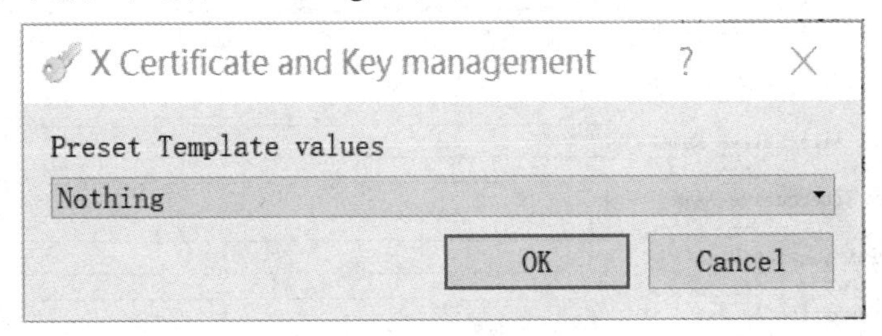

图 7-20　选择模板值

步骤 2：设置模板的“主题”。选择“Subject”选项卡，将“Internal name”和“commonName”设置为“<mGuard template>”，其他设置同根证书，如图 7-21 所示。

步骤 3：设置模板的“扩展项”。选择“Extensions”选项卡，在“Type”(类型)处选择“End Entity”，在“Time range”下选择“10Years”，然后单击“Apply”按钮，如图 7-22 所示。

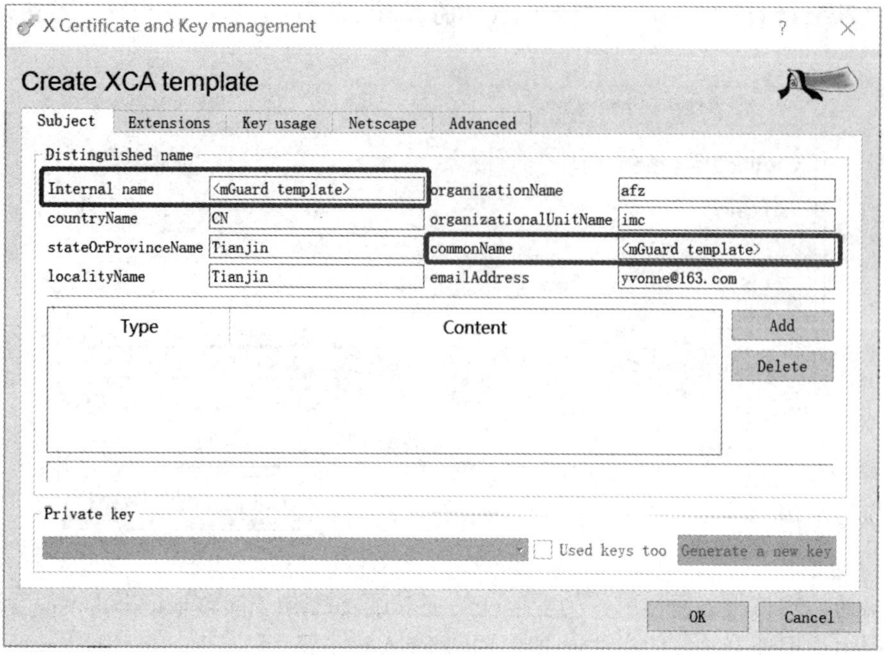

图 7-21　设置模板的“主题”

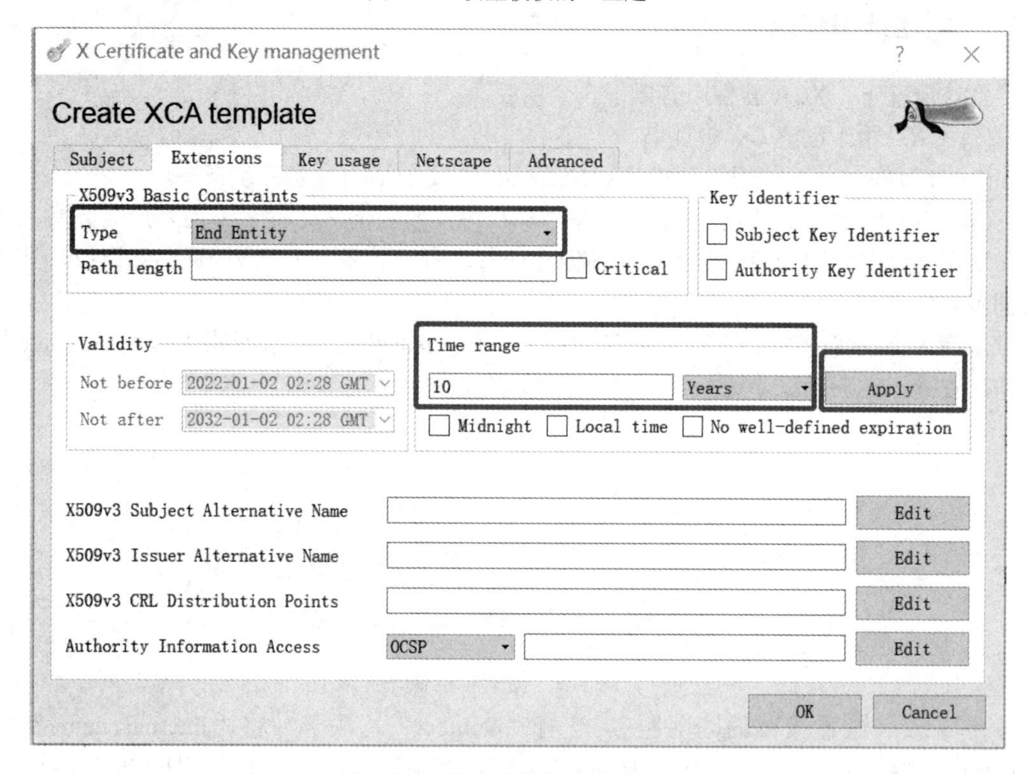

图 7-22　设置模板的“扩展项”

步骤 4：设置模板的“用途”。选择“Key usage”选项卡下的“Digital Signature”“Data Encipherment”“Key Agreement”，然后点击“OK”按钮，如图 7-23 所示。至此，模板创

建完成，如图 7-24 所示。

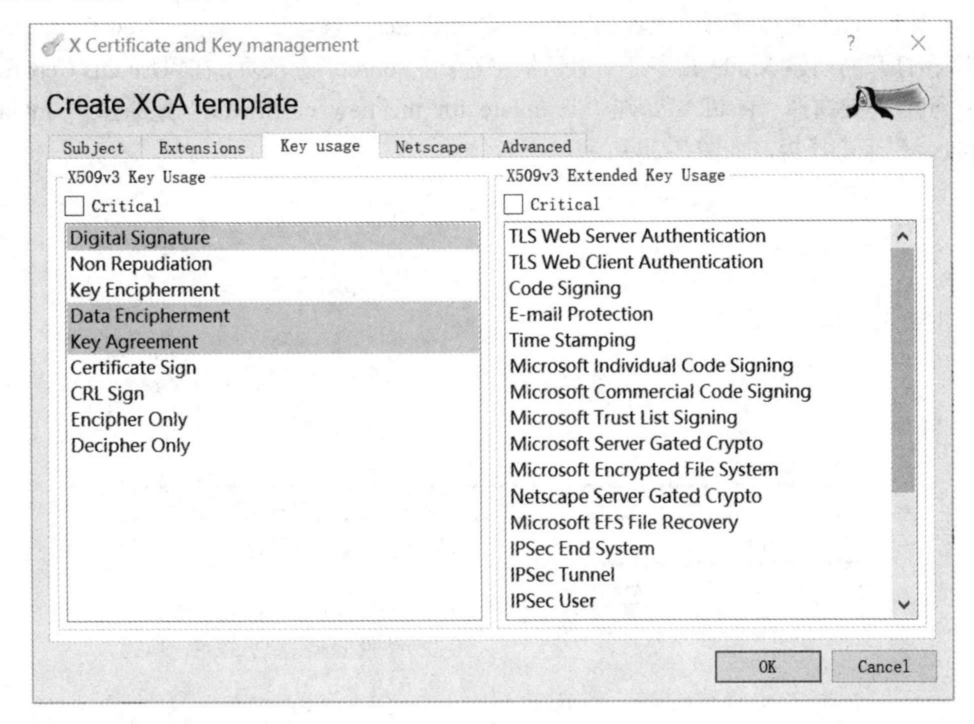

图 7-23　设置模板的“用途”

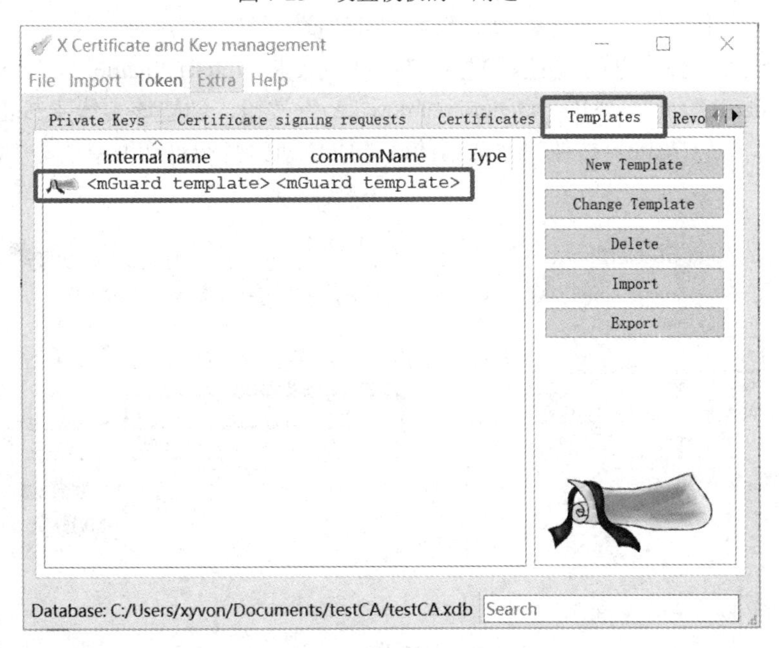

图 7-24　模板设置完成

7.4.4　创建通信实体证书

下面为本地防火墙设备 mGuardLocal 创建证书，该证书基于<mGuard template>证书模板，由根证书 testCA 进行数字签名。具体实训步骤如下：

步骤 1：设置实体证书的“源”。打开“Certificates”选项页，单击“New Certificate”按钮，在打开的创建 X.509 数字证书对话框中选择“Source”选项页，在“Use this Certificate for signing”处选择“testCA”，在“Template for the new certificate”处选择“<mGuard template>”证书模板，如图 7-25 所示。

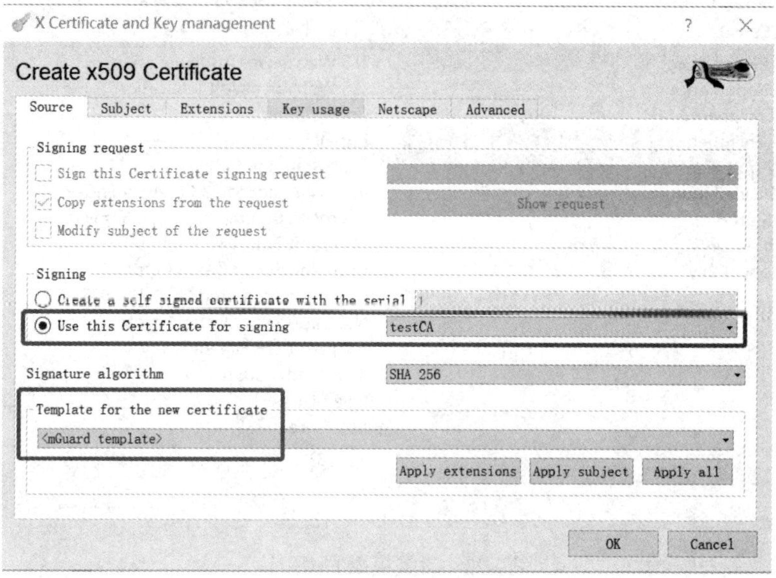

图 7-25　设置实体证书的“源”

步骤 2：设置实体证书的“主题”。如图 7-26 所示，将“Internal name”和“commonName”设置为“mGuardLocal”，单击“Generate a new key”按钮，创建该实体证书的密钥。如图 7-27 所示，单击“Create”按钮，在弹出的确认成功创建密钥对话框中单击“OK”按钮。

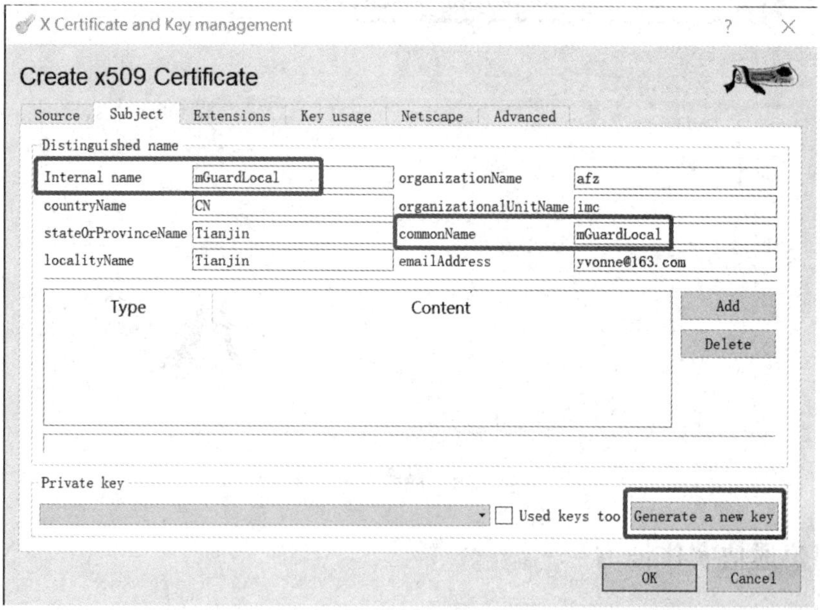

图 7-26　设置实体证书的“主题”

图 7-27　创建实体证书的密钥

步骤 3：完成实体证书的创建。在“Create x509 Certificate”对话框中单击“OK”按钮，在弹出的确认成功创建证书对话框中单击“OK”按钮，完成实体证书的创建，如图 7-28 所示。

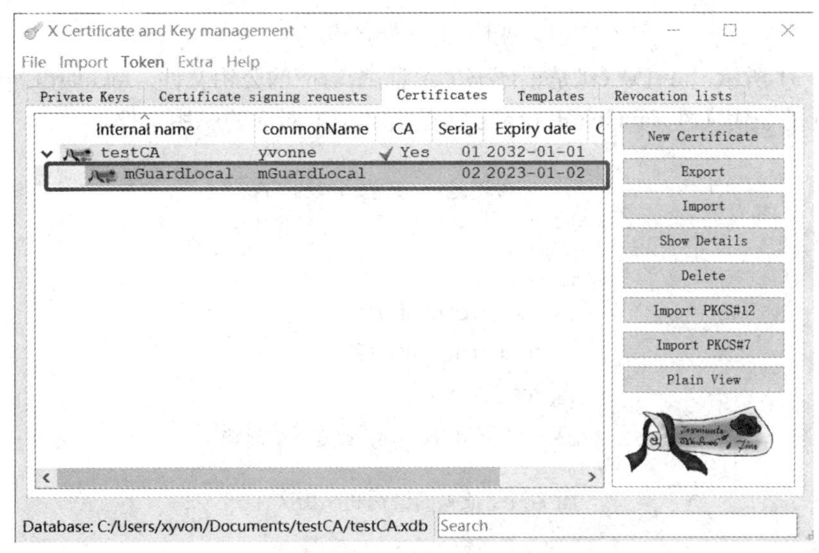

图 7-28　完成实体证书的创建

步骤 4：导出私钥。如图 7-28 所示，选择刚刚创建的实体证书，单击“Export”按钮，弹出如图 7-29 所示的对话框。在该对话框中选择私钥文件保存位置，设置“Export Format”(导出格式)为“PKCS#12 chain(*.p12)”，如图 7-29 所示，单击“OK”按钮。在弹出的对话框中设置好私钥保护口令以后单击“OK”按钮，完成私钥文件的导出。

图 7-29　导出私钥

步骤 5：导出公钥。重复步骤 4，如图 7-30 所示，在导出格式处选择“PEM (*.crt)”，然后单击“OK”按钮，完成公钥文件的导出。

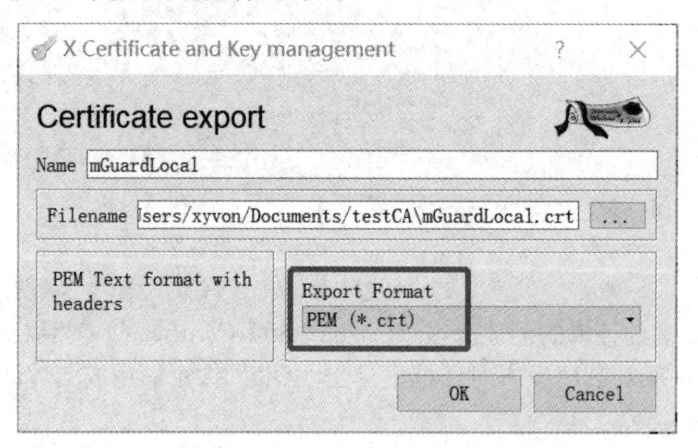

图 7-30　导出公钥

如图 7-31 所示，testCA.crt 是根证书(CA 证书)对应的公钥文件，mGuardLocal.crt 是实体证书对应的公钥文件，mGuardLocal.p12 是实体证书对应的私钥文件。

图 7-31　证书的公钥和私钥文件

本 章 习 题

1. 对比对称加密和公钥加密技术，总结它们之间的异同点。
2. 给定两个素数 3 和 7，计算 RSA 算法的一对密钥。
3. 请结合实际应用，说明数据信封的工作原理。
4. 散列算法能用在数据加密领域吗？它和加密算法有什么区别？
5. 简述消息完整性验证的过程。
6. 结合公钥加密技术和散列函数技术的优点，简述数字签名的实现步骤。
7. 简述 X.509 证书的结构。
8. 简述 X.509 证书和 PKCS 12 证书的区别。
9. 简述实体证书和 CA 证书的区别。
10. 利用 XCA 软件为工业防火墙 mGuardRemote 创建数字证书并导出私钥证书。

第 8 章　VPN 技术

一个企业需要以安全、可靠且经济高效的方式互联多个网络，例如分支机构和供应商需要连接到企业的总部网络，小型办公室/家庭办公室 (SOHO) 以及其他远程办公的员工需要访问企业内部网络的资源。此时，通过 Internet 进行连接无疑是最经济高效的，但 Internet 是不安全的公共网络，如果直接连接，那么未加密的数据包很容易被人监听或拦截，引起安全问题。如果在数据通信前，先建立 VPN 通道，所有的数据包都通过加密的 VPN 通道传递，那么就可以保证数据的安全。

8.1　VPN 原理

VPN(Virtual Private Network，虚拟专用网络)是一种远程访问技术，是在不可信的第三方网络(例如 Internet)中通过隧道创建的专用网络，是公共网络之上多个专用网络之间的加密连接技术。VPN 通过创建加密的、虚拟的端到端连接，保障数据在第三方网络传输时的安全性。

VPN 之所以称为虚拟网络，是因为 VPN 网络中两个节点之间的连接并不是传统专用网络所需的端到端的物理链路，而是架构在第三方网络平台之上的逻辑链路，用户数据在逻辑链路中进行传输。虚拟专用网络是对企业内部网络的扩展。

8.1.1　VPN 概述

企业在进行远程网络连接时，通常采用以下两种方式：

(1) 利用专用的广域网(WAN)基础设施，如点对点租用线路(即专线)、电路交换链路(PSTN 或 ISDN)和分组交换链路(以太网 WAN、ATM 或帧中继)等，将多个远程网络进行连接。

(2) 利用公共的广域网(WAN)基础设施，如数字用户线路(DSL)、电缆、卫星等宽带接入技术，通过 Internet 进行连接，通常用于小型办公室或远程办公的员工。

在使用公共的广域网(WAN)基础设施进行连接时，会带来一定的安全风险，应通过 VPN 保护传输的数据。

如图 8-1 所示，VPN 使用加密的虚拟连接，通过 Internet 这个公共网络将企业专用网络中的信息安全地传输至远程办公室或员工的主机，形成虚拟网络。

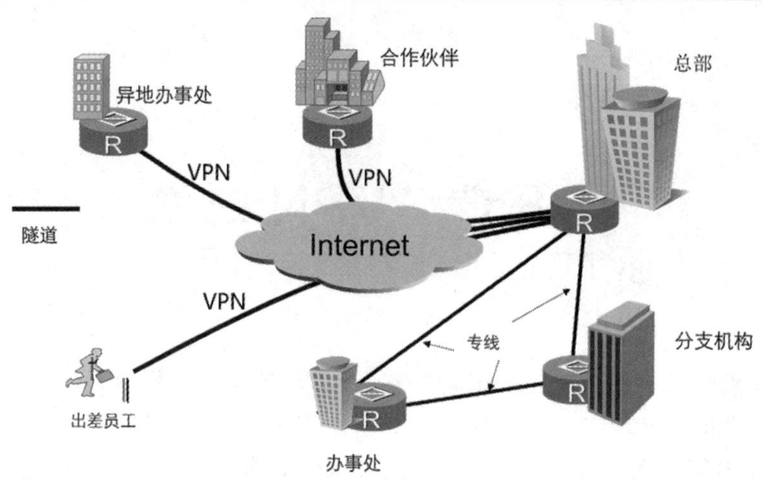

图 8-1　虚拟专用网络 VPN

1. VPN 工作原理

VPN 网关一般采取双网卡结构，外网卡使用公有 IP 地址接入 Internet。下面以图 8-2 所示的拓扑图为例简述 VPN 的工作流程。

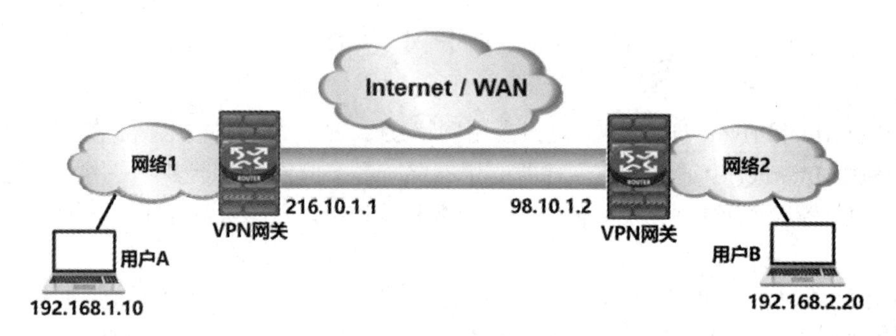

图 8-2　VPN 连接拓扑

(1) 网络 1 中的用户 A 访问网络 2 中的用户 B，其发出的访问数据包的目的地址为用户 B 的内部 IP 地址 192.168.2.20。

(2) 网络 1 的 VPN 网关接收到用户 A 发出的数据包时，对其目的地址进行检查，如果目的地址是网络 2 的地址，则将该数据包封装成新的 VPN 数据包，封装方式根据采用的 VPN 技术的不同而不同，原始数据包作为 VPN 数据包的负载，VPN 数据包的目的地址为网络 2 的 VPN 网关的外部地址 98.10.1.2。

(3) 网络 1 的 VPN 网关将 VPN 数据包发送到 Internet，由于 VPN 数据包的目的地址是网络 2 的 VPN 网关的外部地址 98.10.1.2，所以该数据包将被 Internet 中的路由正确地发送到网络 2 的 VPN 网关。

(4) 网络 2 的 VPN 网关对接收到的数据包进行检查，如果发现该数据包是从网络 1 的 VPN 网关发出的，则判定该数据包为 VPN 数据包，并对该数据包进行解包处理。解包的过程主要是先将 VPN 数据包的包头剥离，再将数据包反向处理还原成原始的数据包。

(5) 网络 2 的 VPN 网关将还原后的原始数据包发送至用户 B，由于原始数据包的目的地址是用户 B 的 IP 地址 192.168.2.20，所以该数据包能够被正确地发送到用户 B。在用户

B 看来，它收到的数据包就和从用户 A 直接发过来的一样。

(6) 从用户 B 返回用户 A 的数据包处理过程和上述过程一样，这样两个网络内的用户就可以相互通信了。

通过上述流程可以发现，原始数据包的目的地址(即 VPN 目的地址)和远程网络 VPN 网关的地址对于 VPN 通信十分重要。根据 VPN 目的地址，VPN 网关能够判断对哪些数据包进行 VPN 处理；远程网络 VPN 网关的地址则指定了处理后的 VPN 数据包发送的目的地址，即 VPN 隧道的另一端 VPN 网关地址。由于网络通信是双向的，在进行 VPN 通信时，隧道两端的 VPN 网关都必须知道 VPN 目的地址和与此对应的远程网络 VPN 网关的地址。

2. VPN 的优点

VPN 有以下优点：

(1) 节约成本：利用 VPN，企业无需使用昂贵的专用 WAN 链路，就可以将远程办公室和远程用户通过经济高效的 Internet 安全地连接到企业内部网络。现在普遍使用的高速宽带技术(例如 ADSL 和有线电视宽带)，使企业可以在降低连接成本的同时增加远程连接的带宽，为连接远程办公室提供经济有效的解决方案。

(2) 可扩展性：通过 VPN 和 Internet，企业可以在不增加重大基础设施的情况下轻松添加新用户，进行网络扩展。

(3) 安全性：通过使用先进的加密和身份验证协议，VPN 可以防止数据受到未经授权的访问，从而提供最高级别的安全性。

8.1.2　VPN 分类

VPN 可以按以下几个标准进行分类：

1. 按接入类型分类

VPN 按接入类型可分为站点间 VPN 和远程访问 VPN 两种。

1) 站点间 VPN

站点间 VPN 用于将多个站点互连在一起，例如将分支机构网络连接到企业总部网络。每个站点均配备一个 VPN 网关，VPN 网关可以是路由器、防火墙、VPN 集中器或安全设备。只需在 VPN 网关上进行 VPN 隧道的配置即可实现站点间 VPN，站点内部的主机并不知道 VPN 的存在，内部主机通过 VPN 网关发送和接收正常的 TCP/IP 流量，如图 8-3 所示。

图 8-3　站点间 VPN

VPN 网关负责封装和加密来自特定站点的出站流量，然后通过 VPN 隧道将其发送到目标站点上的对等 VPN 网关。对等 VPN 网关接收后，会剥离报头，解密内容，然后将数据包中继到其专有网络内的目标主机上。

站点间 VPN 又可分为 Intranet VPN 和 Extranet VPN 两类。

(1) Intranet VPN：又称内联网 VPN，用于实现企业总部与分支机构间的连接，这种类型的连接带来的风险最小，因为公司的分支机构是可信的，内联网 VPN 的安全性取决于两个 VPN 网关加密和验证手段。

(2) Extranet VPN：又称外联网 VPN，用于实现与合作伙伴的企业网络的连接。

2) 远程访问 VPN

远程访问 VPN 又称拨号 VPN、Access VPN、VPDN，用于实现企业远程工作人员、移动用户或企业的小分支机构通过 Internet 安全访问企业内部网络。在需要访问企业内部网络的资源时，远程访问用户通常会加载 VPN 客户端软件或使用基于 Web 的客户端，通过宽带、DSL、无线或有线连接等方式登录到 Internet，动态建立一条加密 VPN 通道。远程访问 VPN 支持客户端/服务器架构，其中 VPN 客户端(远程主机)通过网络边缘的 VPN 网关获得对企业内部网络的安全访问，如图 8-4 所示。

图 8-4　远程访问 VPN

当客户端尝试发送任何流量时，VPN 客户端软件都会对流量进行封装和加密，并将经过加密的数据通过 Internet 发送到目标网络边缘上的 VPN 网关。一旦收到数据包，VPN 网关的运作就与站点间 VPN 一样了。

2. 按 VPN 隧道协议分类

VPN 的隧道协议主要有 PPTP、L2TP 和 IPsec 共 3 种，其中 PPTP 和 L2TP 是第 2 层隧道协议，工作在 OSI 模型的第 2 层；IPsec 是第 3 层隧道协议。

3. 按所用的设备类型分类

网络设备提供商针对不同客户的需求，开发出不同的 VPN 网络设备，主要有以下两种：

(1) 路由器式 VPN：这种 VPN 部署较容易，只要在路由器上添加 VPN 服务即可。

(2) 交换机式 VPN：主要应用于连接用户较少的 VPN 网络。

4. 按照实现原理分类

按照实现原理进行分类，VPN 可以分为以下两种：

(1) 重叠 VPN：需要用户自己建立端节点之间的 VPN 链路，主要包括 GRE、L2TP、IPsec 等众多技术。

(2) 对等 VPN：由网络运营商在主干网上完成 VPN 通道的建立，主要包括 MPLS、VPN 技术。

5. 按照 VPN 的实现方式分类

按照实现方式进行分类，VPN 可以分为以下 4 种：

(1) VPN 服务器：在大型局域网中，可以通过在网络中心搭建 VPN 服务器的方法实现 VPN。

(2) 软件 VPN：通过专用的软件实现 VPN。

(3) 硬件 VPN：通过专用的硬件实现 VPN。

(4) 集成 VPN：某些硬件设备，如路由器、防火墙等，都具有 VPN 功能，但是一般拥有 VPN 功能的硬件设备通常都比没有这一功能的硬件设备要贵。

8.1.3　VPN 隧道技术

要创建 VPN 连接，隧道技术(Tunneling)是关键。隧道技术是指利用一种网络协议来传输另一种网络协议，主要利用隧道协议来实现。隧道的双方必须使用相同的隧道协议才能创建隧道。

目前常用的网络隧道协议有两种，一种是第 2 层隧道协议，用于传输二层网络协议，主要应用于构建远程访问 VPN；另一种是第 3 层隧道协议，用于传输三层网络协议，主要应用于构建站点间 VPN。

1. 第 2 层隧道协议

第 2 层隧道协议对应数据链路层，使用数据帧(Frame)作为数据交换单位。第 2 层隧道协议是先把各种网络协议封装到 PPP(Point to Point Protocol，点对点协议)中，再把整个数据包装入隧道协议中。这种双层封装方法形成的数据包靠第 2 层协议进行传输。

PPTP(Point to Point Tunneling Protocol，点对点隧道协议)、L2TP(Layer 2 Tunneling Protocol，第 2 层隧道协议)和 L2F(Layer 2 Forwarding Protocol，第 2 层转发协议)都属于第 2 层隧道协议。

1) 点对点隧道协议(PPTP)

PPTP 是第一个被 Microsoft 拨号网络支持的 VPN 通信协议，由微软、Ascend Communications(现在属于 Alcatel-Lucent 集团)、3Com 等厂商联合形成的产业联盟开发，但不是 Internet Engineering Task Force(IETF)建议的标准。

PPTP 是在 PPP 的基础上开发的一种新的增强型安全协议，可以通过密码验证协议(PAP)、可扩展认证协议(EAP)等方法增强安全性。

PPTP 支持 IP 网络，使用传输控制协议(TCP)创建控制通道来发送控制命令，利用通用路由封装(GRE)通道来封装点对点协议(PPP)数据包以发送数据。这个协议最早由微软等厂商主导开发，但因为它的加密方式容易被破解，微软已经不再建议使用这个协议。

2) 第 2 层转发协议(L2F)

L2F 是由 Cisco 公司提出的隧道技术，支持拨号接入服务器，将拨号数据流封装在 PPP 帧内通过广域网链路传输到 L2F 服务器(路由器)，L2F 服务器把数据包解包之后重新注入网络。与 PPTP 和 L2TP 不同，L2F 没有确定的客户方。另外，L2F 并不具备加密功能，且只在强制隧道中有效。L2F 没有得到广泛部署，并且很快被 L2TP 所取代。

3) 第 2 层隧道协议(L2TP)

L2TP 是一种工业标准的 Internet 隧道协议，是目前 IETF 的标准，它结合了 PPTP 和 L2F 协议的优势，支持包括 IP、ATM、帧中继、X.25 在内的多种网络。L2TP 本身不具备加密与可靠性验证的功能，它可以和安全协议搭配使用，从而实现数据的加密传输。经常与 L2TP 搭配的加密协议是 IPsec，当这两个协议搭配使用时，通常合称 L2TP/IPsec。

4) PPTP 与 L2TP 的区别

PPTP 和 L2TP 都使用 PPP 对数据进行封装，添加附加报头用于数据在 Internet 上的传输。尽管两个协议非常相似，但仍存在以下几个方面的不同：

(1) PPTP 要求互联网络为 IP 网络，L2TP 只要求隧道媒介提供面向数据包的点对点的连接，L2TP 可以在 IP(使用 UDP)、帧中继永久虚拟电路(PVC)、X.25 虚拟电路(VC)或 ATMVC 网络上使用。

(2) PPTP 只能在两端点间建立单一隧道，L2TP 支持在两端点间使用多隧道。使用 L2TP，用户可以针对不同的服务质量创建不同的隧道。

(3) L2TP 和 PPTP 都可以支持报头压缩，L2TP 压缩报头时，系统开销占用 4 个字节，而 PPTP 要占用 6 个字节。

(4) L2TP 支持隧道验证，而 PPTP 则不支持隧道验证。但是当 L2TP 或 PPTP 与 IPsec 共同使用时，可以由 IPsec 支持隧道验证，而不需要在第 2 层协议上验证隧道。

2. 第 3 层隧道协议

第 3 层隧道协议对应于网络层，使用数据包(Packet)作为数据交换单位。第 3 层隧道协议是把各种网络协议直接装入隧道协议中，形成的数据包依靠第 3 层协议进行传输。

第 3 层隧道技术通常假定所有配置问题已经完成，这些协议不对隧道进行维护。这与第 2 层隧道协议不同，第 2 层隧道协议(PPTP 和 L2TP)必须包括对隧道的创建、维护和终止。

第 3 层隧道协议的主要代表是 IPsec(Internet Protocol Security，互联网安全协议)。IPsec 是 IETF 定义的安全标准框架，是通过对 IP 协议的分组进行加密和认证来保护 IP 协议的网络传输协议族(一些相互关联的协议的集合)。这是目前用得最多的隧道协议，下一节着重介绍。

8.2 IPsec VPN

IPsec VPN 是目前 VPN 技术中应用最多的一种技术，能同时实现 VPN 和数据加密两项功能，IPsec 定义了如何使用 Internet 协议安全地配置 VPN 的 IETF 标准。下面我们来介绍 IPsec。

8.2.1 IPsec 概述

IPsec 是一种开放标准的框架结构，特定的通信方之间在 IP 层通过加密和数据摘要等手段，来保证数据包在 Internet 上传输时的私密性(Confidentiality)、完整性(Data Integrity)

和真实性(Origin Authentication)。

1. IPsec 的特征

IPsec 没有规定必须使用某种特定的加密、验证、安全算法或密钥技术，使用者可以根据需要选择更新更好的算法来实施安全的通信。

IPsec 工作在 OSI 第 3 层，即网络层，它可以保护和验证所有参与 IPsec 的设备之间的 IP 数据包，也可以在第 4 层到第 7 层上实施保护，它几乎可以对任何应用的流量进行保护。通常，IPsec 可以保护网关与网关之间、主机与主机之间或网关与主机之间的路径。

IPsec 可在所有的第 2 层协议中运行，例如以太网、ATM 或帧中继等。

IPsec 的特征可归纳如下：

(1) IPsec 是一种与算法无关的开放式标准框架。

(2) IPsec 可保证数据机密性、数据完整性和来源验证。

(3) IPsec 在网络层起作用，保护和验证 IP 数据包。

2. IPsec 的功能

IPsec 具有以下 4 个重要功能：

1) 机密性

机密性即保证数据是保密的。实施 VPN 时，私有数据通过公共网络传输，因此，数据机密性至关重要。IPsec 的加密模块可以保证数据在通过公共网络传输时是加密的。

2) 完整性

完整性即保证数据是完整的，在公共网络传输的过程中没有被任何方式篡改。IPsec 使用哈希(Hash)算法来确保数据的完整性。如果检测到数据被篡改，则丢弃数据包。

3) 真实性

真实性即保证数据是真实的，可通过检验数据来源的身份来验证。接收方可以通过验证信息的来源对数据包的来源进行身份验证，确保与预期的通信伙伴建立连接。这对于防御依靠欺骗(发送方的身份)而进行的大量攻击是必需的。

4) 反重播保护

反重播保护即确保每个 IP 数据包的唯一性，保证数据包中途被截取并复制后，不能被重新利用或重新传回目的地址。这个功能可以防止攻击者截取并破译数据包后，再用相同的数据包取得非法访问权。IPsec 通过比较已接收数据包的序列号与目标主机或安全网关上的滑动窗口来实现。序列号在滑动窗口之前的数据包将被视为延迟或重复的数据包，延迟和重复的数据包将被丢弃。

8.2.2　IPsec 的基本模块

IPsec 协议框架包含安全协议、加密、数字摘要、身份验证和对称密钥交换 5 个基本组成模块。

1. 安全协议

安全协议是一个必选的模块，描述了如何利用加密和哈希算法来保护数据安全。可以选择 ESP(Encapsulated Security Payload，封装安全负载)、AH(Authentication Header，验证报头)或者 ESP + AH。由于 AH 不具备加密功能，因此通常选择 ESP 或 ESP+AH 选项。

(1) ESP：将需要保护的用户数据进行加密，再封装到 IP 包中，保证数据的完整性、真实性和私有性。ESP 通过加密 IP 数据包隐藏了数据及源主机和目的主机的身份；ESP 可验证内部 IP 数据包和 ESP 报头的身份，从而实现数据来源验证和数据完整性检查。尽管加密和身份验证在 ESP 中都是可选功能，但必须至少选择其中一个。ESP 协议使用 32 bit 序列号，结合防重放窗口和报文验证，防御重放攻击。

(2) AH：主要具有数据源身份验证、数据完整性校验和防报文重放的功能，AH 协议使用带密钥的验证算法，对受保护的数据计算摘要。通过使用数据完整性检查，可判定数据包在传输过程中是否被修改；通过使用认证机制，终端系统或网络设备可对用户或应用进行认证，过滤通信流；认证机制还可防止地址欺骗攻击及重放攻击；同时 AH 协议使用 32 bit 序列号，结合防重放窗口和报文验证来防御重放攻击。但 AH 没有对用户数据进行加密，所有数据都以明文形式传输。当不需要或不允许保证机密性时，使用 AH 协议比较合适。单独使用 AH 协议时，其保护功能较弱。

2. 加密

加密模块通过对称加密法和非对称加密法，对数据进行加密，即使数据被截获，对方也无法直接看到数据内容。加密所提供的机密性级别取决于使用的算法和密钥长度。如果安全协议选择了 ESP，则可根据所需安全级别选择合适的加密算法，包括 DES、3DES 或 AES。强烈建议使用 AES，因为 AES-GCM 可提供最高的安全性。

3. 数字摘要

数字摘要模块通过使用哈希(Hash)算法生成类似指纹的数字摘要，确保数据在传输中不会被篡改，可选择算法有 MD5 或 SHA。

4. 身份验证

身份验证模块说明如何对 VPN 隧道任一端的设备进行身份验证，可选择使用预共享密码 PSK 或公有密钥体系的数字证书。

5. 对称密钥交换

对称密钥交换模块说明如何在对等设备之间建立共享密钥，用于解决数据传输过程所需的密钥传递问题，有 DH1，DH2，…，DH24 等多个选项，DH24 可以提供最高的安全性。

以上模块的组合可以使 IPsec VPN 具备机密性、完整性和身份验证等功能。

由于 AH 不具备加密功能，所以当安全协议选择 AH 时，可以配合数字摘要、身份验证、DH 算法组这 3 个基本模块来实现 VPN 的功能。如果安全协议选择 ESP 或 ESP + AH，则可以配合加密、数字摘要、身份验证、DH 算法组这 4 个基本模块来实现 VPN 的所有功能。

8.2.3 IPsec 的封装模式

IPsec 必须将 IP 数据包进行封装，才能通过 Internet 等不安全网络进行传输，封装模式主要有传输模式和隧道模式两种，不同封装模式封装的 VPN 包结构不同，功能也不同，IPsec 的两种安全协议在不同封装模式下的处理过程也不相同。

1. 两种封装模式

1) 传输模式(Transport Mode)

利用传输模式进行封装时，会在原有的 IP 数据包的 IP 报头后面插入 VPN 头，并在数据包的最后插入 VPN 尾，如图 8-5 所示。

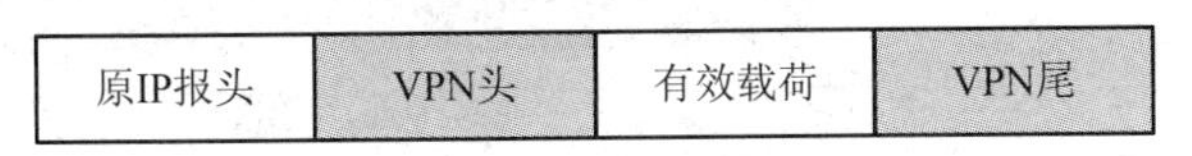

图 8-5　传输模式的数据包

传输模式的特点如下：

(1) 不使用新的 IP 头部，IP 报头的源/目的 IP 地址为通信的两个实点，封装模式相对简单，传输效率较高，通常用于主机与主机之间。

(2) 只保护数据，不保护 IP 报头。

在整个 VPN 的传输过程中，IP 报头并没有被封装进去，这就意味着从源端到目的端的数据始终使用原有的 IP 地址进行通信。如果黑客从网上截获数据包，虽然无法知道数据报文的内容，但却可以清楚地看到通信双方真正的地址信息。

2) 隧道模式(Tunnel Mode)

隧道模式在原来数据包的基础上，增加新的 IP 包头，将 VPN 网关设备地址作为新 IP 头部的源地址和目的地址，如图 8-6 所示。由于将 IP 报头也封装在 VPN 中，所以保护了 IP 报头。隧道模式通常用于专用网络之间通过公共网络进行通信时建立安全的 VPN 隧道。

新IP报头	VPN头	原IP报头	有效载荷	VPN尾

图 8-6　隧道模式的数据包

VPN 网关设备将整个 3 层数据报文封装在 VPN 数据内，再为封装后的数据报文添加新的 IP 报头。这样网络黑客截获数据报文，既无法知道数据包的内容，也无法了解数据报文真正的通信双方，因为他只能看到 VPN 网关设备的通信地址。

通过上面的描述，可以看到：

(1) 从安全性来看，隧道模式优于传输模式，隧道模式可以完全对原始 IP 数据包进行验证和加密，可以使用 VPN 网关的 IP 地址来隐藏客户方的 IP 地址。

(2) 从性能来看，隧道模式比传输模式占用更多带宽，因为它会增加一个额外的 IP 报头。

因此，到底使用哪种模式需要按照实际的应用场景进行权衡。

2. 两种安全协议在不同封装模式下的处理过程

1) AH 协议

在使用 AH 协议时，首先在原数据前生成一个 AH 报文头(AH 头)，报文头中包括一个递增的序列号与验证字段、安全参数索引(SPI)等。AH 协议将对新的数据包进行离散运算，生成一个验证数据(Authentication Data)，填入 AH 头的验证字段。

(1) 在传输模式中，只有传输层数据被用来计算 AH 头，AH 头和传输层数据被放置在原 IP 报头后面。

(2) 在隧道模式中，整个 IP 数据包被用来计算 AH 头，AH 头和整个 IP 数据包都被封装在一个新的 IP 数据包中。

AH 协议将 AH 头插入到标准 IP 报头后面，并对除了 TTL 等变化值以外的整个 IP 包用 Hash 运算进行认证，以保证数据包的完整性和真实性，防止黑客截断数据包或向网络中插入伪造的数据包。AH 协议在不同封装模式下的处理过程如图 8-7 所示。

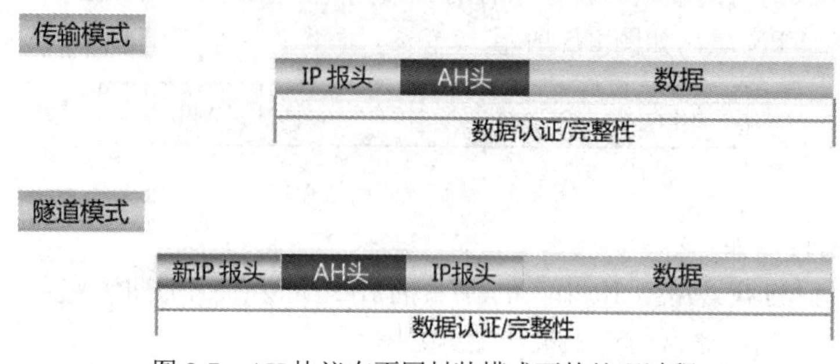

图 8-7　AH 协议在不同封装模式下的处理过程

2) ESP 协议

在使用 ESP 协议时，可以通过散列算法获得验证数据字段，可选的算法同样是 MD5 和 SHA1。与 AH 协议不同的是，在 ESP 协议中还可以选择加密算法，一般常见的是 DES、3DES、AES 等加密算法。为了提高速度，很多厂商还提供硬件加密算法，通过一块专用加密卡完成加密，不需占用系统资源。

加密算法要从 SA(Security Association，安全关联)中获得密钥，对参加 ESP 加密的整个数据的内容进行加密运算，得到一段新的数据。完成之后，ESP 将在新的数据前面加上 SPI 字段、序列号字段，在数据后面加上一个验证字段和填充字段等。

(1) 在传输模式中，只是传输层数据被用来计算 ESP 头，ESP 头和被加密的传输层数据被放置在原 IP 报头后面。

(2) 在隧道模式中，整个 IP 数据包被用来计算 ESP 头，且被加密，ESP 头和加密的数据被封装在一个新的 IP 数据包中。

ESP 协议只是对整个内部 IP 数据包进行认证(Hash 运算)，以确保被修改过的数据包可以被检查出来。ESP 协议在不同封装模式下的处理过程如图 8-8 所示。

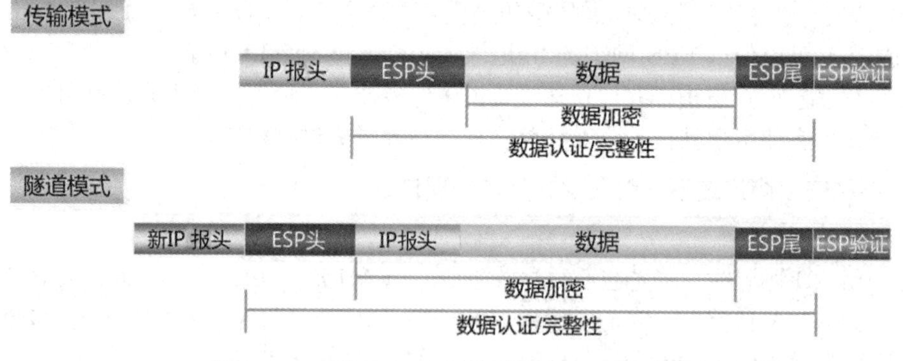

图 8-8　ESP 协议在不同封装模式下的处理过程

8.2.4　IPsec VPN 身份验证

在建立 VPN 连接时，必须保证数据的真实性，保证数据确实是由预期的通信伙伴发出的。这可通过检验数据来源的身份来验证。

IPsec VPN 可以通过预共享密钥(Pre-Shared Key，PSK)和 X.509 证书两种方式对通信伙伴进行身份验证。

1. 预共享密钥(PSK)

预共享密钥 PSK 是由最多 256 个字母、数字、特殊字符组成的 Unicode 字符串，VPN 连接的两端都使用相同的密钥(PSK)彼此进行身份验证。

PSK 需要所有参与通信的设备预先协商密钥，可在安全通信实际进行之前，由一个可靠路由向所有设备声明，也可以通过电话、标准邮件或加密的电子邮件等方式人工秘密交换密钥。对许多应用而说，PSK 的缺点是密钥必须事先在所有的通信参与方共享，如果怀疑密钥已泄露，则必须更换新密钥，且所有的通信设备都需要作相应的更改。

如果 VPN 连接中涉及的设备较少，使用 PSK 是完全可行和合理的。但如果预计后期会进行网络扩展，涉及的设备数量将增加，那应该在一开始就制定基于证书的身份验证体系。

PSK 采用的是直接、对称的加密方法。和非对称加密方法相比，对称加密通常需要更少的计算能力。但是，应当指出的是所选的密钥必须被保密，并且具有足够的长度和复杂性，以免成为黑客的牺牲品。

一般来说，基于预共享密钥的密钥交换更多应用在无线局域网上。

另外，在使用预共享密钥 PSK 时，必须考虑方法本身所呈现的边界条件或者是在设备上实施所需要的边界条件。

比如，利用菲尼克斯的 FL mGuard 建立 VPN 连接时，如果使用 PSK 进行身份验证，必须为通信伙伴指定静态 IP 地址或者动态域名，且连接不能穿越任何 NAT 路由器。这些限制的原因是 PSK 在 Internet 密钥交换的第一阶段要求使用主动模式，但 FL mGuard 并不支持这种模式。

因此，X.509 证书经常被用来替代 PSK，因为它们可以提供更高水平的安全性，而且没有任何限制。

2. X.509 证书

X.509 证书，也叫数字证书或公钥证书，是由国际电信联盟(ITU-T)制定的数字证书标准。每个证书都包含一对密钥，一个是可以向大家公开的公钥，另一个是只有自己知道的私钥。公钥与私钥之间紧密联系，用公钥加密的信息只能用相应的私钥解密，反之亦然；同时，无法从一个密钥推算出另一个密钥。

证书既可以从商业证书颁发机构(商业 CA，如 VeriSign)获得，也可以用诸如 XCA、OpenSSL 或 Microsoft 证书颁发机构(CA)服务器之类的软件搭建内部 CA，生成自签名证书。自签名证书未经官方认证机构的认可，只能在内部网络中使用。

由于工业控制系统的特殊性，通常不使用商业证书颁发机构的公共密钥基础设施证书体系，而是使用 XCA 等软件创建的自签名证书，建立专用的公共密钥基础设施证书体系。工控网络中的设备需要有共享 CA 发行的机器证书或者伙伴证书，以便其他设备能认证其身份。

若将 X.509 证书用于 IPsec VPN 的身份认证，则必须创建一个证书结构。以一个自签名认证机构(根 CA)开始，建立证书的层次结构，可以基于企业的组织机构创建，也可以基于项目创建，或是基于工厂的拓扑创建。

参与 VPN 连接的每个设备都需要从共同的 CA 申请到自己的证书，并将证书以 PEM 和 PKCS#12 两种不同的格式导出，如图 8-9 所示，再按要求将合适格式的证书导入相应的设备。只有当一侧的私钥与另一侧的公钥相匹配时，才能建立 VPN 连接。

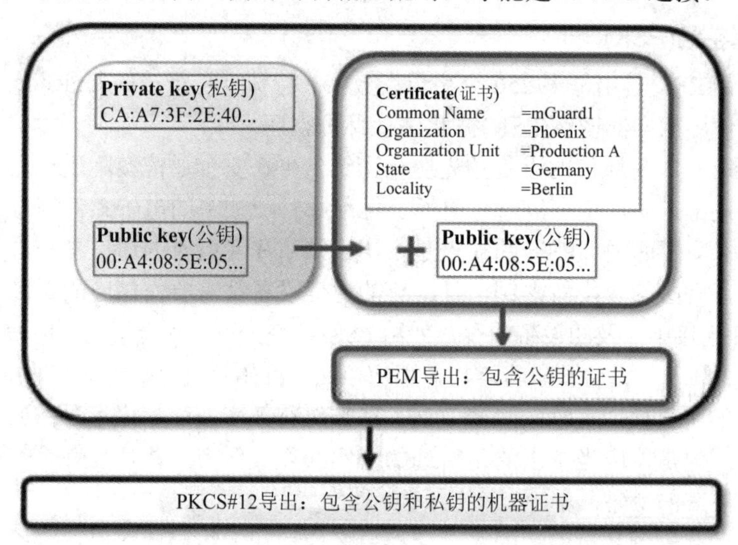

图 8-9　证书的两种不同格式

(1) PEM 格式：扩展名为“.pem”，仅用于保存公钥信息，应该向所有的通信伙伴公开，导入每个需要与自己建立 VPN 连接的设备。

(2) PKCS#12 格式：扩展名为“.p12”，用于保存证书的公钥和私钥，在创建 VPN 连接之前，以机器证书的形式导入自己的设备上秘密保存，作为自身的身份证明文件，用于身份验证。

8.2.5　VPN 安全通道协商过程

当需要保护的流量流经 VPN 网关时，就会触发 VPN 网关启动 IPsec VPN 相关的协商过程，启动 IKE(Internet Key Exchange，Internet 密钥交换)阶段 1，对通信双方进行身份认证，并在两端之间建立一条安全的通道；启动 IKE 阶段 2，在上述安全通道上协商 IPsec 参数，并按协商好的 IPsec 参数对数据流进行加密、Hash 等保护。

1. IKE

IKE 解决了在不安全的网络环境(如 Internet)中安全地建立、更新或共享密钥的问题。IKE 是非常通用的协议，不仅可为 IPsec 协商 SA(Security Association，安全关联)，也可以为 SNMPv3、RIPv2、OSPFv2 等任何要求保密的协议协商安全参数。

1) IKE 的作用

当应用环境的规模较小时，可以用手工配置 SA；当应用环境规模较大、参与的节点位置不固定时，IKE 可自动为参与通信的实体协商 SA，并对安全关联库(SAD)进行维护，保障通信安全。

2) IKE 的机制

IKE 是一种混合型协议，由 Internet 安全关联和密钥管理协议(ISAKMP)和两种密钥交换协议 OAKLEY 与 SKEME 组成。IKE 创建在由 ISAKMP 定义的框架上，沿用了 OAKLEY 的密钥交换模式以及 SKEME 的共享和密钥更新技术，还定义了它自己的密钥交换方式。

2. 两个阶段的安全关联

IKE 使用了两个阶段的安全关联：第一阶段也叫 ISAKMP SA 密钥交换阶段，在这一阶段协商创建一个通信信道，并对该信道进行身份验证，为双方进一步的 IKE 通信提供机密性、消息完整性以及消息源验证服务；第二阶段也叫 IPsecSA 数据交换阶段，使用第一阶段创建的安全通道建立 IPsec SA。两个阶段的安全关联如图 8-10 所示。

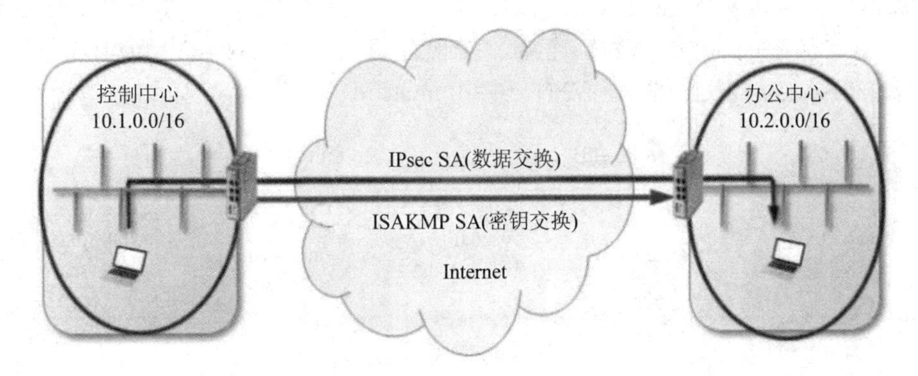

图 8-10　两个阶段的安全关联

1) 第一阶段(ISAKMP SA 密钥交换阶段)

在这一阶段，VPN 网关会协商建立 IKE 安全通道所使用的参数，包括加密算法、加密所需的密钥、Hash 算法、DH 算法、身份验证方法、存活时间等，这些 IKE 参数组合成的集合，称为 IKE Policy，IKE 协商就是要在通信双方之间找到相同的 Policy。

这一阶段双方会彼此验证对方身份，并用 DH 进行密钥交换，确定会话密钥，在这个阶段创建完 IKE 安全通道后，后续所有的协商和数据都将通过加密和完整性检查来实现保护。

2) 第二阶段(IPsec SA 数据交换阶段)

在这一阶段，VPN 网关交换要连接的网络的信息，并协商创建 IPSec SA 所使用的安全参数，包括加密算法、Hash 算法、安全协议、封装模式、存活时间等，这些参数的集合称为变换集(Transform Set)。IPsec SA 是一个安全连接，可以用来连接 VPN 网关的内部网络并进行数据交换。至此，IPSec VPN 隧道才真正建立起来。

8.3　利用菲尼克斯的 mGuard 实现 VPN

菲尼克斯的安全路由器与防火墙产品 mGuard 有多达 250 个 IPsec 加密的 VPN 通道，安全装置功能全面，可为可用性要求高的场合和复杂的安全架构提供较高的安全性。要实现 IPsec VPN 的配置，需要满足以下前提条件：

(1) 两个固件版本在 8.6.1 以上的 mGuard 设备。

(2) 每个 mGuard 设备都有内部和外部 IP 地址。

(3) 两个 mGuard 设备之间已经实现网络连接(IP 连接)，可以通过 Internet、WAN 或 LAN

进行连接。

(4) IPsec VPN 连接两侧的防火墙需要打开 UDP 端口 500 和 4500。

(5) (可选)通过 DynDNS，为每个 mGuard 设备设置主机名，例如 mGuard1.dyndns.org 和 mGuard2.dyndns.org。

这两个 mGuard 设备，一个作为发起方(Initiate)，即客户端，另一个作为等待方(Wait)，即服务器。VPN 连接通常由客户端发起，而服务器则等待来自客户端的连接请求，一旦客户端发起 VPN 连接请求，则可以建立 IPsec VPN 隧道。下面举例进行说明。

如图 8-11 所示，两个 mGuard 设备均在路由器网络模式下运行，需要在两个 mGuard 设备之间建立加密的 IPsec VPN 连接，实现公司网络 1(192.168.1.0/24)和公司网络 2(192.168.2.0/24)之间的安全通信，VPN 连接由 mGuard1 启动。

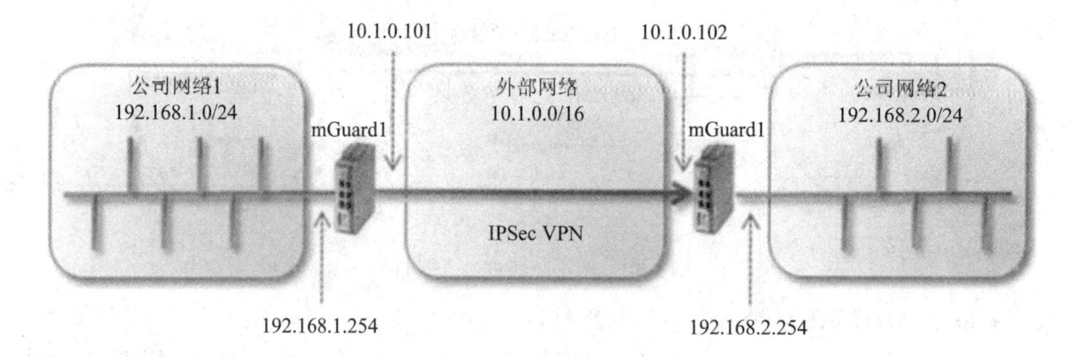

图 8-11　通过 IPsec VPN 连接两个网络

配置过程可以分为如下几个步骤(若身份验证方式是预共享密钥 PSK，前两个步骤可省略)：

(1) 生成 X.509 证书和密钥；

(2) 导入 X.509 机器证书；

(3) 配置 IPsec VPN 连接；

(4) 查看 IPsec VPN 连接状态。

1. 生成并导入 X.509 证书和密钥

根据企业的具体情况，从商业 CA 或内部 CA 处获得对 mGuard 设备进行安全身份验证所需的证书。

分别为两个 mGuard 设备创建证书，并导出成“.p12”和“pem”格式，其中“.p12”格式的是机器证书，包含公钥和私钥；“pem”格式的是客户端证书，仅包含公钥。两个 mGuard 设备证书如表 8-1 所示。

表 8-1　两个 mGuard 设备证书

设备	机器证书 (包含公钥和私钥)	客户端证书 (仅包含公钥)
mGuard 1	mGuard1.p12	mGuard1.pem
mGuard 2	mGuard2.p12	mGuard2.pem

2. 导入 X.509 机器证书

有了两对证书后，需要在 mGuard 1 设备中将 mGuard 1 的机器证书导入，并在创建的

VPN 连接中将 mGuard 2 的客户端证书导入；在 mGuard 2 设备上也要重复同样的步骤，如图 8-12 所示。

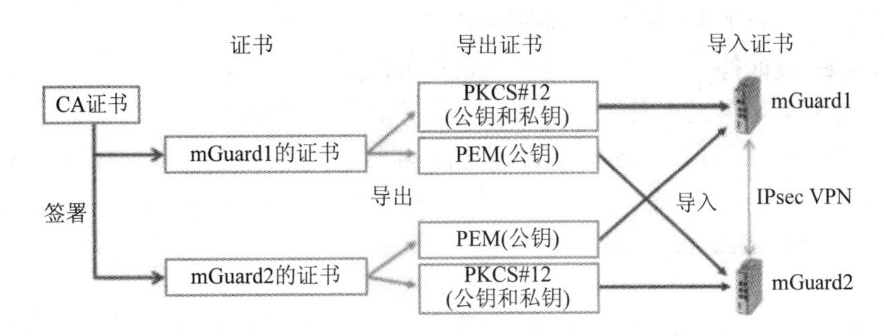

图 8-12　mGuard 设备上的证书

将 X.509 机器证书(包含公钥和私钥)导入 mGuard 设备中的具体步骤如下：

(1) 登录 mGuard 设备的 Web 配置界面。

(2) 选择“Authentication”→“Certificates”→“Machine Certificates”选项卡。

(3) 单击 seq.后面的加号“⊕”，添加新的机器证书。

(4) 单击图标“🗀”，选择正确的证书文件，若在 mGuard1 上则应选择 mGuard1.p12；若在 mGuard2 上则应选择 mGuard2.p12。

(5) 输入生成证书时设置的 PCKS#12 密码。

(6) 为证书指定唯一的简称(Short name)，此简称后面需要用到。如果将此字段保留为空，则将自动使用证书的通用名称。

(7) 单击“Upload”按钮，导入证书。

(8) 单击图标“▾”，可以查看导入的机器证书，如图 8-13 所示。

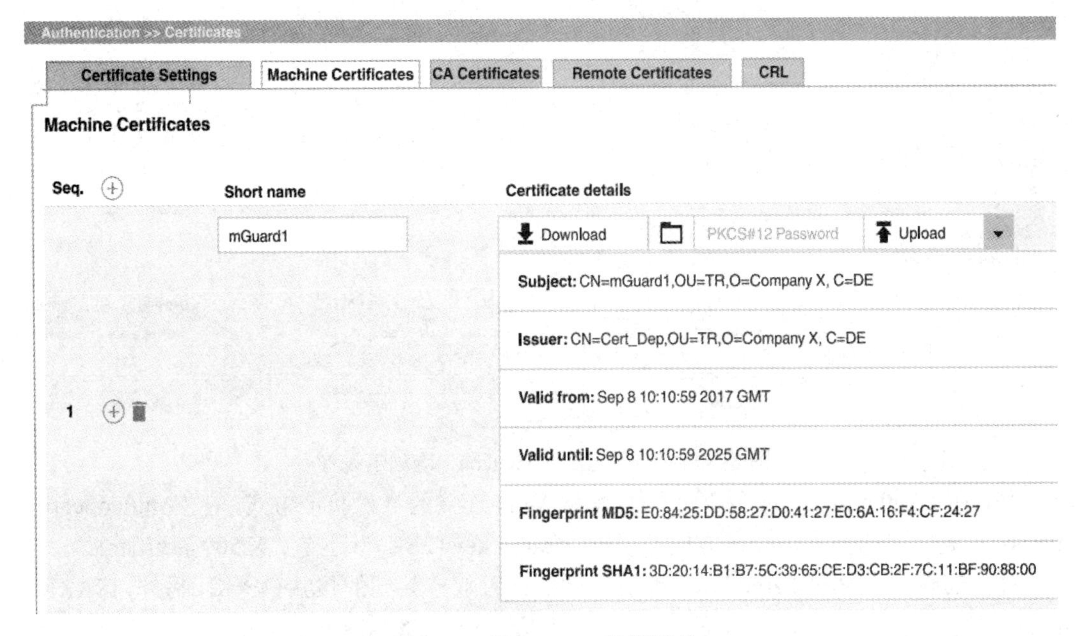

图 8-13　导入 X.509 机器证书

3. 配置 IPsec VPN 连接

可通过菜单为两个已经实现网络连接的 mGuard 设备创建 IPsec VPN，具体步骤如下：

(1) 选择“IPsec VPN”→“Connections”。

(2) 单击 seq.后面的加号“⊕”，添加新的 VPN 连接。

(3) 为连接指定唯一的名称，然后单击图标“✎”编辑连接。

(4) 设置“General”选项卡的“Options”部分，在“A descriptive name for the connection”处可设置 VPN 连接的名称，在“Address of the remote site’s VPN gateway”处可设置对方的地址，在“Connection startup”处可设置此设备的角色，“Initiate”表示客户端，“Wait”表示服务器。

① 在 mGuard1 上，输入对方的 DynDNS 名称 mGuard2.dyndns.org 或外部 IP 地址“10.1.0.102”，设置“Connecion startup”为“Initiate”，因为 VPN 连接由 mGuard1 启动。

② 在 mGuard2 上，输入对方的 DynDNS 名称 mGuard1.dyndns.org 或外部 IP 地址 10.1.0.101，也可以用默认值“%any”，表示对方可以是任意地址，设置“Connecion startup”为“Wait”。

(5) 在“General”选项卡的“Transport and Tunnel Settings”部分，在“Type”处可选择封装模式是传输模式(Transport)还是隧道模式(Tunnel)，在“Local”处设置本地网段的网络号，在“Remote”处设置远程网段的网络号，如图 8-14 所示。

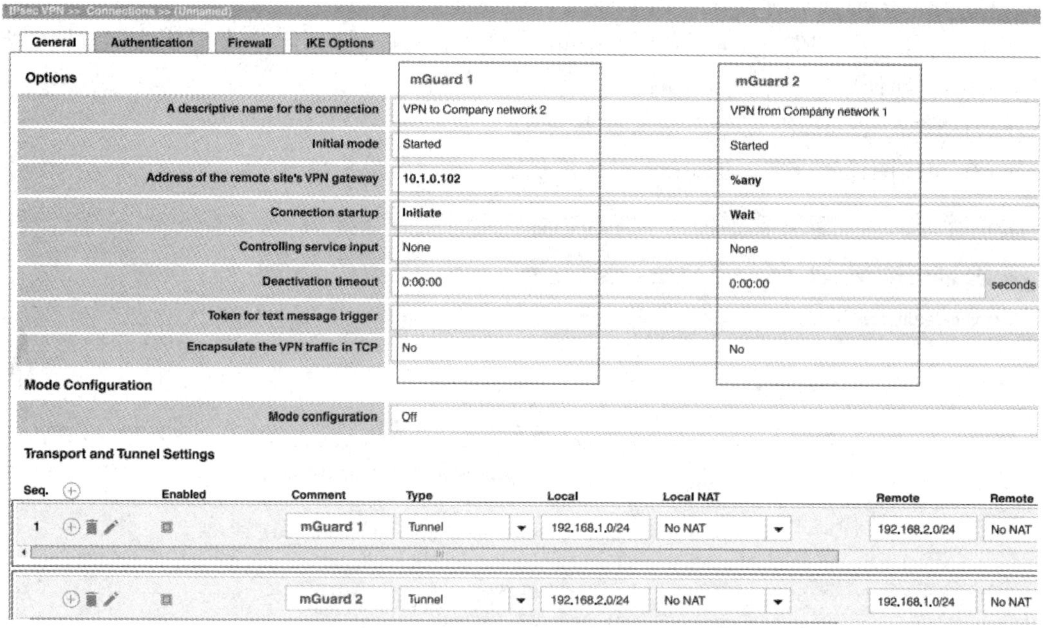

图 8-14　VPN 连接的“General”选项卡设置

(6) 在“Authentication”选项卡下可配置 VPN 连接的身份验证方式，在“Authentication method”处，可选择身份验证方式是“Pre-shared key (PSK)”还是“X.509 certificate”。

① 若选择了“Pre-shared key (PSK)”，则需设置双方共同的预共享密钥，另外，ISAKMP mode 可设置为“Main Mode(secure) ”或者“Aggressive Mode(insecure) ”，为了安全性考虑，建议设置为“Main Mode(secure)”，如图 8-15 所示。

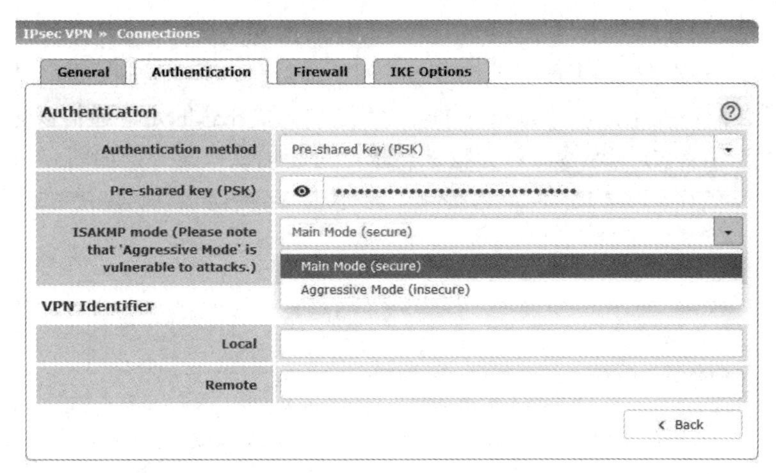

图 8-15　选择 Pre-shared key 作为身份验证方式

② 若选择了“X.509 certificate”，则需在“Local X.509 certificate”处，选择先前导入设备中的机器证书的简称；在“Remote CA certificate”处选择“No CA certificate，but the remote certificate below”选项；在“Remote certificate”处，单击“🗀”图标，选择对方设备 PEM 格式、仅包含公钥的客户端证书(也就是说，在 mGuard1 上要导入 mGuard2 的公钥证书；在 mGuard2 上要导入 mGuard1 的公钥证书)；再单击“Upload”按钮，如图 8-16 所示。

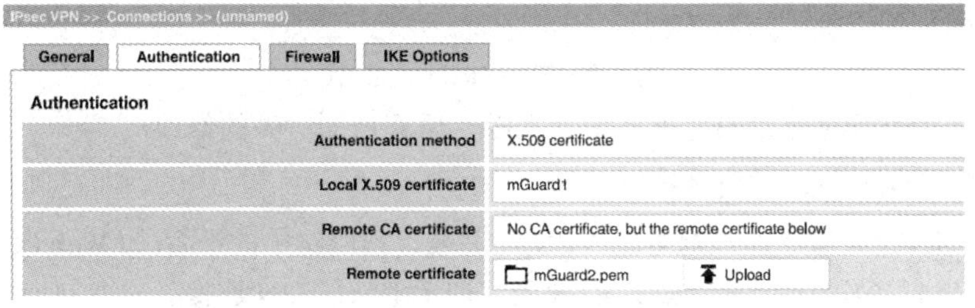

图 8-16　选择 X.509 证书作为身份验证方式

(7) 在“Firewall”选项卡下，可以指定专门应用于这个 VPN 连接的防火墙规则，VPN 防火墙可以使所有使用这个 VPN 连接的数据流量受到限制。可以根据需要进行配置，在默认情况下，接受传入和传出方向的所有流量，如图 8-17 所示。

IPsec VPN » Connections » (unnamed)
General　Authentication　Firewall　IKE Options

Incoming

General firewall setting: Use the firewall ruleset below

Seq.	Protocol	From IP	From port	To IP	To port	Action
1	All	0.0.0.0/0		0.0.0.0/0		Accept

Log entries for unknown connection attempts

Outgoing

General firewall setting: Use the firewall ruleset below

Seq.	Protocol	From IP	From port	To IP	To port	Action
1	All	0.0.0.0/0		0.0.0.0/0		Accept

Log entries for unknown connection attempts

图 8-17　VPN 防火墙的配置

(8) 在“IKE Options”选项卡下，可以设置 IKE 的相关选项，如 ISAKMP SA 和 IPsec SA 的加密算法、Hash 算法、DH 算法以及 SA 的使用寿命、流量限制、死亡对等端检测等，尽可能使用最强或最安全的加密方法或 Hash 算法。需要注意的是，通信双方的 IKE 选项必须相同，才能建立 VPN 连接。若无特殊需求，可使用默认设置，如图 8-18 所示。

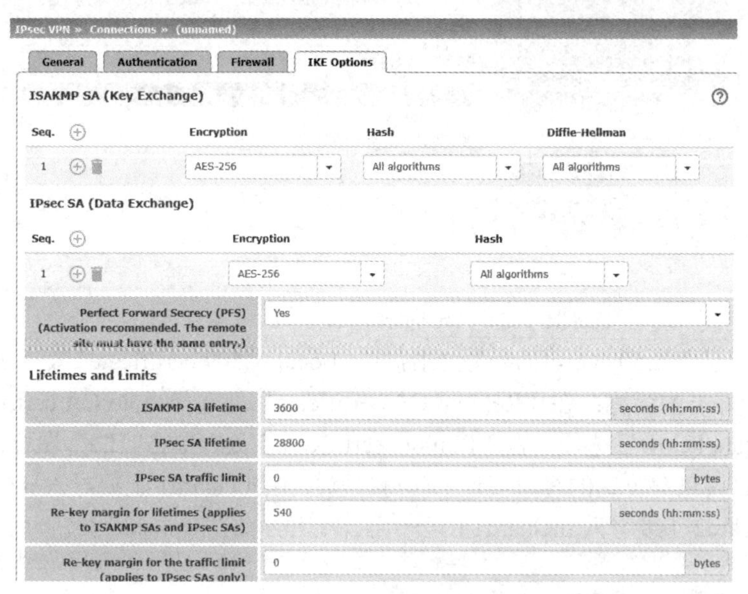

图 8-18　IKE Options 的配置

至此，IPsec VPN 连接的设置就全部完成，保存前面所做的修改。

4. 查看 IPsec VPN 连接状态

通过 PING 命令或直接与对方的 VPN 网关或远程网络中的设备(如 Web 服务器、控制器、用户计算机等)进行通信，触发 VPN 网关启动 IPsec VPN 连接。

可在 mGuard 设备的“IPsec VPN”→“Connections”界面查看 IPsec VPN 连接的状态，必须同时建立 ISAKMP SA 和 IPsec SA，如图 8-19 所示的结果表示成功建立 VPN 连接。

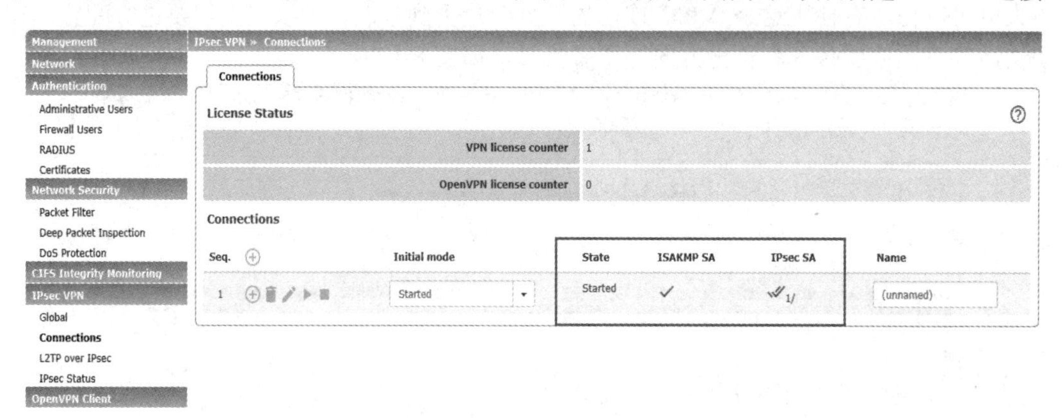

图 8-19　成功建立 VPN 连接

进入“IPsec VPN”→“IPsec Status”界面，可以查看 IPsec VPN 的详细信息，如图 8-20 所示。

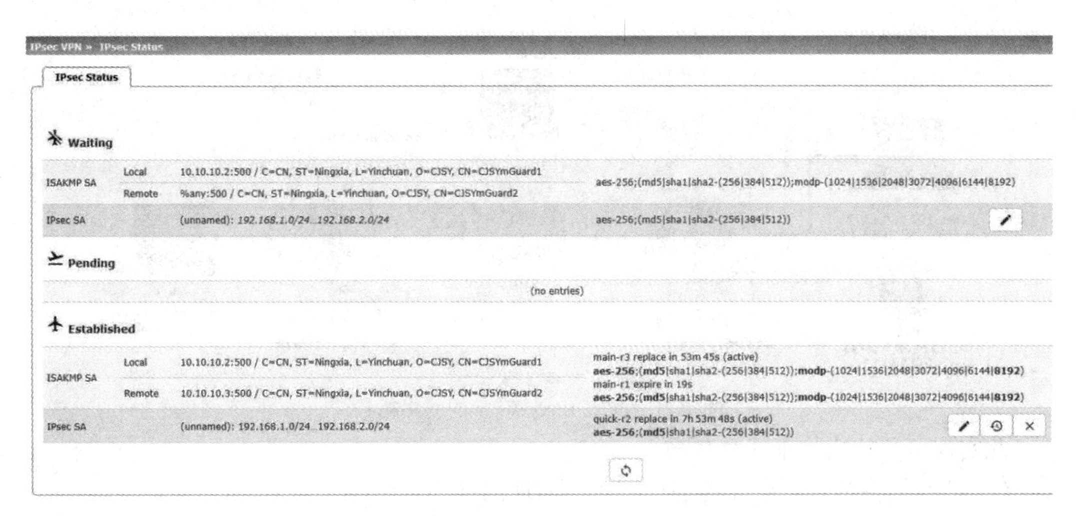

图 8-20　查看 IPsec VPN 的详细信息

8.4 本章实训

本实训利用菲尼克斯的安全路由器和防火墙 mGuard 实现 IPsec VPN 的配置。

1. 实训目的

(1) 掌握生成 X.509 证书的方法。

(2) 掌握导入 X.509 证书的方法。

(3) 掌握利用 mGuard 实现 VPN 的方法。

2. 实训准备

(1) 复习本章内容。

(2) 熟悉 mGuard 的基本配置及网络连接。

(3) 熟悉 PLC 的基本配置。

(4) 熟悉 XCA 软件的使用方法。

(5) 熟悉 VPN 的基本原理。

(6) 熟悉利用 mGuard 实现 VPN 的方法。

3. 实训设备

本章实训所需要的设备有：3 台安装有 PLCNext Engineer、IPAssign、wireshark 软件的计算机、1 台 AXC F 2152 PLC、1 台 PROFINET 工业交换机、2 台安全路由器和防火墙 mGuard 及网线若干。

8.4.1 实训任务分解

工业现场的一台 PLC 需要进行远程配置，同时要保证传输的数据的安全性，此时可利用 mGuard 的 VPN 功能实现，将编写好的程序通过安全的 VPN 通道远程下载到 PLC 中，网络拓扑如图 8-21 所示。

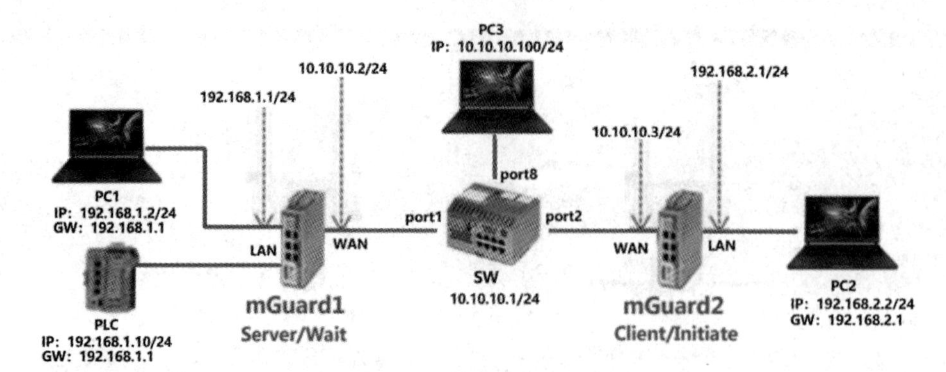

图 8-21　配置 IPsec VPN 的网络拓扑

此实训可分解成如下几个任务：

(1) 按照拓扑图对各个设备进行配置，实现网络的连通性。

(2) 为 mGuard1 和 mGuard2 生成 X.509 证书和密钥。

(3) 为 mGuard1 和 mGuard2 导入 X.509 证书和密钥。

(4) 为 mGuard1 和 mGuard2 配置 IPsec VPN 连接。

(5) 测试 VPN 连接。

(6) 在 PC3 上用抓包软件验证 VPN 连接。

(7) 在 PC2 中将 PLC 程序通过 VPN 连接远程下载到 PLC 中并运行。

8.4.2　实现网络连通性

按照图 8-21 所示进行网络连接，并分别对每个设备进行必要的配置，实现网络的连通性，使 PC2 可以与 PC1 及 PLC 进行通信。具体实训步骤如下：

步骤 1：按照图 8-21 所示进行网络连接。

步骤 2：在 PC1 上，选择“控制面板”→“网络和 Internet”→“网络连接”，禁用无线网卡，并将以太网的 IP 地址设置为“192.168.1.2”，子网掩码为“255.255.255.0”，默认网关为“192.168.1.1”；选择“控制面板”→“系统和安全”，点击“启用或关闭 Windows Defender 防火墙”，关闭 Windows 防火墙。

步骤 3：利用 PLCnext Engineer 软件将 PLC 的 IP 地址设置为“192.168.1.10”，子网掩码为“255.255.255.0”，默认网关为“192.168.1.1”，如图 8-22 所示。

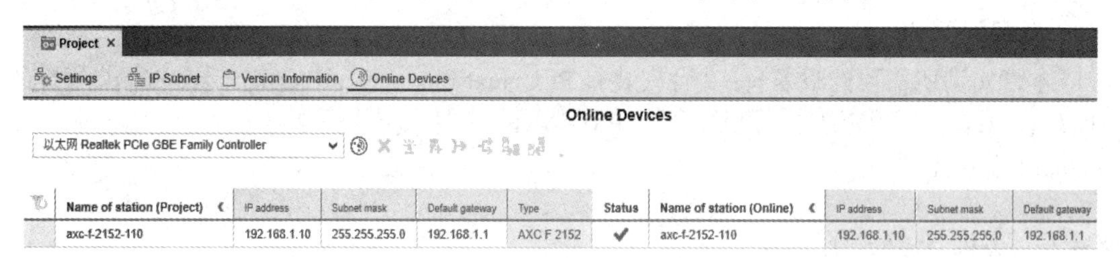

图 8-22　配置 PLC 的 IP 地址

步骤 4：在 PC2 上，选择“控制面板”→“网络和 Internet”→“网络连接”，禁用无线网卡，并将以太网的 IP 地址设置为“192.168.2.2”，子网掩码为“255.255.255.0”，默认网关为“192.168.2.1”；选择“控制面板”→“系统和安全”，点击“启用或关闭 Windows Defender 防火墙”，关闭 Windows 防火墙。

步骤 5：对 mGuard1 进行复位操作，复位之后 mGuard 的“Network Mode”为“Router”，连接到 mGuard1，按照图 8-21 所示将 mGuard1 的 LAN 口地址配置为“192.168.1.1”，子网掩码为“255.255.255.0”，将 WAN 口地址配置为“10.10.10.2”，子网掩码为“255.255.255.0”，网关为“10.10.10.3”，如图 8-23 所示。同时将 mGuard1 的“Incoming Rules”和“Outgoing Rules”防火墙规则设置为“Accept all connections”，将“Advanced”标签设置为“Allow all ICMPS”，允许接受所有的 PING 数据包。

Network » Interfaces
General | External | Internal | DMZ | Secondary External
External Networks
Seq. | IP address | Netmask
1 | 10.10.10.2 | 255.255.255.0
Additional External Routes
Seq. | Network
Default Gateway
IP of default gateway | 10.10.10.3

Network » Interfaces
General | External | Internal | DMZ | Secondary External
Internal Networks
Seq. | IP address | Netmask
1 | 192.168.1.1 | 255.255.255.0
Additional Internal Routes
Seq. | Network

图 8-23　mGuard1 的 WAN 口和 LAN 口配置

步骤 6：对 mGuard2 进行复位操作，复位之后 mGuard 的“Network Mode”为“Router”，连接到 mGuard2，按照图 8-21 所示将 mGuard2 的 LAN 口地址配置为“192.168.2.1”，子网掩码为“255.255.255.0”，将 WAN 口地址配置为“ 10.10.10.3 ”，子网掩码为“255.255.255.0”，网关为“10.10.10.2”，同时将 mGuard2 的“Incoming Rules”和“Outgoing Rules”防火墙规则设置为“Accept all connections”，将“Advanced”标签设置“Allow all ICMPS”，允许接受所有的 PING 数据包。

步骤 7：将 PC3 的 IP 地址设置为“10.10.10.100”，子网掩码为“255.255.255.0”。

步骤 8：将交换机复位，恢复到出厂设置，并在 PC3 上用 IPAssign 软件设置交换机的管理 IP 地址为“10.10.10.1”，子网掩码为“255.255.255.0”。

步骤 9：在 PC2 上输入“CMD”，打开命令提示符窗口，用 PING 命令验证网络的连通性，如图 8-24 所示的结果表示可以连通。如果不能连通，则需查找错误原因，连通之后才能进行后续的步骤。

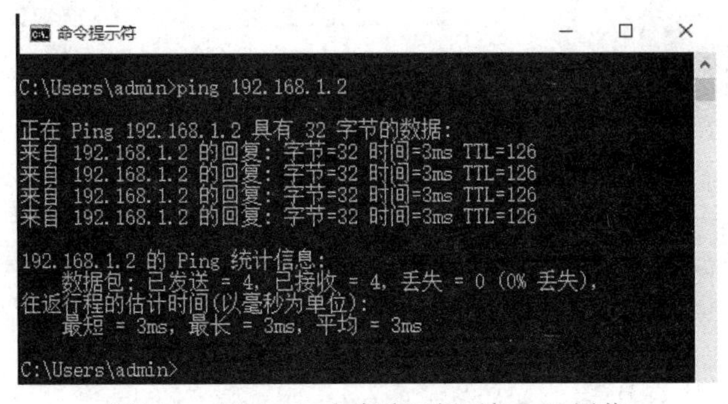

图 8-24　用 PING 命令验证能否与 PC1 通信

(1) 输入“ping 192.168.1.2”，验证能否与 PC1 通信。

(2) 输入“ping 192.168.1.10”，验证能否与 PLC 通信；也可以打开浏览器，输入“https://192.168.10”，看能否打开 PLC 的配置界面。

8.4.3　生成并导入 X.509 证书和密钥

1. 为 mGuard1 和 mGuard2 生成 X.509 证书和密钥

用 XCA 软件分别为 mGuard1 和 mGuard2 生成 X.509 证书和密钥，并导出成“.p12”和“.pem”格式，具体操作步骤见第 7 章实训。其中，“.p12”格式的是机器证书，显示的文件类型为“Personal Information Exchange”，包含公钥和私钥，“.pem”格式的是客户端证书，显示的文件类型为“安全证书”，仅包含公钥，如图 8-25 所示。

图 8-25　为 mGuard1 和 mGuard2 生成 X.509 证书和密钥

2. 为 mGuard1 和 mGuard2 导入 X.509 证书和密钥

分别为 mGuard1 和 mGuard2 导入 X.509 证书和密钥，具体步骤如下：

步骤 1：在 mGuard1 上，选择“Authentication”→“Certificates”→“Machine Certificates”，单击 Seq. 后面的加号“⊕”，添加新项目，将 Short name 设置为“mguard1”，单击文件夹图标“🗀”，导入 mGuard1 的机器证书“CJSYmGuard1.p12”，输入密码后，单击“Upload”按钮，如图 8-26 所示。

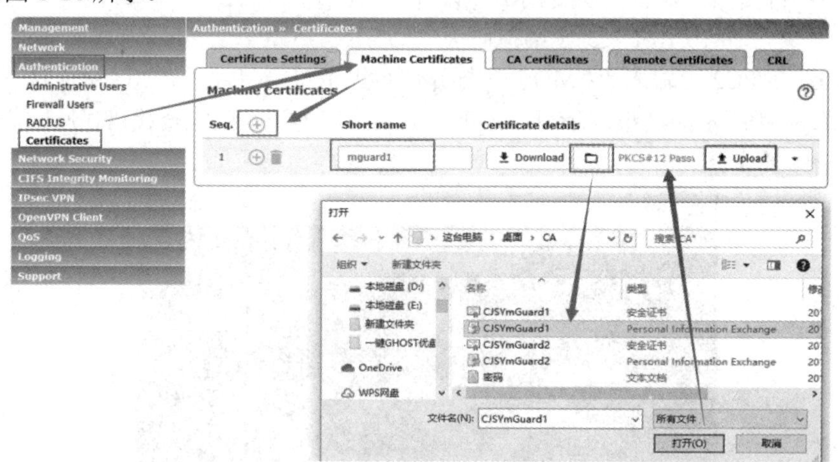

图 8-26　为 mGuard1 导入机器证书

步骤 2：在 mGuard2 上，选择“Authentication”→“Certificates”→“Machine Certificates”，单击 Seq. 后面的加号“⊕”，添加新项目，将 Short name 设置为“mguard2”，单击文件夹图标

“🗀”，导入 mGuard2 的机器证书“CJSYmGuard2.p12”，输入密码后，单击“Upload”按钮。

8.4.4　配置并测试 IPsec VPN 连接

1. 为 mGuard1 和 mGuard2 配置 IPsec VPN 连接

分别为 mGuard1 和 mGuard2 配置 VPN 连接，将 mGuard1 配置为 server，mGuard2 配置为 client，并分别导入对方的安全证书，具体步骤如下：

1) 在 mGuard1 配置 IPsec VPN 连接

步骤 1：登录到 mGuard1，选择“IPsec VPN”→“Connections”，单击 Seq. 后面的加号“⊕”，创建一个 VPN 连接，单击 Edit Row 图标“✎”进入设置页面，如图 8-27 所示。

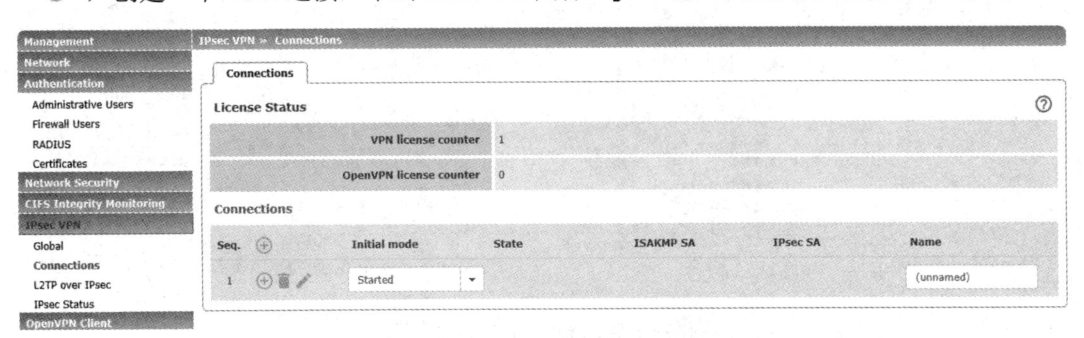

图 8-27　为 mGuard1 创建 VPN 连接

步骤 2：在“General”选项卡下，设置“Connection startup”为“Wait”，即 server 模式，将“Local”设置为“192.168.1.0/24”，即 mGuard1 的 LAN 口连接的网段，将“Remote”设置为“192.168.2.0/24”，即 mGuard2 的 LAN 口连接的网段，如图 8-28 所示。

IPsec VPN » Connections » (unnamed)

General　Authentication　Firewall　IKE Options

Options

A descriptive name for the connection	(unnamed)
Initial mode	Started
Address of the remote site's VPN gateway (IP address, hostname, or '%any' for any IP, multiple clients or clients behind a NAT gateway)	%any
Interface to use for gateway setting %any	External
Connection startup	Wait
Controlling service input	None
Deactivation timeout	0:00:00 seconds (hh:mm:ss)
Encapsulate the VPN traffic in TCP	No

Mode Configuration

Mode configuration	Off

Transport and Tunnel Settings

Seq.	Enabled	Comment	Type	Local	Local NAT	Remote	Remote NAT
1	☑		Tunnel	192.168.1.0/24	No NAT	192.168.2.0/24	No NAT

图 8-28　为 mGuard1 设置 VPN 连接选项

步骤 3：在“Authentication”选项卡下，在 Local X.509 certificate 后选择本地证书“mguard1”(即前面导入机器证书时设置的 Short name)，单击“Remote certificate”后面的

文件夹图标“🗀”，导入对方(即 mGuard2)的安全证书“CJSYmGuard2.pem”，单击“Upload”按钮，如图 8-29 所示。

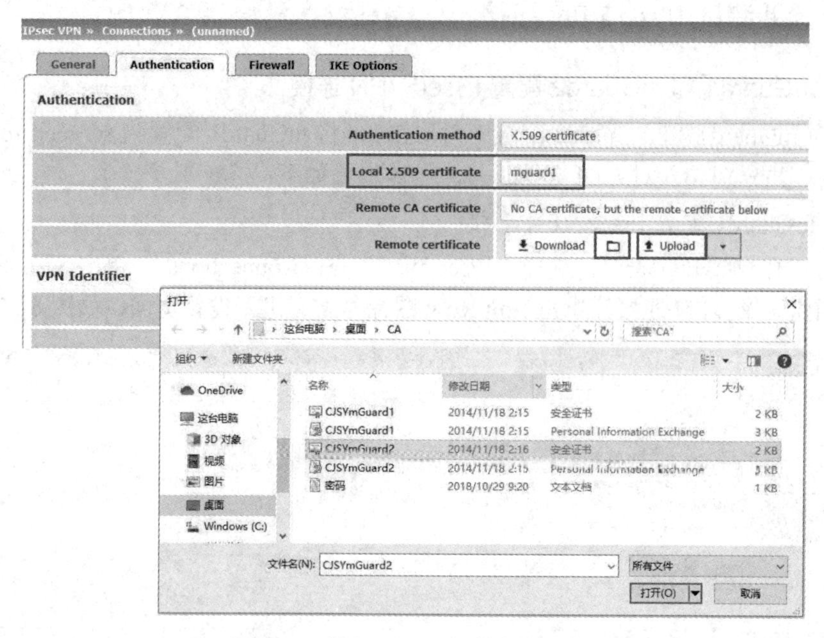

图 8-29　导入 mGuard2 的安全证书

2) 在 mGuard2 配置 IPsec VPN 连接

步骤 1：登录到 mGuard2，选择“IPsec VPN”→“Connections”，单击 Seq. 后面的加号“⊕”，创建一个 VPN 连接，点击 Edit Row 图标“✎”进入设置页面。

步骤 2：在“General”选项卡下，设置“Address of the remote site’s VPN gateway”为“10.10.10.2”，即 mGuard1 的 WAN 口地址，将“Connection startup”设置为“Initiate”，即 Client 模式，将“Local”设置为“192.168.2.0/24”，即 mGuard2 的 LAN 口连接的网段，将“Remote”设置为“192.168.1.0/24”，即 mGuard1 的 LAN 口连接的网段，如图 8-30 所示。

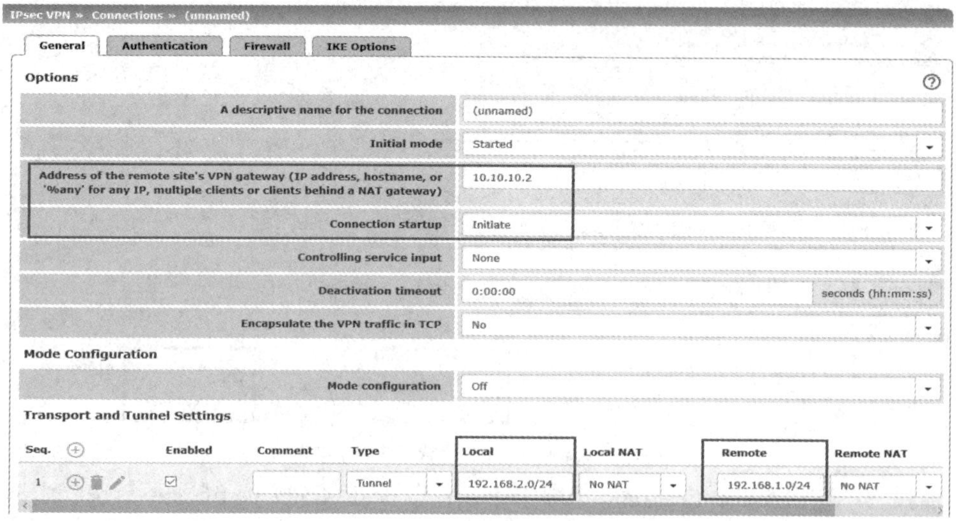

图 8-30　为 mGuard2 设置 VPN 连接选项

步骤 3：在“Authentication”选项卡下，在“Local X.509 certificate”后选择本地证书“mguard2”(即前面导入机器证书时设置的 Short name)，单击“Remote certificate”后面的文件夹图标“🗀”，导入对方(即 mGuard1)的安全证书“CJSYmGuard1.pem”，单击“Upload”按钮。

步骤 4：在 mGuard1 和 mGuard2 上保存所做的所有的修改。

2. 测试 VPN 连接

在 PC2 上输入“CMD”，打开命令提示符窗口，输入“ping 192.168.1.2”验证能否建立 VPN 连接，可在 mGuard 的“IPsec VPN”→“Connections”界面查看 VPN 连接的状态，如图 8-31 所示的结果表示成功建立 VPN 连接。

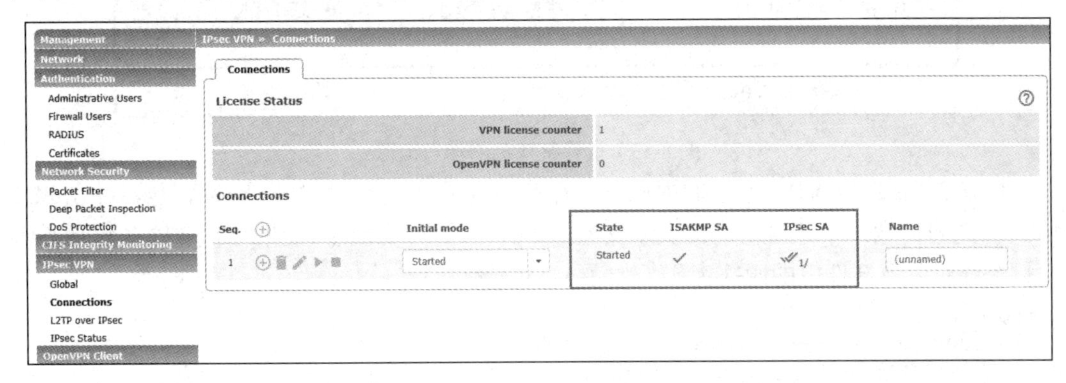

图 8-31　查看 VPN 连接的状态

单击“IPsec VPN”→“IPsec Status”，可以查看 IPsec 的详细信息，如图 8-32 所示。

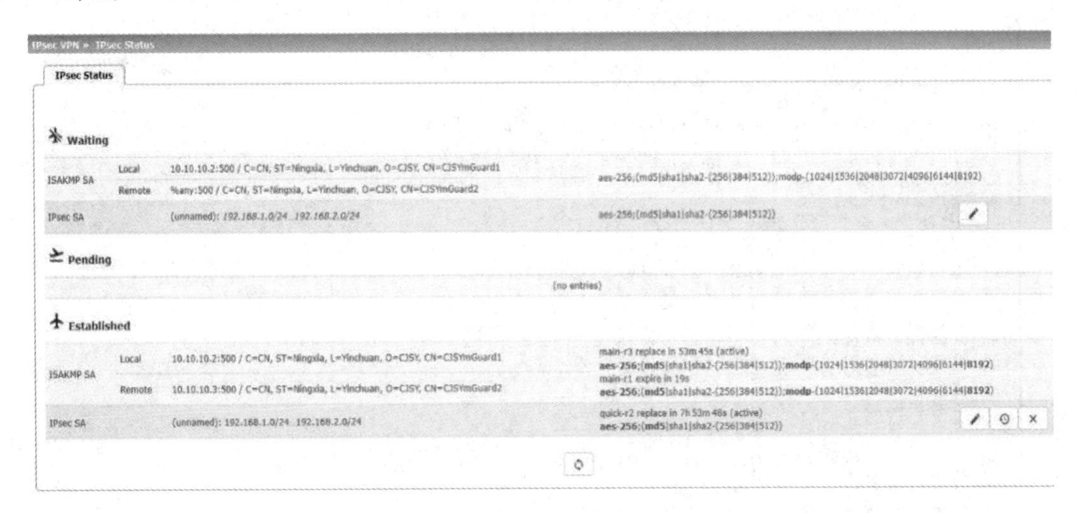

图 8-32　查看 IPsec 的详细信息

8.4.5　验证 IPsec VPN 连接

1. 在 PC3 上用抓包软件验证 VPN 连接

必须在交换机上设置端口镜像，将 Port1 和 Port2 的流量镜像到 Port8 才能在 PC3 上用抓包软件捕获 mGuard1 和 mGuard2 之间传输的数据包，具体步骤如下：

步骤 1：设置交换机的管理地址为 10.10.10.1。在 PC3 上打开浏览器，输入“http://10.10.10.1”，打开交换机的 Web 配置界面，通过左侧的导航栏，选择“Switch Station”→“Ports”→“Mirroring”，设置端口镜像，如图 8-33 所示。

Port Mirroring

Source Port Number	1	2	3	4	5	6	7	8
Source Port / Ingress Traffic	☑	☑	☐	☐	☐	☐	☐	☐
Source Port / Egress Traffic	☑	☑	☐	☐	☐	☐	☐	☐
Destination Port	8							
Mirroring Status	○ Disable				◉ Enable			

Logout　　Apply

图 8-33　设置交换机的端口镜像

步骤 2：在断开 VPN 连接的情况下，在 PC3 上用抓包软件 Wireshark 抓包，并在 PC1 和 PC2 之间传输一个包含密码的文本文件，可以看到 Wireshark 捕获 PC1 和 PC2 建立通信的整个过程以及文件中的明文密码，如图 8-34 所示。

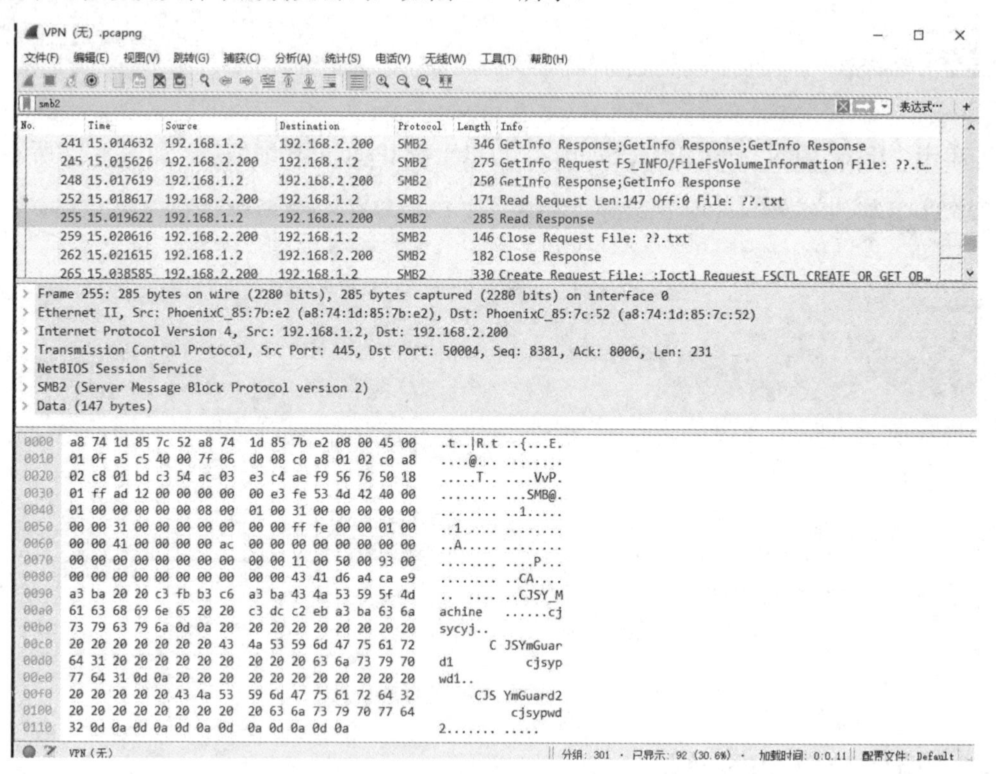

图 8-34　断开 VPN 连接的情况下抓到的数据包

步骤 3：重新建立 VPN 连接，再在 PC3 上用抓包软件 Wireshark 抓包，并在 PC1 和 PC2 之间传输包含密码的文本文件，此时 Wireshark 只能看到建立 VPN 连接的过程和传输的数据包的个数，但因 VPN 连接已被加密，无法看到 PC1 和 PC2 通信的具体过程以及文本文件中的密码，如图 8-35 所示。

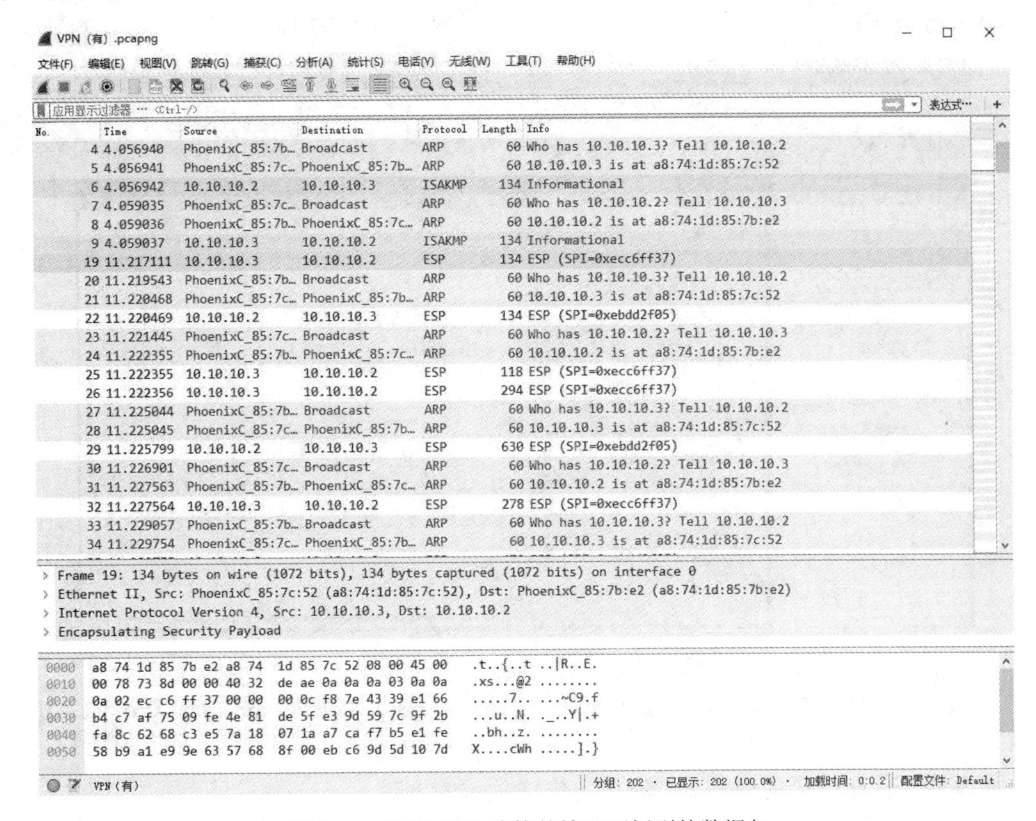

图 8-35　启用 VPN 连接的情况下抓到的数据包

2. 在 PC2 中将 PLC 程序通过 VPN 连接远程下载到 PLC 中并运行

具体步骤如下：

步骤 1：在 PC2 上打开 PLCnext Engineer 软件，选择已经编写好 PLC 程序的项目，双击“Project”，在“Settings”选项卡下设置 IP 地址范围和网关，如图 8-36 所示。

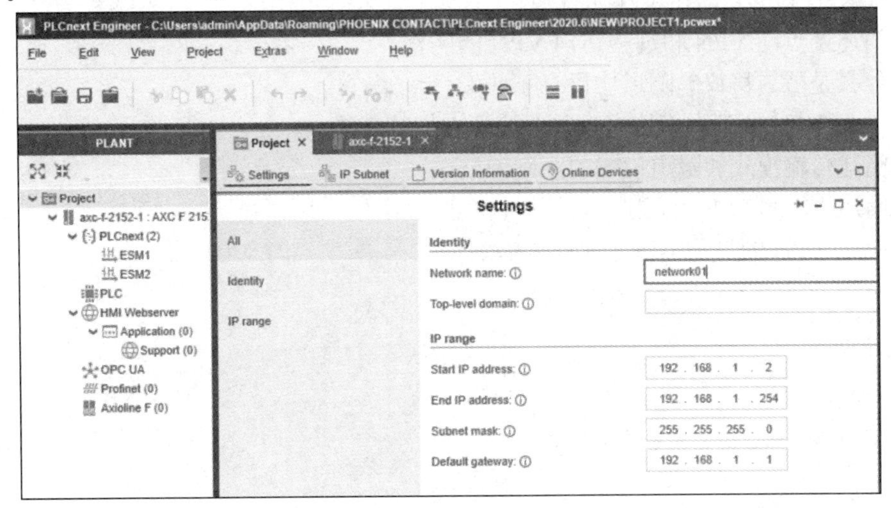

图 8-36　设置 IP 地址范围和网关

步骤 2：双击“axc-f-2152-1:AXC F2152”，在“Settings”选项卡下设置项目的 IP 地址为“192.168.1.10”，子网掩码为“255.255.255.0”，网关为“192.168.1.1”，如图 8-37 所示。

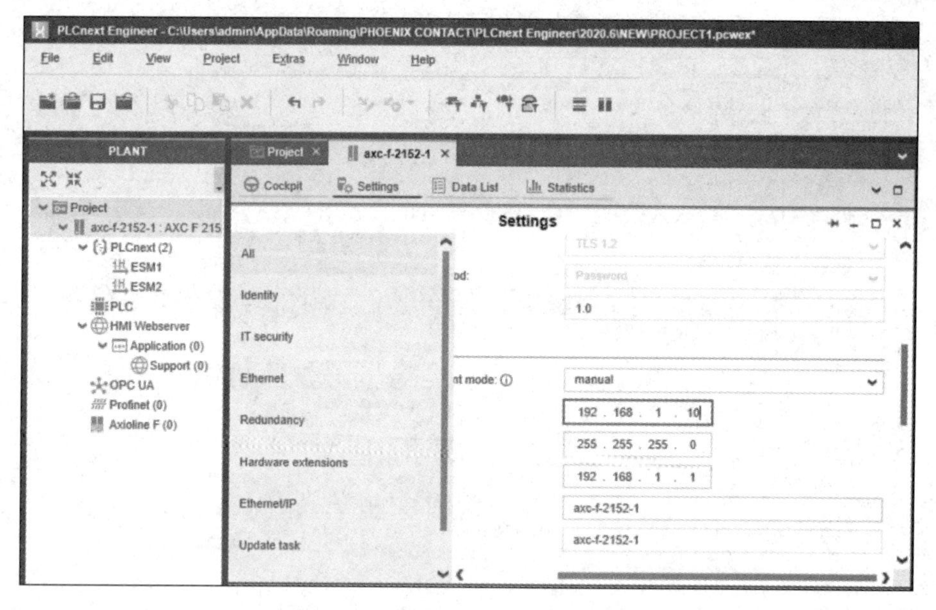

图 8-37　设置 PLC 项目的 IP 地址

步骤 3：右键单击“axc-f-2152-1:AXC F2152”，选择“Write and Start Project”进行下载。

步骤 4：输入 PLC 的用户名和密码，完成项目的下载。

至此，实训内容全部完成。

本章习题

1. 什么是 VPN？简述 VPN 的功能。
2. 简述站点间 VPN 和远程访问 VPN 的区别。
3. 什么是隧道协议？隧道协议有哪些？
4. IPsec VPN 的基本模块有哪些？简述它们的功能。
5. 简述传输模式和隧道模式的区别。
6. 简述 AH 和 ESP 的区别。
7. IPsec VPN 的身份验证方式有哪些？
8. 简述 IPsec VPN 建立连接的过程。

参 考 文 献

[1] 张帆. 工业控制网络技术[M]. 2 版. 北京：机械工业出版社，2019.

[2] 范其明，李云龙，曾华鹏，等. 工业网络与现场总线技术[M]. 西安：西安电子科技大学出版社，2020.

[3] 尹丽波. 我国亟需建立工控安全保障体系[J]. 中国信息安全，2016(4)：54-56.

[4] 赵汝英，张小飞，陈鹏. 工业控制系统终端设备信息安全防护体系分析[J]. 数字技术与应用，2020，38(12)：199-201.

[5] 许光泞. 工业控制系统安全防护体系研究[J]. 石油化工自动化，2020，56(3)：1-6.

[6] 赵江山. 强化工业企业信息安全保障体系建设[J]. 群众，2017(14)：35-36.

[7] 赵坤鹏，韩明，张成军，等. “蜜罐”技术在工控网络安全检测中的应用[J]. 自动化博览，2020(4)：78-81.

[8] 赵峰，马跃强. 基于等保 2.0 工业控制系统网络安全技术防护方案的设计[J]. 网络安全技术与应用，2020(5)：109-111.

[9] 耿欣. 烟草行业工业控制系统安全保障体系构建[J]. 烟草科技，2017(12)：99-105.

[10] 王伟，苏耀东. 智能工厂工业控制系统安全体系构建和思考[J]. 石油化工自动化，2021，57(3)：1-5.

[11] 温晓明，贾斌. 工业控制系统网络安全存在的问题及改进措施[J]. 设备管理与维修，2019(15)：7-9.

[12] 佚名. 多芬诺：“纵深防御”保障工业控制系统信息安全[J]. 中国仪器仪表，2013(7)：29.

[13] 温贻芳，李洪群，王月芹. PLC 应用与实践(三菱)[M]. 北京：高等教育出版社，2017.

[14] 姚羽，祝烈煌，武传坤. 工业控制网络安全技术与实践[M]. 北京：机械工业出版社，2017.

[15] 肖建荣. 工业控制系统信息安全的 10 堂课[M]. 北京：电子工业出版社，2018.

[16] 孙晓东，秦焕亮，梁志军，等. 智能工业防火墙新技术[J]. 自动化博览，2018(5)：80-83.

[17] 孙志华. 面向工业场景的智能化工业防火墙系统[J]. 信息技术与标准化，2019(9)：94-97.

[18] 雷远东. 工控安全防护技术[J]. 网络安全和信息化，2018(6)：42-43.

[19] 黄培炎. NAT 技术在局域网中的应用[J]. 信息与电脑，2020(3)：151-153.

[20] 李秀峰. NAT 技术及其应用分析[J]. 无线互联科技，2019，16(19)：138-139 + 146.

[21] 席东. NAT 地址转换浅析[J]. 现代计算机，2019(26)：69-72 + 92.

[22] 雷晓燕. VPN 技术在远程办公中的应用及风险应对[J]. 通信与信息技术，2020(5)：24-25.

[23] 申玲钰，朱振乾. 防火墙与 IPsec 协同实现 L3/L2 一体化 VPN[J]. 通信技术，2020，53(9)：2334-2337.

[24] 马亚琦，刘东旭. VPN 技术在企业中的应用[J]. 电声技术，2020(3)：58-59 + 69.

[25] 张韬. NAT 穿越技术在 IPSec VPN 中的意义与实现[J]. 电脑知识与技术，2019，15(31)：17-18 + 23.

[26] 张春武. 数据加密技术在网络通信安全中的应用研究[J]. 江苏通信，2021(6)：110-112.

[27] 童建林. DES 数据加密算法在计算机通信中的应用[J]. 电脑与信息技术，2021(6)：53-55 + 86.

[28] 董志刚. 基于 PKI 实现网络通信安全性的研究[J]. 电子技术与软件工程，2021(20)：241-242.

[29] 杨帅. 基于工业以太网的信息网络安全应用研究[J]. 信息与电脑，2020(13)：212-214.